U0292960

Advanced Nanomaterials for Detection of CBRN

检测CBRN中的先进纳米材料

〔斯洛文尼亚〕雅奈兹·邦查（Janez Bonča）

〔乌克兰〕谢尔盖·克鲁奇宁（Sergei Kruchinin） 主编

杨　柳　张根伟　译

哈尔滨工程大学出版社
Harbin Engineering University Press

黑版贸登字 08-2024-008 号

First published in English under the title
Advanced Nanomaterials for Detection of CBRN
edited by Janez Bonča and Sergei Kruchinin, edition：1
Copyright© Springer Nature B. V. , 2020
This edition has been translated and published under licence from
Springer Nature B. V.

Harbin Engineering University Press is authorized to publish and distribute exclusively the Chinese（Simplified Characters）language edition. This edition is authorized for sale throughout Mainland of China. No part of the publication may be reproduced or distributed by any means, or stored in a database or retrieval system, without the prior written permission of the publisher.

本书中文简体翻译版授权由哈尔滨工程大学出版社独家出版并仅限在中国大陆地区销售，未经出版者书面许可，不得以任何方式复制或发行本书的任何部分。

图书在版编目（CIP）数据

检测 CBRN 中的先进纳米材料 / 杨柳，张根伟译；
（斯洛文）雅奈兹·邦查（Janez Bonca），（乌克兰）谢尔盖·克鲁奇宁（Sergei Kruchinin）主编. —哈尔滨：哈尔滨工程大学出版社，2024.2
　　ISBN 978-7-5661-4184-2

　　Ⅰ. ①检… Ⅱ. ①杨… ②张… ③雅… ④谢… Ⅲ.
①纳米材料-应用化学 Ⅳ. ①TB383

中国国家版本馆 CIP 数据核字（2024）第 041738 号

检测 CBRN 中的先进纳米材料
JIANCE CBRN ZHONG DE XIANJIN NAMI CAILIAO

选题策划	石　岭
责任编辑	刘梦瑶
封面设计	李海波

出版发行	哈尔滨工程大学出版社
社　　址	哈尔滨市南岗区南通大街 145 号
邮政编码	150001
发行电话	0451-82519328
传　　真	0451-82519699
经　　销	新华书店
印　　刷	哈尔滨午阳印刷有限公司
开　　本	787 mm×1 092 mm　1/16
印　　张	17.25
字　　数	453 千字
版　　次	2024 年 2 月第 1 版
印　　次	2024 年 2 月第 1 次印刷
书　　号	ISBN 978-7-5661-4184-2
定　　价	128.00 元

http://www.hrbeupress.com
E-mail：heupress@ hrbeu.edu.cn

前　言

　　《检测 CBRN 中的先进纳米材料》的编者为约瑟夫·斯蒂芬研究所的雅奈兹·邦查和博戈柳博夫理论物理研究所的谢尔盖·克鲁奇宁。本书主要介绍了检测化学、生物、放射和核(chemical,biological,radiological,nuclear,CBRN)中的先进纳米材料的相关技术及纳米材料的现状与安全问题。

　　本书在先进纳米材料部分,主要阐述了石墨烯、磷烯、多壁碳纳米管和新型复合材料的物理性质,还介绍了利用化学和生物化学传感器检测 CBRN 剂的新方法;在纳米传感器部分,主要介绍了纳米复合材料的光子晶体传感器用于 CBRN 剂的检测、金属氧化物化学气体传感器、光致发光的免疫生物传感器、辐射危害检测的纳米传感器等。识别、保护和去除污染是应对 CBRN 剂现代挑战的主要科技对策。传感器物理学的当代开放性问题包括:纳米颗粒大小的鉴定、颗粒的鉴定,以及纳米颗粒浓度和迁移率的确定。

　　本书内容涵盖了先进纳米材料、纳米传感器、多功能纳米复合材料、生物传感器和纳米分析仪等研究技术,还涉及了检测 CBRN 材料的相关理论方法、量子化学计算、材料结构、传感器技术及光学技术等。

目 录

第一部分
先进纳米材料

第 1 章 可调节的电子、光学和传输特性的磷烯

摘要:磷烯是最重要的二维(2D)材料之一,于 2014 年从大量黑磷中剥落制备出来。这种二维材料具有带隙大、载流子迁移率高和面内各向异性强的综合特性,非常适合在未来的电子学和光电领域中应用。本章介绍了通过门控、应变和无序效应调节磷烯的电子、光学和传输性质。为此,采用了紧束缚方法、线性库博公式和散射矩阵方法进行验证。

关键词:二维黑磷;电子;光学和输运性质;门控;应力(应变)和无序效应;紧束缚方法;线性响应理论;散射矩阵法

1.1 简 介

自 2004 年分离出石墨烯以来,已经发现了许多二维(2D)材料,如六方氮化硼(h-BN)、过渡金属二硫族化合物(TMDs)和黑磷(BP),它们具有很多特性[1-2]。这些二维材料具有的特性是它们的大体积同类材质所不具备的,如高电迁移率、可调的带隙、光传输量大和出色的机械柔韧性,使它们在电子和光电应用领域非常有前途,如可满足需要薄的原子层、机械柔韧性和光学透明的材料。在电子学和光电子学方面,黑磷(BP)因其独特的结构和可调控的电子和光学特性引起了研究界的兴趣[3-4]。

类似于石墨,黑磷是一种层状材料[5]。在层内磷原子是通过共价键(强键)结合的,而在层之间,是通过范德华力(弱作用力)耦合而成的。但是,与石墨不同(每个碳原子与三个相邻原子通过 sp^2 杂交键合),黑磷中的每个磷原子与三个相邻原子通过 sp^3 杂交键合[6]。黑磷的单层称为磷烯,2014 年通过机械剥落大块的黑磷分离出磷烯[7-9]。石墨烯和磷烯的晶格结构分别如图 1.1(a)和图 1.1(b)所示,石墨烯由于碳原子的 sp^2 杂化而具有平坦的蜂窝晶格和具有两个子晶格原子的菱形原始晶胞,而磷烯由于磷原子的 sp^3 杂化而具有褶皱的蜂窝晶格,并且具有四个子晶格原子。

除了晶格结构上的差异外,磷烯与石墨烯在能带结构上也有所不同。如图 1.1(c)和图 1.1(d)所示,石墨烯是狄拉克半金属(在低能区具有零带隙的线性能谱),而磷烯是半导体(在低能区具有有限带隙的二次能谱)。GW 近似计算方法[10]中的密度泛函理论(DFT)计算表明,由于层间相互作用,多层磷烯的带隙随着磷烯层数的增加而减小,如从单层的宽间隙(约 2 eV)到多层的窄间隙(约 0.3 eV)。在 DFT-GW 近似计算方法的基础上,并进一步包括激子效应,通过求解 Bethe-Salpeter 方程(BSE)[10]得出,磷烯多层膜的 DFT-GW-BSE 带隙与通过光致发光光谱测量的实验带隙非常一致[8]。带隙随磷烯数量的缩放为带隙调控提供了极好的自由度:可以通过简单改变层厚度来定制用于特定应用的期望带隙。而且,无论磷层的层数如何,多层磷的带隙都保持在布里渊区的 Γ 点上。这与多层的过渡金属二硫族化合物明显不同,后者在布里渊区的 K 点处存在有限的带隙,而且仅在单层情况

下才存在。此外,由于褶皱的蜂窝状晶格,磷烯表现出两个不同的晶体学方向,即之字形(平行于原子脊)和椅式(垂直于原子脊)方向,如图1.1(b)所示。这种结构各向异性是磷烯的电子、光学和传输性质中表现出的强平面内各向异性的根源[10-13],这对于石墨烯、单层六方氮化硼和单层过渡金属二硫族化合物而言并不常见,因此这种各向异性特征可能使磷烯在大多数二维材料中显得很特殊。

如上所述,尽管磷烯具有令人着迷的特性,但对于实际应用而言,始终有必要通过应变和门控等外部方法来调节这些性质。由于褶皱晶格结构,磷烯对各种外部场(如应变和电场)表现出优异的响应能力,从而允许这种非本征调控,这促进了许多理论和实验研究。

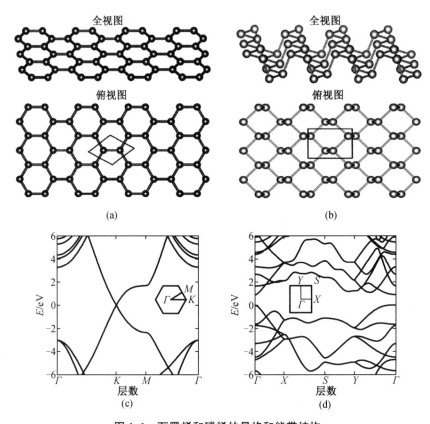

图 1.1　石墨烯和磷烯的晶格和能带结构

((a)和(c)表示石墨烯;(b)和(d)为磷烯。在(a)和(b)中,黑色菱形六面体和矩形分别代表石墨烯和磷烯的原始晶胞)

例如,理论上表明:①通过施加轴向应力,可以诱导出多种电子特性,包括电荷传输的方向[14]、直接-间接带隙跃迁[15]、半导体-金属相变[16]、各向异性狄拉克锥的出现[17]、室温电子迁移率的增强[18],以及电子-空穴相互作用和激子效应的增强[19]。②通过施加垂直电场,多层磷烯的带隙可以闭合,因此,可以诱导从正常半导体到狄拉克半金属的电子相变[20-23],导致线性能谱的出现和门控多层磷烯中的第零朗道能级[22-23]。③除了应力和电场外,还可以利用层堆叠/扭转[24-30]、量子限制[31-37]和晶格紊乱(无序)[38-43]来调节磷烯的电子、光学和传输特性。例如,据报道,在实验上,应力工程在少层磷烯中的波纹,引起拉伸和压缩应力区域之间的吸收光谱带边光偏移[44];量子受限的 Franz-Keldysh 效应主导了少层数磷烯中红外吸收的电光调制[45-46];通过物理和化学方法合成的磷烯量子点表现出强的光致发光特性[47-48]。

在本章中,我们总结了通过电门控、机械应力和晶格紊乱(无序)的方法调控的磷烯的电子、光学和传输性质。包括以下研究主题:①门控多层磷烯的自洽紧密结合方法[49];②栅极可调的多层磷烯电子和光学性能[50];③少层磷烯的压力线性二色性和法拉第旋转[51];④具有缺陷空位的磷烯纳米带中的量子传输[52]。

1.2 门控多层磷烯的自洽紧密结合方法

众所周知,施加垂直的外部电场到多层系统的堆叠层上会引起电荷重新分布,从而产生一个内部电场来抵消外部施加的电场(即电场诱导的电荷屏蔽)。虽然垂直电场对多层磷烯电子性能的影响已经被广泛研究[20-23],但研究人员对电场诱导的电荷屏蔽效应在多层磷烯[53-57]中的影响仍然知之甚少。迄今为止,很少有研究探讨在垂直电场存在下对多层磷烯的电子性质的屏蔽作用[58-59]。在参考文献[58]中,通过第一性原理计算得到了双层和三层磷烯的电子结构,其中筛选效应是由额外的电荷掺杂引起的;而在参考文献[59]中,通过紧密结合计算得到了多层磷烯的带隙,其中通过假设一个与带隙相关的介电常数,引入了屏蔽效应。然而,这些研究不包括电场诱导电荷的筛选。

在这里,我们提出了一种用于门控多层磷烯的自洽(Self-Consistent)紧密结合(Tiglltly Bound,TB)方法,该方法考虑了实验装置中的电场诱导电荷屏蔽,其中在多层磷烯上施加电门控以产生垂直电场。自洽性来自未知电荷筛选,需要通过对 TB 框架内静电 Hartree 电势的迭代计算来确定。如图 1.2 所示,我们考虑由 N 层磷烯耦合组成的多层磷烯,AB 相互堆叠在一起。DFT 计算[25,60]表明,这种类型的层堆叠在多层磷烯的能量上是最稳定的。在存在垂直电场的情况下,该 N 层磷烯的 TB 哈密顿量由下式给出:

$$H = \sum_i \varepsilon_i c_i^\dagger c_i + \sum_{i \neq j} t_{ij}^\parallel c_i^\dagger c_j + \sum_{i \neq j} t_{ij}^\perp c_i^\dagger c_j + \sum_i U_i c_i^\dagger c_i \qquad (1.1)$$

其中求和遍及系统的所有晶格位点,ε_i 是位点 i 处的现场能量,$t_{ij}^\parallel (t_{ij}^\perp)$ 是位点 i 与 j 之间的层内(层间)跳跃能量,U_i 是 i 位点的静电势能,$c_i^\dagger (c_j)$ 是在 $i(j)$ 位置处电子的产生(湮灭)算符。为简单起见,将所有晶格位点的现场能量 ε_i 都设置为零。通过 DFT-GW 和 TB 的计算表明[60],利用十个层内参数和五个层间跳变参数,该 TB 哈密顿量可以很好地描述原始多层磷烯在低能区域的能带结构。十个层内跳跃参数(单位为 eV)为 $t_1^\parallel = -1.486, t_2^\parallel = +3.729, t_3^\parallel = -0.252, t_4^\parallel = -0.071, t_5^\parallel = +0.019, t_6^\parallel = +0.186, t_7^\parallel = -0.063, t_8^\parallel = +0.101, t_9^\parallel = -0.042, t_{10}^\parallel = +0.073$,五个层间跳跃参数(单位为 eV)为 $t_1^\perp = +0.524, t_2^\perp = +0.180, t_3^\perp = -0.123, t_4^\perp = -0.168, t_5^\perp = +0.005$[60]。这些跳变参数如图 1.2(c)和图 1.2(d)所示。下面,我们展示如何在自洽 Hartree 近似方法中获得静电势能 U_i。

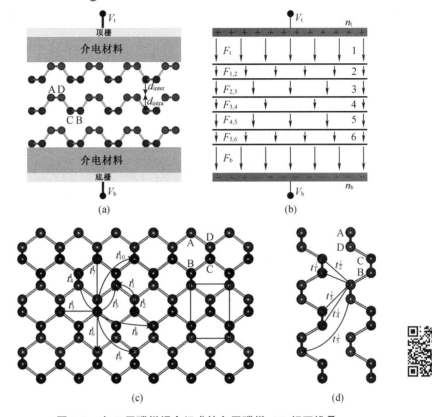

图 1.2　由 N 层磷烯耦合组成的多层磷烯,AB 相互堆叠

((a)和(b):三层磷烯的示意图,其中在顶部放置了电荷密度为 $n_t>0$ 的带正电荷的栅极 V_t;在底部放置了电荷密度为 $n_b<0$ 的带负电荷的栅极 V_b。(c)和(d):使用 TB 模型中,十个层内跳变参数 $t_i^{\parallel}$ $(i=1,2,\cdots,10)$ 和五个层间跳变参数 $t_i^{\perp}$ $(i=1,2,\cdots,5)$ 的图示,其中矩形表示磷烯的晶胞)

由于褶皱的晶格结构,三层磷烯具有六个原子亚层,分别由红色(A,D)和蓝色(B,C)原子表示,其中两个相邻亚层之间的距离等于层间距离或层内距离。顶部和底部栅极的总载流子密度分布在不同的亚层上,即 $n=n_t+n_b=\sum_{i=1}6n_i$,其中 n_i 是第 i 个亚层上的载流子密度。$F_t(F_b)$ 是顶部(底部)栅极产生的电场,$F_{i,i+1}(i=1,2,\cdots,5)$ 是两个相邻亚层之间的总电场。

我们考虑在垂直电场存在下的多层磷烯。这种情况可以通过将外部顶部和/或底部栅极应用于多层磷烯的实验装置来实现。如图 1.2 所示,在 N 层磷烯($N=3$)的顶部上放置了一个带正电荷的栅极,在 N 层磷烯($N=3$)的底部放置了 1 个带负电荷的栅极。假设顶部栅极上具有正电荷密度 $n_t>0$,底部栅极上具有负电荷密度 $n_b<0$。这两个栅极用于生成和控制系统中的载流子密度。由于单层磷烯可以被看作是由两个原子亚层组成,由于其为褶皱晶格结构,这两个亚层都可以被视为单独的层,因此 N 层磷烯的层数为 $2N$。这与多层石墨烯有很大的不同,其中 N 层石墨烯的层数仅为 N。因此,在 N 层磷烯体系中,总载流子密度 $n=n_t+n_b=\sum_i n_i$,其中 n_i 是第 i 层的载流子密度,是所有 $2N$ 个亚层的总和。

在我们的模型系统中,我们假设顶部(底部)栅极产生均匀的电场 $F_t=en_t/(2\varepsilon_0\kappa)$ [$F_b=$

$en_b/(2\varepsilon_0\kappa)$],这可以从基本静电学中得到,其中 e 是基本电荷,ε_0 是真空介电常数,κ 是介电常数。磷烯亚层上的感应载流子依次产生均匀的电场 $F_i = n_i e/(2\varepsilon_0\kappa)$ $(i=1,2,\cdots,2N)$,它抵消了外部栅极产生的电场。两个相邻亚层 i 和 $i+1$ 之间的反转不对称性由势能差 $\Delta_{i,i+1}$ 决定,该势能差由下式给出:

$$\Delta_{i,i+1} = \alpha_{i,i+1}\Big(\sum_{j=i+1}^{2N} n_j + |n_b|\Big) \tag{1.2}$$

式中,$\alpha_{i,i+1} = e2d_{i,i+1}/(\varepsilon_0\kappa)$,其中 $d_{i,i+1}$ 是两个相邻亚层之间的距离。在多层磷烯中,由于磷烯为褶皱晶格结构,这种亚层间的距离不是恒定的:如果 i 和 $i+1$ 亚层在同一磷烯层中,则 $d_{i,i+1} = d_{intra}$,$d_{intra} = 0.212$ nm。如果这两个亚层属于不同的磷烯层,则 $d_{i,i+1} = d_{intra}$,$d_{intra} = 0.312$ nm。两个相邻亚层之间的总电场由 $F_{i,i+1} = \Delta_{i,i+1}/d_{i,i+1}$ $(i=1,2,\cdots,2N-1)$ 得出。最后,可以将静电 Hartree 能量 U_i 添加到 N 层 TB 哈密顿量[式(1.1)]的第 i 个亚层上,可以得到

$$U_i = 0(i=1); U_i = \sum_{j=1}^{i-1} \Delta_{j,j+1}(i>1) \tag{1.3}$$

我们假设最顶层亚层(即最接近顶层栅极的亚层)上的静电势能为零。

由于系统的平面内平移不变性,我们进行了傅里叶变换,将 N 层 TB 哈密顿量[式(1.1)]转换为动量空间。然后对转换后的哈密顿量进行数值对角化,得到了系统的特征值和特征向量。数值计算都是使用最近开发的 TB 软件包 PYBINDING[61]。由于在磷烯体系的一个单元中有四个不等价的基础原子(标记为 A、B、C 和 D),N 层磷烯体系的傅里叶变换 TB 哈密顿量的维数为 $4N \times 4N$。因此,相应的特征向量是由 TB 波函数的系数组成的 $4N$ 维数的列向量:

$$\boldsymbol{c} = (c_{A_1}, c_{B_1}, c_{C_1}, c_{D_1}, \cdots, c_{A_N}, c_{B_N}, c_{C_N}, c_{D_N})^T \tag{1.4}$$

式中,c_{A_i}、c_{B_i}、c_{C_i}、c_{D_i} 分别是基础原子 A,B,C,D 的第 i 层系数,符号 T 表示向量或矩阵的转换。注意,这些 TB 系数取决于平面内波矢量 k 的大小。N 层磷烯体系的总 TB 波函数由下式给出:

$$\boldsymbol{\Psi} = \sum_{i=1}^{N} [c_{A_i}\psi_{A_i} + c_{B_i}\psi_{B_i} + c_{C_i}\psi_{C_i} + c_{D_i}\psi_{D_i}] \tag{1.5}$$

式中,ψ_{A_i}、ψ_{B_i}、ψ_{C_i}、ψ_{D_i} 为第 i 层 TB 波函数的四个分量。利用获得的与层相关的系数 c_{A_i}、c_{B_i}、c_{C_i}、c_{D_i},磷烯亚层上的载流子密度由下式给出:

$$n_{2i-1} = 2\sum_k f[E(\boldsymbol{k})](|c_{A_i}|^2 + |c_{D_i}|^2)$$

$$n_{2i} = 2\sum_k f[E(\boldsymbol{k})](|c_{B_i}|^2 + |c_{C_i}|^2) \tag{1.6}$$

式中,$i=(1,2,\cdots,N)$,求和前的因子 2 解释了自旋简并度,$E(k)$ 是在动量空间中对 TB 哈密顿量[式(1.1)]进行数值对角化得到的能谱,以及 $f[E(k)]$ 是描述能谱中载流子分布的费米-狄拉克函数。在存在电门控的情况下,完全占据的能带中的载流子密度会发生变化,因此必须考虑到在价带中的电荷密度的再分配。

TB 哈密顿量[式(1.1)]通过式(1.2)和式(1.3)与栅极诱导的载流子密度相关,这又是根据动量空间中的 TB 哈密顿量[式(1.1)]的全特征态计算出来的。因此,自洽需要

式(1.1)、式(1.2)、式(1.3)和式(1.6)计算才能在磷烯的不同亚层上获得载流子密度 n_i 和 Hartree 能量 U_i。由于不同亚层上的载流子密度是事先未知的,因此需要对这些密度进行初步猜测,假设它们在开始时是相等的。然后,自洽地执行计算,直到每个亚层的载流子密度收敛为止。自洽迭代的次数取决于总载流子密度 n 和堆叠层 N 的数量。达到收敛性时,可以得到费米能 E_F 和多层磷烯的能带结构 E_k,从而进一步计算出具体的基能带隙、载流子有效质量和动量矩阵元素等电子性质。

我们的数值结果表明,由于栅极可调多层磷烯的褶皱晶格结构,其中存在层内和层间电荷屏蔽,这与在栅极可调多层石墨烯中观察到的结果不同[53-57]。

1.3　栅极可调的多层磷烯电子和光学特性

在本节中,我们将介绍多层磷烯的栅极可调电子和光学特性的主要结果。通过使用如上所述的自洽 TB 方法获得了结果。

我们考虑了三种不同的栅极构型应用于多层磷烯:①仅正顶栅极 $V_t > 0$, $V_b = 0$($n_t > 0$, $n_b = 0$);②仅负底栅极 $V_t = 0$, $V_b < 0$($n_t = 0$, $n_b < 0$);③顶部和底部栅极 $V_t = -V_b > 0$($n_t = -n_b > 0$)。我们自洽地计算了栅极可调多层磷层的能带结构和不同磷层上的门诱导电荷密度。

1.3.1　能带结构和费米能量

如图 1.3 所示。图 1.3(a)为仅一个顶栅极,图 1.3(b)为仅一个底栅极,图 1.3(c)为顶栅极底栅极都存在的情况下三层磷烯的自洽获得的能带结构和费米能量。假设栅极电荷密度在(a)中为 $n_t = 10^{13}$ cm^{-2},在图 1.3(b)中为 $n_b = -10^{13}$ cm^{-2},在(c)中为 $n_t = -n_b = 10^{13}$ cm^{-2}。可以看出,在只有一个顶部(或底部)门存在的情况下,由于 $n_t > 0$(或 $n_b < 0$),费米能量位于传导(或价)带内,这表明系统中的电子(空穴)的密度是有限的,而在系统中同时存在顶栅和底栅的情况下,由于 $n_t + n_b = 0$,费米能量位于带隙内,这表明系统中没有多余的载流子。在图 1.3(d)中,我们展示了只有顶部栅极($n_g = n_t$)、只有底部栅极($n_g = n_b$),同时存在顶部和底部栅极($n_g = n_t = -n_b$)的情况下,三层磷烯的费米能量(E_F)与栅极电荷密度(n_g)的关系,图中的阴影区域表示带隙区域。可以看出,仅施加顶部(底部)栅极就可以将系统的费米能量调谐到传导带(价带)区域,因此可以通过变化的栅极电荷密度来调谐系统的电子(空穴)密度。然而,同时应用顶部和底部栅极的情况下,当改变栅极电荷密度时,可以将系统的费米能量调整到没有净载流子密度的带隙区域。注意,在只有存在顶部或底部栅极的情况下,三层磷烯的费米能量随栅极电荷密度的变化要小于三层石墨烯[54-55]。这是由于多层磷烯的载流子有效质量大于多层石墨烯的载流子有效质量。

1.3.2　电荷密度和屏蔽异常

图 1.4 中给出了 N 层磷烯($N = 2,3,4,5$)的不同层上的载流子密度 ρ_i($i = 1, \cdots, N$)与栅极电荷密度的关系。栅极电荷密度 n_g:图 1.4(a)~图 1.4(d)为仅存在顶部栅极($n_g = n_t$),图 1.4(e)~图 1.4(h)同时存在顶部栅极和底部栅极($n_g = n_t = -n_b$)。层和亚层密度之间的关系由 $\rho_i = n_{2i-1} + n_{2i}$ 给出。在只存在底部栅极($n_g = -n_b$)的情况下,结果非常相似,且可以通

过反转层索引和改变载波类型来相互映射。

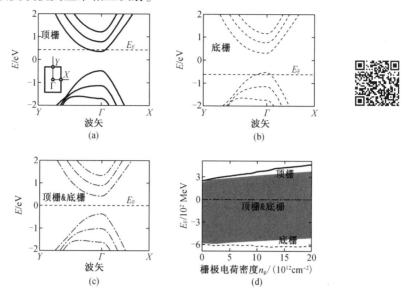

图1.3 通过自洽 TB 模型获得的栅极可调多层磷烯的能带结构

((a) 仅存在顶栅 ($n_t = 1.5 \times 10^{13}$ cm^{-2}),(b) 仅存在底栅 ($n_b = 1.5 \times 10^{13}$ cm^{-2}),(c) 同时存在顶栅和底栅 ($n_t = -n_b = 1.5 \times 10^{13}$ cm^{-2}),(d) 费米能量 E_F 作为顶栅栅极的栅极电荷密度 n_g 的函数 ($n_g = n_t$),底部栅极 ($n_g = n_b$) 以及顶部和底部栅极 ($n_g = n_t = -n_b$)。在 (a) ~ (c) 中,水平虚线是自洽确定的费米能量。(a) 中的插图表示磷烯的第一个布里渊区 (BZ),其中 Γ、X 和 Y 是三个最重要的高对称点。(d) 中的阴影区域表示带隙区域)

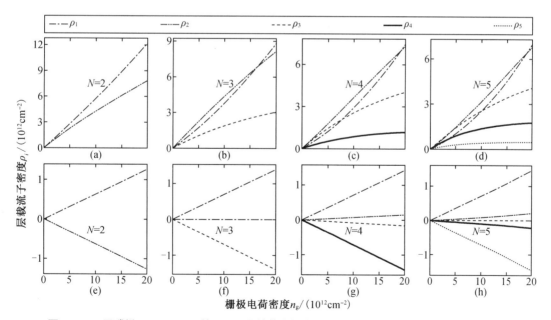

图1.4 N 层磷烯 ($N = 2,3,4,5$) 的不同层上的载流与密度 ρ_i ($i = 1, \cdots, N$) 与栅极电荷密度的关系

(对于 $N = (2,3,4,5)$ 层,栅极可调的多层磷烯的层载流子密度 ρ_i ($i = 1, \cdots, N$) 与栅极电荷密度 n_g 的关系:(a) ~ (d) 仅存在一个顶部栅极 ($n_g = n_t$),(e) ~ (h) 同时存在顶部栅极和底部栅极 ($n_g = n_t = -n_b$))

如图 1.4(a)~图 1.4(d)所示,只有一个顶栅存在,对于 $N=2$ 层的情况,最顶层具有最大的载流子密度(即 ρ_1)。但这对于 $N=(3,4,5)$ 层的情况就不再适用。例如,对于 $N=4$ 载流子密度在第二最顶层(即 ρ_2)最大。

N 层磷烯($N \geqslant 3$)的电荷异常是由于层间耦合导致不同层间的电荷转移引起的。数值计算表明,如果层间耦合的强度降低到一个临界值以下,那么最顶部的磷烯层将恢复最大的载流子密度。为了更清楚地看到这一点,我们在图 1.5 展示了当 $N=(3,4,5)$ 层时,磷烯层顶部和第二顶部载流子密度(ρ_1 和 ρ_2)的层间跳跃比例因子(f_s),其中 $f_s = 0$ (1)表示关闭(或打开)的完整的层间跳变。可以看出,确实存在层间跳跃强度的临界值(在图中用 f_s^c 表示),该临界值取决于层数 N[例如,$N=(3,4,5)$,$f_s^c = 0.45, 0.39, 0.37$]。

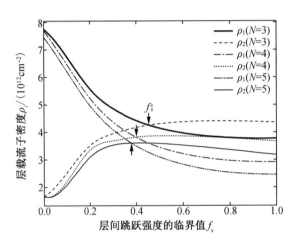

图 1.5　对于 $N=(3,4,5)$ 层,顶部栅极可调的多层磷烯的层载流子密度 ρ_1 和 ρ_2
作为层间跳跃比例因子 f_s 的函数

(f_s 为 $N=(3,4,5)$ 层,箭头表示层间跳跃强度的临界值(f_s^c),其中 $\rho_1 > \rho_2$ 表示低于临界值,$\rho_1 < \rho_2$ 表示高于临界值)

此外,我们发现在同时存在顶部栅极和底部栅极的情况下,如图 1.4(e)~图 1.4(h)所示,不同层上的载流子密度表现出奇偶层的相关性:对于偶数层($N=2,4$),相对于中心对称平面的上下层的载流子密度符号相反,但大小相等,从而导致电子空穴双分子层的出现;而对于奇数层($N=3,5$)的情况,有一个额外的特征,即中间层(在中心对称平面上)的载流子密度为零。层载流子密度 ρ_i 随栅极电荷密度 n_g 的增加而以线性或非线性的方式增加。

在图 1.6 中,我们展示了 N 层磷烯($N=2,3,4,5$)的两个相邻亚层之间的总电场间距 $F_{i,i+1}(i=1,\cdots,2N-1)$,作为栅极电荷密度 n_g 的函数,其中图 1.6(a)~图 1.6(d)和图 1.6(e)~图 1.6(h)用于 与图 1.4 相同的栅极可调配置。出于比较的目的,每个面板中还显示了栅极产生(未屏蔽)的电场 $F_0 = F_t + F_b$。可以看出,在所有栅极可调配置中,大多数电场 $F_{i,i+1}$ 比屏蔽效应场 F_0 明显小,而 $F_{i,i+1}$ 的大小则不同,因为不同的能屏蔽电场 f_0 的亚层上的载流子密度不同(图 1.7)。

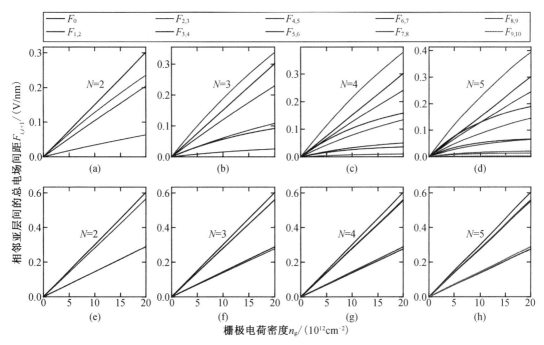

图 1.6 在 $N = (2, 3, 4, 5)$ 时,多层栅极磷烯的两个相邻亚层之间的电场

$F_{i, i+1}(i = 1, \cdots, 2N-1)$ 与栅极电荷密度 n_g 的关系

((a)~(d)仅存在顶部栅极($n_g = n_t$),(e)~(h)同时存在顶部栅极和底部栅极($n_g = n_t = -n_b$)。在每个面板中,F_0(黑色曲线)是顶部和/或底部栅极产生的电场)

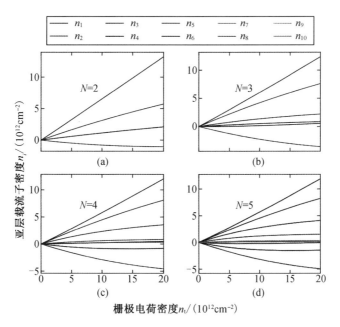

图 1.7 对于 $N(2, 3, 4, 5)$ 层,顶部栅极多层磷烯的亚层载流子密度

$n_i (i = 1, \cdots, 2N)$ 作为栅极电荷密度的函数 n_t

请注意,在仅存在顶部或底部栅极并且 $N \geq 3$ 的情况下,图 1.6 中所示的某些电场 $F_{i,i+1}$ (如 $F_{2,3}$,$F_{4,5}$ 和 $F_{6,7}$)没有被屏蔽,甚至大于未屏蔽的 F_0。这种电荷筛选异常是由于在只有顶部或底部栅极的亚层上出现了少数载流子(与大多数载体有相反的符号)而引起的。例如,对于 $N=4$ 层且仅存在顶部栅极的情况下,如图 1.7(c)所示,它们在第二顶部亚层和第四顶部亚层上的载流子密度为 n_2 和 n_4,与其他密度相比,其符号值相反。随着 N 的增加,少数载流子出现在更多的亚层上。少数载流子的出现是由于磷烯层内电荷转移引起的。新兴的少数载流子产生电场,该电场抵消了多数载流子产生的电场,从而导致电荷屏蔽异常。

1.3.3 带隙调谐:理论与实验

我们发现,在图 1.8(a)中只存在顶部栅极($n_g = n_t$),图 1.8(b)存在顶部栅极和底部栅极($n_g = n_t = -n_b$)的情况下,N 层磷烯($N=2,3,4,6$)的屏蔽带隙和未屏蔽带隙(E_g)作为栅极电荷密度(n_g)的函数。可以看出,在有电荷屏蔽和没有电荷屏蔽的情况下,带隙的栅极电荷密度(或栅极电场)调谐是明显不同的。随着带隙栅极电荷密度的增加,栅极电场显著减小。然而,在有电荷屏蔽的条件下,这种带隙减小的幅度显著降低,这对于层数更多的磷烯影响更显著。例如,在 $N=6$ 层时,在顶部和底部栅极同时存在的情况下,当栅极电荷密度 n_g 达到临界值 n_g^c 约 1.5×10^{13} cm^{-2} 时,未屏蔽的带隙 E_g 变为 0。然而,由于电荷屏蔽,临界栅极电荷密度 n_g^c 显著增加,使其大于 2×10^{13} cm^{-2},因此增加了 33% 以上,对于所有的栅极可调结构,电荷屏蔽对栅极电场的带隙调谐的影响都是相同的,如图 1.8(a)和图 1.8(b)所示,总是有增加带隙值的趋势。

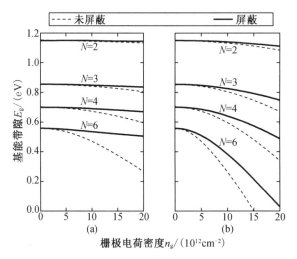

图 1.8 在 $N=(2,3,4,5)$ 层的情况下,在顶部和底部栅极同时存在且栅极电荷密度变化的情况下,多层磷烯的电子有效质量被屏蔽(全曲线)和未屏蔽(虚线曲线)

(m_0 为自由电子质量)

我们在参考文献[58]中注意到,通过使用第一性原理计算,多层磷烯中的带隙调谐获得了类似的结果。然而,所获得的结果仅限于双层和三层磷烯的情况,其屏蔽效应是不同的,即需要考虑有一个带电系统(屏蔽效应是由栅极电场引起的)。

　　为了验证自洽 TB 方法的能力和准确性,我们将门控多层磷烯的理论带隙与最近的实验结果进行了比较[59]。我们认为存在双栅极(顶部和底部)情况下的多层磷烯,这与参考文献[59]的观点相同。从这个实验中获得了理论建模和计算所需的所有必要参数,包括层数和位移场。实验考虑了电荷中性条件[59],即多层结构中没有多余的载流子,因此位移场(用 D 表示)在整个结构中近似均匀。这个条件与我们的理论模型相对应,其中顶部和底部门的电荷密度符号相反,但大小相等。通过使用栅极电荷密度和栅极电场 $F_{t,b} = e|n_{t,b}|/(2\varepsilon_0\kappa)$ 之间的关系,可以得出顶部和底部栅极的位移场,如 $D_{t,b} = \kappa F_{t,b} = e|n_{t,b}|/(2\varepsilon_0)$。在电荷中性条件下 $(n_t+n_b=0)$, $D=D_t=D_b$,其中 D 是多层磷烯的位移场,我们计算了多层磷烯的带隙的位移场调谐,这与参考文献[59]的做法相同。带隙调谐的幅度可通过 $\Delta E_g = E_g(D\neq0) - E_g(D=0)$ 计算[15]。

　　在图 1.9(a)中,展示了我们的理论结果(实线)的 ΔE_g 作为 N 层磷烯($N=4,5,6,8$)的 D 的函数,将参考文献[59]的理论值(虚线)和实验值(圆点)进行比较[15]。

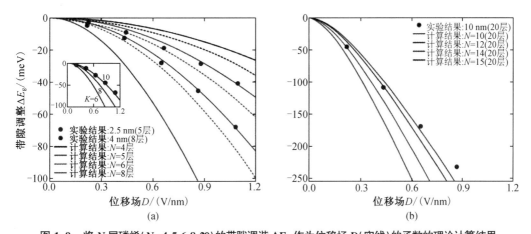

图 1.9 将 N 层磷烯($N=4,5,6,8,20$)的带隙调谐 ΔE_g 作为位移场 D(实线)的函数的理论计算结果
(虚线和圆点分别是参考文献[59]的理论和实验结果,ΔE_g 是 D 的函数。(a)中的插图显示了 $N=8$ 层且介电常数 κ 不同时的 ΔE_g)

　　如图 1.9(a)所示,我们的理论结果与厚度为 2.5 nm 的样品(对应的 $N=5$ 层)的实验结果非常吻合。但是,参考文献[59]中提出的简单理论模型,高估了带隙随位移场的变化。与理论模型相比,4 nm 厚的样品(对应的 $N=8$ 层)的带隙减少幅度要小得多。对于 $N=6$ 层,实验结果与我们的结果相比具有优势,这种差异可能是由于实验中样品厚度和样品介电常数值的不确定性所导致。尽管存在这种差异,但理论结果能够定性地捕捉到带隙随位移场变化的主要特征(即随着位移场的增加而发生非线性减小)。值得注意的是,当通过将介电常数 κ 从 6 增加到 10 时,我们可以重现 4 nm 厚样品的实验结果,如图 1.9(a)所示。

　　如图 1.9(b)所示,对于 $N=20$ 层的多层磷烯(对应于 10 nm 的样品),随着位移场的带隙减少更加明显。为了匹配实验结果,我们必须将 κ 从 10 进一步增加到 15。因为层数较多的多层磷烯具有较大的介电常数[59,62],所以这种 κ 值的增加是合理的。从物理方面看,带隙随着磷烯层数的增加而减小,多层磷烯变得更加具有金属化特征,因此系统的介电屏蔽变得更强,这表明介电常数增加。因此,只有一个可调整的参数(即介电常数 κ)在合理的范围值内变化,我们用自洽 TB 方法计算能够重现实验结果。

1.3.4 光学吸收/透射和法拉第旋转

在通过自洽 TB 方法获得的能谱和波函数的基础上,可以使用 Kubo 公式来计算栅极可调多层磷烯的光导率张量,该公式由下式给出:

$$\sigma_{\alpha\beta}(\omega) = \frac{g_s e^2}{4\pi^2 i} \sum_{m,n} \int d \frac{f[E_m(\boldsymbol{k})] - f[E_n(\boldsymbol{k})]}{E_m(\boldsymbol{k}) - E_n(\boldsymbol{k})} \times \frac{\langle \Psi_m(\boldsymbol{k}) | v_\alpha | \Psi_n(\boldsymbol{k}) \rangle \langle \Psi_n(\boldsymbol{k}) | v_\beta | \Psi_m(\boldsymbol{k}) |}{E_m(\boldsymbol{k}) - E_n(\boldsymbol{k}) + \omega + i\eta}$$

$$(1.7)$$

式中,α、$\beta = x$、y 是张量指数,ω 为光频率,$g_s = 2$ 是自旋简并因子,(m, n) 是能带指数,$\boldsymbol{k} = (k_x, k_y)$ 是二维波矢量,$f(E)$ 是费米-狄拉克函数,$E_{m,n}(\boldsymbol{k})$ 是带能量,$\Psi_{m,n}(\boldsymbol{k})$ 为波函数,$v_{\alpha,\beta}$ 是速度算子 $v = h^{-1}\partial H/\partial k$ 的 α 和 β 分量,$-i$,η 为有限的展宽。在光电导率张量[式(1.7)]中有四个分量:σ_{xx} 和 σ_{yy} 为纵向光导率,σ_{xy} 和 σ_{yx} 为横向光导率(即光霍尔电导率)。对于纵向分量,我们有一个各向同性(各向异性)系统的 $\sigma_{xx} = \sigma_{yy}(\sigma_{xx} \neq \sigma_{yy})$。在计算光电导率张量[式(1.7)]时,选取展宽的 $\eta = 10$ meV 和温度 $T = 300$ K。纵向和横向光学电导率的实部与光吸收效应和光学霍尔效应有关(例如,法拉第旋转)。

图 1.10 中,我们给出了在不存在(存在)垂直电场且没有(有)磁场电荷屏蔽的情况下,双层磷光体的实部带间光导率 $Re\sigma_{xx}$ 和 $Re\sigma_{yy}$。在这里,我们使用索引对 (m, n) 表示从第 m 个 VB 到第 n 个 CB 的带间转换。可以看出,由于沿平面外方向(即沿 z 方向)的强量子限制,在 $Re\sigma_{xx}$ 中出现了明显的吸收峰。这种限制导致沿 z 方向形成量子化的子带。当 $N_S = 4N_L$ 时,离散子带(N_S)的数量取决于堆积层(N_L)的数量。在没有电场的情况下,$Re\sigma_{xx}$ 中只有两个吸收峰,它们与带间跃迁 $(1,1)$ 和 $(2,2)$ 相关。在电场存在的情况下,在 $Re\sigma_{xx}$ 中又感应出两个吸收峰,分别对应于带间跃迁 $(1,2)$ 和 $(2,1)$。基于这些结果,我们可以在双层磷烯中建立以下光学选择规则:①在不存在和存在垂直电场的情况下,在光学上允许 $(1,1)$ 和 $(2,2)$ 带间跃迁;②在不存在(存在)垂直电场的情况下,在光学上禁止(允许) $(1,2)$ 和 $(2,1)$ 带间跃迁。在没有垂直电场的情况下,这些光选择规则与导带和价带的波函数参数(对称性)密切相关。当考虑场诱导电荷屏蔽时,这两个额外的吸收峰的大小减小。此外,$Re\sigma_{xx}$ 的截止吸收被电场转移到较低的光子能量区域(即红移)。

我们还在图 1.10 中观察到 $Re\sigma_{xx}$ 和 $Re\sigma_{yy}$ 之间存在显著差异,即带间光学电导率的实部表现出显著的线性二色性。$Re\sigma_{xx}$ 具有明显的吸收峰,受垂直电场的影响强烈,场诱导电荷屏蔽的影响很大。但是,$Re\sigma_{yy}$ 中没有明显的吸收峰,几乎不受外加电场和场感应电荷屏蔽的影响。利用相应带间跃迁的动量矩阵元素,解释了 $Re\sigma_{xx}$ 和 $Re\sigma_{yy}$ 在无垂直场和无场诱导电荷屏蔽条件下的吸收特征[50]。

在图 1.11 中,我们给出了在没有(有)垂直电场和没有(有)场诱导屏蔽时,三层磷烯的带间光电导率 $Re\sigma_{xx}$ 和 $Re\sigma_{yy}$ 的实部。可以看出,与图 1.10 所示的双层磷烯相比,三层磷烯的电导率谱中有更多的吸收峰。这是因为由于堆积层数的增加,约束能较小,并且在导带和价带中都有更多的离散子带。在这里,我们在三层磷烯的电导谱中确定以下带间跃迁通道:(1,1)(2,2)(3,3)以及在没有电场的情况下的(1,2)(2,1)(1,3)通道。

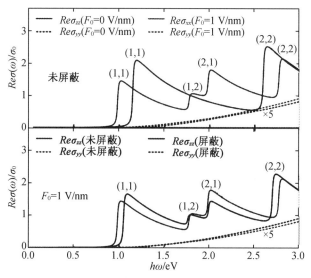

图1.10 在不存在(存在)垂直电场和没有(有)磁场电荷屏蔽的情况下,
双层磷烯的带间光电导率的实部 $Re\sigma_{xx}$ 和 $Re\sigma_{yy}$

($Re\sigma_{yy}$ 的值被放大了5倍,以使曲线更清晰可见。此处 $\sigma_0 = e^2/(4h')$ 是石墨烯的通用光导率,(m,n) 表示从第 m 个 VB 到第 n 个 CB 的带间跃迁)

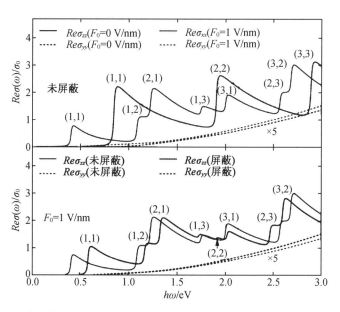

图1.11 在不存在(存在)垂直电场和没有(有)磁场感应电荷屏蔽的情况下,
三层磷烯的带间光电导率 $Re\sigma_{xx}$ 和 $Re\sigma_{yy}$ 的实部

($Re\sigma_{yy}$ 的值被放大了5倍,使得曲线更清晰可见)

在图1.12中,我们展示了 N 层磷烯($N=2,3,4$)对椅式(x)和之字形(y)极化光传输的电场调制强度 $\Delta T/T$,分别用 AC 和 ZZ 表示。此处,栏中所示的 $\Delta T/T$ 值以百分比形式给出。可以看出,交流极化的 $\Delta T/T$ 比 ZZ 极化大得多,说明 ZZ 极化的场调制强度可以忽略不计。对于 AC 和 ZZ 极化,$\Delta T/T$ 作为光子能量的振荡函数,符号在负(蓝色)和正(红色)之间变化。并且它们都可以分为具有负值和正值的不同区域。在图 1.12 的最左上图中,两个不同的区域分别用(Ⅰ)和(Ⅱ)标记。通过分析双层磷烯的带间光电导率的场相关性,我们发现这四个不同的区域是由不同的带间跃迁引起的。例如,区域(Ⅰ)中的 $\Delta T/T$ 的正值主要是由带间跃迁(1,1)引起的,而区域(Ⅱ)中的 $\Delta T/T$ 的负值主要是由带间跃迁(2,1)引起的。如前所述,这是因为零场带间跃迁(1,1)或(2,1)可以通过施加垂直场来减少(或增强),因此,相应的光传输可以通过施加场来增强(或减少),从而导致场调制强度为正(或负)值。请注意,随着磷烯数量的增加,用于交流极化的场调制变得更加有效,通过比较 $N=2,3,4$ 情况下的 $\Delta T/T$ 所知。调制强度变大,调制范围变宽。例如,$\Delta T/T$ 的绝对值从两层的 3.85% 增加到四层的 4.91%,$\Delta T/T$ 的能量范围从两层的 1~3 eV 扩展到四层的 0~3 eV。

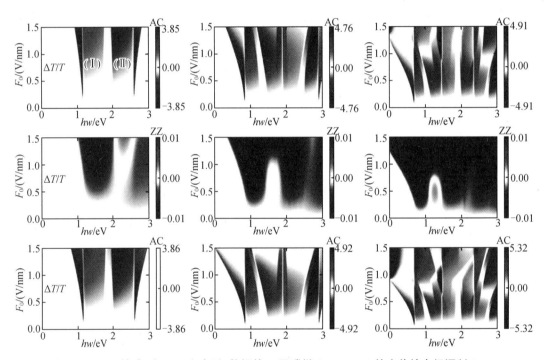

图 1.12 AC(椅式)和 ZZ(之字形)偏振的 N 层磷烯($N=2,3,4$)的光传输电场调制 $\Delta T/T$
($\Delta T/T$ 值以百分比表示)

结果表明,随着场强从 0~1.5 V/nm 的增加,四层磷烯经历了半导体到半金属的转变,导致能带结构的带隙为零带隙。此外,我们发现,与没有电荷屏蔽相比,有电荷屏蔽的场调制强度更小。这是因为场诱导电荷屏蔽降低了外加电场的强度。最近的实验报道了少层磷烯的线性二色性的电场调制[45-46],与我们在图 1.12 中所示的理论结果相一致,他们发现:①对于椅式极化,电场调制正负值振荡变化显著;②对于之字形极化的调制强度可以忽略不计。

在有磁场的情况下将光束照射到光学介质上时,光的偏振可以以两种不同的结构旋转,在介质表面反射时的 Kerr 旋转,通过介质内部传递时的法拉第旋转。这些旋转是在外部磁场存在下,由载流子-光子相互作用产生光学霍尔效应的结果。光学霍尔效应(例如,法拉第旋转)已经在石墨烯量子霍尔系统中进行了研究[63-64]。这里展示了在没有外部磁场的情况下,多层磷烯的法拉第旋转。这是由于磷烯晶格的皱缩结构降低了对称性而产生的。

在图1.13中,我们展示了几层磷烯的光学霍尔电导率的实部:图1.13(a)场致电荷屏蔽对于三层磷烯中 $F_0=1$ V/nm 场强的影响;图1.13(b)三层磷烯的屏蔽效应与场强 F_0 的关系;图1.13(c) $F_0=1$ V/nm 的场强与层数 N 的屏蔽效应有关。由此可见,$Re\sigma_{xy}$ 受场诱导电荷屏蔽的影响很大,与场强和层数紧密相关。有趣的是,$Re\sigma_{xy}$ 的正值或负值取决于光频率。根据 $\theta_F \frown Re\sigma_{xy}/[(1+n_{sub})c\in_0]$ 得到法拉第旋转的角度 θ_F,以及与衬底的折射率 n_{sub} 的关系[64]。$Re\sigma_{xy}$ 的频率依赖性表明,光通过少层磷烯传输时,可以通过改变光的频率使偏振向相反的方向旋转。

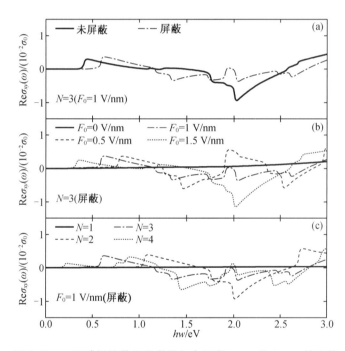

图1.13　N 层磷烯的带间光学霍尔电导率 $Re\sigma_{xy}$ 和 $Re\sigma_{yx}$ 的实部

((a)场致电荷屏蔽对于三层磷烯中 $F_0=1$ V/nm 的场强的影响;(b)三层磷烯中的屏蔽效应与场强 F_0 的关系;
(c)$F_0=1$ V/nm 的场强与层数 N 的屏蔽效应有关)

值得注意的是,光学霍尔电导率比其纵向电导率小两个数量级(即 $100Re\sigma_{xy} \sim Re\sigma_{xx}$),这与从其他二维材料(如 GaS 和 GaSe 多层膜)的 DFT 计算得出的结果一致[65]。此处显示的结果,即光学霍尔电导率与垂直电场和磷烯层数紧密相关,表明法拉第旋转不仅是电可调的,而且还与层厚度有关。

1.4 少层磷烯的压力线性二色性和法拉第旋转

DFT 计算结果表明[66],磷烯可以在不破坏晶格稳定性的情况下沿其之字形(或椅式)方向维持高达27%(或30%)的拉伸应变,与其他二维材料相比,磷烯表现出优越的机械灵活性,杨氏模量小一个数量级。磷烯的力学性能使其在工程中具有广阔的前景。此外,由于其固有的结构各向异性,磷烯的力学特征可能更加有特点。

在上一节中,通过自洽 TB 方法计算表明,在多层磷烯中,由于磷烯晶格(即褶皱晶格)的对称性降低,在没有外部磁场的情况下,法拉第旋转依然存在,垂直电场可以显著地调节少层线性磷烯的线性二色性和法拉第旋转。我们采用自洽 TB 方法研究了压力对少层磷烯的线性二色性和法拉第旋转的影响,其中压力沿其椅式或之字形方向单轴施加。我们展示了如何通过压力来设计这些光学特性。我们的研究对于基于压力的少层磷烯的机械光电器件很重要。

1.4.1 TB 哈密顿量和压力调节

我们考虑了 AB 堆叠的少层磷烯,磷烯晶格在平面内沿椅式或之字形方向施加压力,如图 1.14 所示。实验表明,可以均匀产生这种单轴方向压力。从 DFT 计算[25,60]中可以看出,AB 堆积在能量上最有利于少层磷烯。少层磷烯的 TB 哈密顿量由式(1.1)给出。

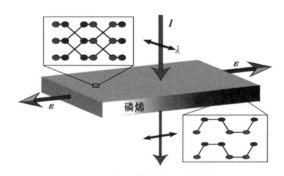

图 1.14 少层磷烯的压力影响图

(由强度为(I)和偏振(λ)的入射光激发下的应变少层磷烯示意图,其中压力(ε)沿面内方向(椅式或之字形)单轴方向施加。两个黑色矩形显示了磷烯晶格的顶视图和侧视图。当光透过样品时,由于光霍尔效应而偏振旋转)

当对少层磷烯施加轴向压力时,相对原子间位置的变化可以描述为

$$r_{ij}^{\varepsilon} = (I + \varepsilon) \cdot r_{ij}^{0} \qquad (1.8)$$

式中,I 是单位张量,ε 是压力张量,r_{ij}^{ε} 为由位置 i 生成的指向位置 j 的位置向量,而 r_{ij}^{0} 是无压力位置矢量。因此,在压力存在的情况下,晶格的键长和角度都可以发生改变,其中任何一种都可以改变原子轨道之间的跳跃能。然而,根据哈里森规则[68],p 状轨道之间的跳跃能量 t 仅取决于键长 r,即 $t \propto 1/r^2$,这意味着施加的压力不会改变键角,而只会改变键长。少层磷烯的 TB 哈密顿量是基于 p_z 状轨道构建的,这可以通过 DFT 和 TB 的组合计算得到证实[69],受到压力磷烯的键角的变化几乎不明显,这种变化引起的跳跃能的变化比键长的

变化要小得多。因此,可以获得受到压力的单层和双层磷烯中的跳跃能为

$$t_{ij}^{\varepsilon} = t_{ij}^{0} \frac{|\boldsymbol{r}_{ij}^{0}|^2}{|\boldsymbol{r}_{ij}^{\varepsilon}|^2} \tag{1.9}$$

式中,t_{ij}^{ε} 和 t_{ij}^{0} 分别是有压力和无压力跳跃能量。也可以使用指数公式(即 $t_{ij}^{\varepsilon} = t_{ij}^{0} \exp[-\beta_{ij}(r_{ij}^{\varepsilon}/r_{ij}^{0}-1)]$)来描述跳变能量如何通过所施加的压力而改变。但是,此指数公式需要得到参数 β_{ij} 的值,目前受到压力的少层磷烯的值尚不清楚。原则上,这些参数可以通过将 TB 频带结构拟合到 DFT 计算得到,如使用局部最大的 wannier 函数[70]。

1.4.2 压力可调纵向和横向光导率

通过在动量空间中不存在(存在)压力的情况下将 TB 哈密顿量对角化,获得了无压力(有压力)的少层磷烯的能谱和波函数。在此基础上,利用线性响应 Kubo 公式[式(1.7)]计算了无压力(有压力)的少层磷烯的光电导率张量。在计算样品的光电导率张量时,我们取能量展宽为 10 meV,晶格温度为 300 k(除非另有规定)。纵向和横向光电导率的实部分别与光吸收效应和光霍尔效应(如法拉第旋转)有关。

考虑了在没有和存在压力的情况下的无掺杂少层磷烯,系统中没有自由载流子(电子和空穴),因此系统的费米能量位于系统的带隙内。当系统被具有一定偏振率的入射光激发时(图 1.14),只有产生从被占据的价带到未被占据的导带的带间跃迁,才对系统的光学电导率有贡献。为了更清楚地显示压力的影响,我们考虑对少层磷烯施加相当大的压力(最高 10%),理论上[66]和实验上[67]都证明了具有相同数量级的压力。

在图 1.15(a)和图 1.15(b)中,展示了在不同的压力大小和方向下双层磷烯的纵向光学电导率(σ_{xx} 和 σ_{yy}),压力沿椅式(ε_{AC})或之字形(ε_{ZZ})方向施加。在这里,我们将 $x(y)$ 方向上的椅式(或之字形)方向和 $\varepsilon_{AC/ZZ}<0$(或 $\varepsilon_{AC/ZZ}>0$)定义为压缩(拉伸)椅式(或之字形)压力,并使用带指数对 (m, n) 表示从第 m 价带(VB)到第 n 导带(CB)的带间过渡。

可以看出,在无压力的情况下,σ_{xx} 和 σ_{yy} 之间存在显著差异,前者比后者大约 10 倍,这导致了磷烯典型的线性二色性。施加单轴压力(ε_{AC} 或 ε_{ZZ})会显著调节 σ_{xx} 和 σ_{yy}。在存在压缩(拉伸)压力的情况下,这些光学电导率的能量截止点沿椅式和锯齿形方向呈红色(蓝色)位移。相关实验[44]也证实了压缩应变和拉伸应变之间的能量截止。

我们将这种压力引起的 σ_{xx} 和 σ_{yy} 能量截止的位移归因于所施加压力引起的电子带隙变化。为了更好地了解这一现象,必须研究压力对双层磷烯能带结构的影响,如图 1.15(c)所示。从带结构可以明显看出,在椅式和之字形方向,存在拉伸(压缩)压力的情况下,带隙确实会增加(减小)。更重要的是,σ_{xx} 和 σ_{yy} 的强度通过施加压缩(拉伸)压力而扩大(减小),并且仅在具有相同谱带指数的 CB 和 VB 之间允许光学跃迁,即 $(m,n) = (1,1)$,$(m,n) = (2,2)$。

在图 1.15(d)中,我们展示了在不同压力和方向下受到压力双层磷烯的光学霍尔电导率(σ_{xy}),在没有应变的情况下,σ_{xy} 是非零的,但比 $\sigma_{xx}(\sigma_{yy})$ 小 100(10)倍,这与从其他二维材料(如 GaS 和 GaSe 多层)的 DFT 计算得出的结果一致[65]。这种数值小但非零的光学霍尔电导率意味着即使在零磁场下,双层磷烯中也存在法拉第旋转。这是由于磷烯晶格的还

原对称性(即皱缩结构)。根据 $\theta_F \simeq \sigma_{xy}/[(1+n_{sub})c\varepsilon_0]$ 得到法拉第旋转角 θ_F 和沉底折射率 n_{sub} 的关系[64], σ_{xy} 的频率相关性表明光的偏振可以通过改变穿过双层磷烯的光的频率实现旋转。现在我们来看一下压力对光学霍尔电导率的影响。如图 1.15(d)所示, σ_{xy} 的强度几乎不受压缩或拉伸之字形压力的影响。然而,由于压缩或拉伸椅式的压力,它被放大了一个数量级。

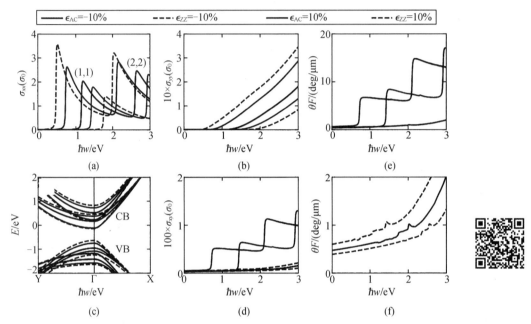

图 1.15　压力对纵向光学电导率 σ_{xx} 的影响(a)和 σ_{yy} 的影响(b),对能带结构的影响(c),

对光学霍尔电导率 σ_{xy} 的影响(d)和法拉第旋转角 θ_F 的影响(e),对双层磷烯的影响(f)

($\sigma_0=e^2/(4'h)$ 是通用光学导率,沿着椅式(ε_{AC})或之字形(ε_{ZZ})方向施加的,黑色曲线表示无压力的结果。能带指数对(m,n)表示从第 m 个价带(VB)到第 n 个导带(CB)的带间转变)

在图 1.15(e)和图 1.15(f)中,我们以度/μm 为单位显示了法拉第旋转角,对应于椅式和之字形压力的光学霍尔电导率,如图 1.15(d)所示。在计算法拉第旋转角 θ_F 时,我们在文中取 $n_{sub}=1$,对样本进行建模。利用 DFT 计算,预测了铁磁单分子层 $Cr_2Ge_2Te_6$ 的磁光效应[71](如法拉第旋转)。我们注意到,在椅式和之字形压力的磷烯中,旋转角 θ_F(约 10 和约 1 度/μm)小于 $Cr_2Ge_2Te_6$ 的铁磁单层(约 120 度/μm)。差异主要是由于①单层磷烯和单层 $Cr_2Ge_2Te_6$ 的能带性质不同;②不同的驱动机制,即单轴压力(在磷烯中)与局部磁矩(在单层 $Cr_2Ge_2Te_6$ 中)。

此外,从图 1.15 中可以看出,能带结构、光学电导率和法拉第旋转对不同的压力方向(即椅式方向和之字形方向)表现出明显不同的响应。这是磷烯晶格的结构各向异性的结果。因此,磷烯中的压力特性可能比其他二维材料更有趣。数值结果表明,随着施加压力幅度的减小,法拉第旋转的调整幅度减小,即 1% 压力的法拉第旋转角小于 10% 压力的法拉第旋转角。

1.5 具有缺陷空位的磷烯纳米带中的量子传输

最近,磷烯纳米结构(如纳米点、纳米环和纳米带)引起了很多关注。其中,磷烯纳米带(PNR)特别受关注。DFT 和 TB 的计算表明,这些一维纳米带不仅表现出常见的约束效应,而且表现出特殊的边缘效应,它们在电子、光学、磁和输运特性中都发挥着重要作用[31,72-76]。

如上所述,尽管对理想的磷烯纳米带 PNR 的了解迅速增长,但对有缺陷的 PNR 的关注却很少。最近,理论上使用 DFT 计算研究了磷烯和黑磷中的点缺陷(内在缺陷和外在缺陷)[38-40,42]。最近,通过实验在块状黑磷的表面观察到原子空位[77-78],结果发现,这些空位表现出很强的各向异性和高度离域的共振态[77-78]。但是,与有缺陷的磷烯和黑磷相比,对有缺陷的 PNR 所做的工作少得多[41,43]。

从实际的角度来看,制造 PNR 时,不可避免地会存在一些缺陷(例如,在光刻或等离子蚀刻过程中产生的边缘空位),这些缺陷肯定会影响 PNR 的电子和传输性能,从而影响基于 PNR 的电子器件的性能。有必要更好地了解有缺陷的 PNR 的电子和传输特性以及如何控制这些 PNR 特性是至关重要的。更重要的是,在黑磷的表面上已经通过实验观察到像原子空位这样的点缺陷[77-78]。所有这些促使我们从理论角度研究具有原子空位的有缺陷 PNR 的电子传输性质。众所周知,这些点缺陷是实际材料中最重要的晶格缺陷之一[79]。此外,对于二维材料,其原子较薄的特征预计更有利于引入原子空位。例如,在单层二硫化钼中实验观察到高浓度的这种空位(高达 2%)[80-81]。由于其原子空位的形成能要低得多,磷烯的浓度可能要低得多[42]。

本文从理论上研究了含原子空位的缺陷 PNR 的电子输运性质,理论研究是通过基于原子量子传输方法结合散射矩阵(S 矩阵)形式的原子量子输运模拟进行的。主要研究了单个原子空位和原子空位的随机分布这两种情况。在单个空位情况下,我们研究了空位类型及其空间位置对缺陷 PNR 的电子和输运特性的影响。在空位随机分布的情况下,我们研究了空位浓度对缺陷 PNR 的电子传输性质的影响。由于这种空位的随机性,电子传输性质在许多不同空位构型的集合上进行了平均。此外,还研究了色带长度和宽度对缺陷 PNR 的影响。

1.5.1 模型系统和 TB 哈密顿量

本研究所考虑的模型系统由两个引线和一个散射区域组成,如图 1.16 所示。散射区域是长度为 L 且宽度为 W 的有限大小的 PNR,它包含了由位于 PNR 的边缘或大部分的原子空位引起的晶格缺陷。系统的 TB 哈密顿量由参考文献[82]给出

$$H = \sum_i \varepsilon_i c_i^\dagger c_i + \sum_{i \neq j} t_{ij} c_i^\dagger c_j \tag{1.10}$$

式中,H 是所有晶格位点的总和,ε_i 是位点 i 处的现场能量,t_{ij} 是位点 i 与 j 之间的跳变能量,$c_i^\dagger(c_j)$ 是位点 $i(j)$ 上电子的生成(湮灭)算符。

在没有原子空位的情况下,所有晶格位点的现场能量 ε 都设置为零,并且两个不同位

点之间的跳跃能量被包括到第五个最近的点,其值是 $t_1 = -1.220$ eV, $t_2 = 3.665$ eV, $t_3 = -0.205$ eV, $t_4 = -0.105$ eV, $t_5 = -0.055$ eV[82]。在存在原子空位的情况下,现场能量和跳跃能量都将被修正。由于单个空位可以通过从完美晶格中移除单个原子来模拟(图1.16),因此该原子位置的现场能量,以及从该原子位置到其最近邻位置的跳跃能量将会消失。

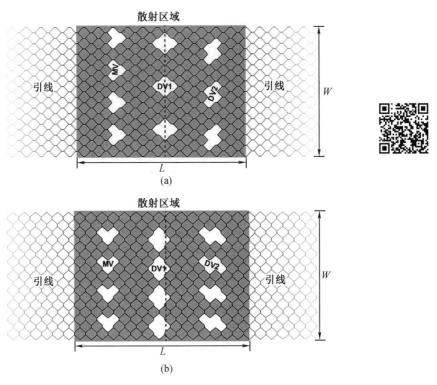

图1.16 本研究所考虑的模型系统

((a)椅式PNR,(b)之字形PNR。该系统由宽度为 W 的两个半无限导线(浅红色阴影区域)和长度为 L 且宽度为 W 的有限散射区域(深灰色阴影区域)组成。在此,考虑了三种类型的原子空位,即单空位(MV),Ⅰ型双空位(DV1)和Ⅱ型双空位(DV2),它们可以位于边缘或在大部分散射区域中。区分出两种类型的双空位(DV1和DV2),其中DV1(或DV2)保持(或破坏)PNR的亚晶格对称性)

1.5.2 S矩阵形式与量子电导

在接下来的内容中,我们简要地展示如何通过S矩阵形式计算PNR系统的电导(详细说明见参考文献[83])。在数学上,由于Fisher-Lee的关系,S矩阵形式等同于非平衡格林函数形式[84],但其公式结构更简单,在数值计算中结构更稳定[85]。

在由两个引线和一个散射区域组成的双端子系统中,传输模式(或通道)可以分为三种类型:传入、输出和倏逝模式。前两个携带的电流对应于传播模式,而最后一个对应于衰减模式。我们分别用 N_{in}, N_{out} 和 N_{ev} 表示传入、输出和倏逝模式的个数,以及具有 ψ_{in}, ψ_{out} 和 ψ_{ev} 表示这些模式相应的波函数。此外,我们分别用 Ψ^L 和 Ψ^S 表示引线和散射区域中的散射状态。使用这些符号并采取沿 x 轴的传输方向,可以将引线中的散射状态写为[85]

$$\Psi_n^L(x) = \psi_n^{in}(x) + \sum_{m=1}^{N_{out}} S_{mn}\psi_m^{out}(x) + \sum_{k=1}^{N_{ev}} S_{kn}\psi_k^{ev}(x) \tag{1.11}$$

式中,$S_{mn}(S_{kn})$给出了从入射模式n到输出模式m(倏逝模式k)的散射振幅,这两者都是 S 矩阵的元素。通过将导线中的波函数与散射区域中的波函数进行匹配,可以得到 S 矩阵[85],即 $\Psi_n^L(x=x_I) = \Psi_n^S(x=x_I)$,其中 $x=x_I$ 表示导线与散射区域的交点。一旦获得了 S 矩阵,就可以使用 Landauer 公式[83]计算系统在零温度下的电导率。

$$G_{ab} = \frac{e^2}{h}T_{ab} = \frac{e^2}{h}\sum_{n\in a; m\in b}|S_{mn}|^2 \tag{1.12}$$

式中,a 和 b 标记了系统的两个引线,而 T_{ab} 是从引线 a 到引线 b 的传输系数。很明显,电导值取决于可用的传输模式的数量。在目前的工作中,使用 KWANT[85]进行了传输计算,而其他性质(如状态密度)使用 PYBINDING 计算[61]。

1.5.3 单个空位的影响

我们首先考虑具有单个空位的有缺陷的 PNR。我们研究了这种点缺陷如何影响 PNR 的电子传输性能。这是现实的(因为通过实验已经在黑磷的表面上观察到了单个空位[77]),也可以理解为许多空缺(如随机分布的空缺)的影响。

我们首先研究了空位类型对缺陷 APNR 和 ZPNR 的 DOS 和电导的影响。考虑三种类型的单一空缺:①单空位(MV);②Ⅰ型双空位(DV1);③Ⅱ型双空位Ⅱ(DV2)。为简单起见,我们假设 MV、DV1 和 DV2 位于散射区域的中心。需要注意的是,区分出两种类型的双空位(DV1 和 DV2),其中 DV1(或 DV2)保留(或打破)PNR 的亚晶格对称性在此,亚晶格对称(或不对称)是根据 PNR 中不同的亚晶格原子的数量来定义的。虽然磷烯的单位细胞有四个亚晶格原子,但在紧密结合模型中,由于 D_{2h} 点群不变性,它们可以在单位细胞中还原为两个不等的原子(标记为 A 和 B)。为了方便起见,我们用 N_A 和 N_B 来表示 PNR 的亚晶格 A 和 B 中的原子数。在没有空位的情况下,$N_A = N_B$,并保持了 PNR 的亚晶格对称性。在 MV 存在的情况下,通过移除一个亚晶格原子(A 或 B)而产生,$N_A \neq N_B$,因此 PNR 的亚晶格对称性被破坏了。由于 DV 可以通过去除两个亚晶格原子(A、B 或 A、A 或 B、B)来产生,通过去除两个 A(或两个 B)亚晶格原子而产生 DV2 的情况下,此时 $N_A \neq N_B$,这打破了 PNR 的亚晶格对称性;而在通过删除 A 和 B 两个亚晶格原子而创建的 DV1 的情况下,$N_A = N_B$,它保留了 PNR 的亚晶格对称性。

如图 1.17 所示,我们给出了无空位 NV、MV、DV1 和 DV2 的结果,图 1.17(a)和图 1.17(c)为 APNR,图 1.17(b)和图 1.17(d)为 ZPNR。在此,所有模拟 PNR 的条带长度和宽度设置为 $L=10$ nm,$W=4$ nm。为了清楚地看到单个空位对 DOS 的影响,我们将在空位附近的相邻位置计算出的局部 DOS(LDOS)叠加在 DOS 上。很明显,对于 APNR 和 ZPNR,引入单个空位会降低电导值,使电导步长平滑。如预期的那样,我们发现:①DV2 对 DOS 和电导的影响要比 MV 大,因为一个 DV 可以被看作是由两个彼此非常接近的 MV 组成;②MV 和 DV2 对 DOS 和电导的影响都大于 DV1,因为前两个打破了亚晶格的对称性,而后者则保持了这种对称性,这些结果与之前发现的研究石墨烯的结果一致[86-87]。值得注意的是,所有类型的单个空位(即 MV、DV1 和 DV2)对带隙外的 PNR 的 DOS(即 PNR 的体积 DOS)影响不大,因为被单个空位去除的晶格区域与 PNR 的整个部分相比要小,可以忽略不计。然而,它们可以通过空位散射来影响 PNR 的整体态和边缘态,从而影响 PNR 的整体电导和边缘电导。

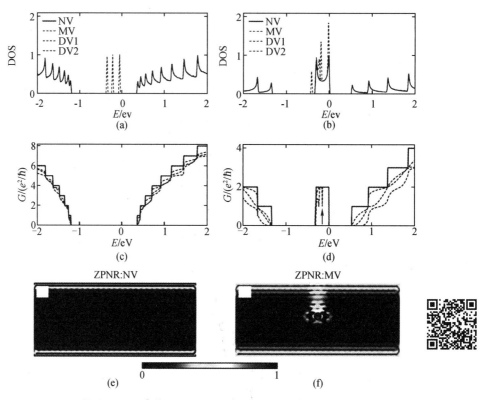

图 1.17　无空位(NV)、MV、DV1 和 DV2 的实验结果

((a)~(d)不同类型的缺陷 APNR 和 ZPNR 的 DOS 和电导,以及无空位(NV)时的结果;(e)和(f)无空位和有单空位的 ZPNR 中边缘传播模式的空间 LDOS。这里,无空位(NV)、MV、DV1 和 DV2 分别表示 Ⅰ 型无空位、单空位、Ⅱ 型单空位和 Ⅱ 型双空位的情况。在(d)中,黑色箭头表示计算其空间 LDOS 的边缘传播模式的能量。在(f)中,黑色的圆圈表示单个空位及其位置)

对于有缺陷的 APNR,如图 1.17(a)和图 1.17(c)所示,MV 和 DV2 都导致产生带隙内 DOS 的共振峰,这对应于准局域空位态。但是,DV1 不会产生这样的峰,因为这个双原子空位保持了 PNR 的亚晶格对称性(而这种对称性被 MV 和 DV2 打破)。对于缺陷 ZPNR 的结果差异很大,如图 1.17(b)和图 1.17(d)所示。我们发现,MV 和 DV2 都在带隙内的边缘 DOS 中产生共振峰,同时引起边缘电导的反共振下降。边缘电导的反谐振下降主要是由于边缘传播模式上的空位散射。从直觉上看,位于 ZPNR 体中心的空位不应该对其边缘电导有相当大的影响,因为空位位置远离 ZPNR 的边缘。为了理解这个反直觉的结果,我们必须计算 ZPNR 的边缘传播模式的空间 LDOS,并研究它是如何受到一个体中心空位的影响。结果如图 1.17(e)和图 1.17(f)所示,它们分别对应于 NV 和 MV 的情况。从这两个图板上我们可以看到,准局域空位态与 ZPNR 上边界的边缘态有相当大的耦合,这可能导致较大的边

缘空位散射,从而导致边缘电导的反共振下降。注意,空位态与边缘态的耦合存在不对称性。这是因为准局域空位态在空间上具有高度的各向异性,所以空位产生不等价亚晶格。例如,图1.17(f)中所示的空位态的空间LDOS主要分布在ZPNR的中心和上边缘之间。黑磷表面实验观察到了准局域空位态的各向异性特征[77]。我们进一步发现,随着色带宽度W的增加,这种空位-边缘耦合减小(甚至消失),因此,边缘电导变得更少受到体中心空位的影响(甚至不受影响)。

此外,对于图1.17(b)和图1.17(d)所示的缺陷ZPNR,在MV情况下,边缘DOS的共振峰与边缘电导的反谐振倾角之间存在一一对应关系,这些峰和倾角具有相同的能量位置。但在DV2情况下没有这样的对应关系,如边缘DOS的两个共振峰,其中只有一个导致边缘电导的反共振下降,这是因为另一个峰虽然位于带隙内,但并不位于边缘DOS的能量范围内,因此该峰对边缘电导没有影响。同样,DV1不会在边缘DOS中产生这样的共振峰,因此边缘电导几乎不受这个双原子空位的影响。虽然MV和DV对边缘电导有明显的影响作用,但它们对体电导的影响几乎相同,即两者都会导致电导值的显著降低。

接下来,我们研究空缺位置对DOS以及有缺陷的APNR和ZPNR的电导的影响。我们展示了MV情况的结果,因为DV可被视为两个位置紧密的MV。在图1.18中,我们绘制了不同MV位置的缺陷APNR和ZPNR的DOS和电导图,以及它们对应的NV结果。在此,对于所有模拟的PNR,条带的长度和宽度分别设置为$L=10$ nm和$W=4$ nm。当MV改变其位置时,假设其沿着散射区域的垂直中心线移动(图1.16中的红色虚线表示),距离PNR中心的垂直距离为d。从图中可以看出,缺陷PNR的DOS和电导率依赖于MV的位置。对于有缺陷的ZPNR,如图1.18(b)和图1.18(d)所示,通过将该空位从其中心移动到其边缘(即将d从0.2 nm改变到1.6 nm),边缘DOS的谐振峰(s)和边缘电导的反谐振倾斜角(s)在能量上都发生了位移。这对于有缺陷的ZPNR来说并不奇怪,因为边缘DOS的谐振峰(s)和边缘电导的反谐振倾斜角(s)之间存在一对一的对应关系。然而,由于缺乏间隙内(边缘)电导,对于有缺陷的APNR就没有这种对应关系,如图1.18(c)所示,MV只在带隙内的DOS中产生一个共振峰,其能量位置变化非常轻微。

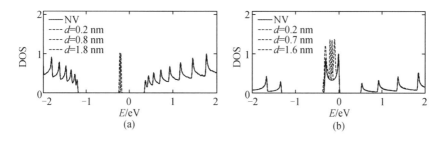

图1.18　不同MV位置的缺陷APNR和IPNR的DOS和电导图及它们对应的NV结果

((a)~(d)缺陷APNR和ZPNR在PNR中心的DOS和(d)的电导,以及无空位的完美空位(NV)的结果。(e)~(h)在NV和MV情况下ZPNR中体传播模式的空间LDOS。在(d)中,黑色箭头表示计算其空间LDOS的体传播模式的能量。在(f)~(h)中,黑色的圆圈表示不同的空位位置)

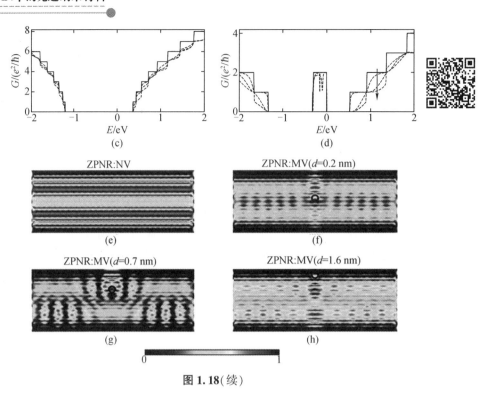

图 1.18(续)

除了对边缘传播模式的 DOS 和电导的影响外,研究空位位置对体传播模式的 DOS 和电导的影响也很有趣。如图 1.18(c)和图 1.18(d)所示,对于不同的电导平台,改变 MV 位置会产生不同的结果。例如,通过将 MV 从 ZPNR 的边缘($d=1.6$ nm)移动到 ZPNR 的中心($d=0.2$ nm),第一个电导平台的值不断减小。这个结果容易理解。当 MV 更靠近 ZPNR 的中心时,它对体电导的影响更明显。然而,对于第二个或更高的电导稳定期,情况变得有些复杂。将 MV 从 ZPNR 边缘移动到 ZPNR 中心时,电导值不会持续下降,例如,中心 MV($d=0.2$ nm)不会引起第二电导平台值的最大下降。从直觉上很难理解这个结果。同样,需要研究 MV 位置如何影响第二传导或价子带中体传播模式的空间 LDOS。结果绘制在图 1.18(e)~图 1.18(h)中,分别对应于 NV、MV($d=0.2$ nm)、MV($d=0.7$ nm)和 MV($d=1.6$ nm)的情况。如图所示,由于空位散射,MV 使体传播模式的扩展变少,空位散射敏感地取决于 MV 位置。这可以解释我们的反直觉结果,即为什么中心 MV($d=0.2$ nm)对第二电导平台没有最大的影响。对于有缺陷的 APNR 所获得的类似结果,可以以相同的方式理解。

1.5.4　空位的随机分布

现在我们转向空位的随机分布对 PNR 的 DOS 和电导的影响。这些空位可以用于模拟真实 PNR 样品中的制造诱导缺陷和固有(天然)晶格缺陷。由于这种空位的随机性,我们通过模拟给定色带大小和给定空位浓度下的多种不同的缺陷的 PNR 来计算平均性质。选择的模拟样本数量足够大,以减少样本间的波动,并获得收敛的结果。之前的参考文献[43]表明,对于 50~200 个随机分布的集合,可以得到收敛的结果,在本工作中,我们取了

100 个随机分布的集合。

模拟 PNR 中的随机空位是通过随机去除 PNR 的边缘和主体区域的单个原子来实现的。在图 1.19 中,我们显示了不同空位浓度 P 对 APNR 和 ZPNR 的 DOS 和电导的影响。在此,所有模拟样品的色带长度和宽度设置为 $L=10$ nm,$W=4$ nm,空位浓度 P 定义为移除原子数与总原子数的比值。从该图可以看出,随着空位浓度的增加,APNR 和 ZPNR 的电导都被强烈抑制,并且未观察到量化的平稳期。对于 APNR,由于电导大大降低,传输间隙从 1.52 eV 增大到 1.61 eV 直到 2.05 eV,P 从 0% 增大到 1% 直到 5%。特别是这种情况在 ZPNR 中,当空位浓度增加到 $P=5\%$ 时,边缘电导被完全抑制,从而导致了在完美 ZPNR 中不存在的整体传输间隙。这表明随着空位浓度的增加,ZPNR 经历了金属向半导体的转变。其背后的物理原因是,随机空位充当了随机分布的短程散射体,并引起非常强的反向散射,从而导致了所谓的安德森定位。因此,在随机原子空位和空位浓度增加的情况下,在 APNR 和 ZPNR 中可以清楚地观察到三种不同的输运机制,即弹道、扩散和安德森定位。

在空位随机分布的情况下,我们发现 APNR 和 ZPNR 的 DOS 几乎完全扩展在整个带隙上,如图 1.19(a)和图 1.9(b)所示。这是由于存在许多彼此重叠的准局部空位状态,对于有缺陷的 APNR,这种空位状态的存在使得很难从 DOS 频谱中提取带隙,如图 1.19(a)所示。但是,从电导谱中可以提取出一个明显的传输间隙,如图 1.19(c)所示。

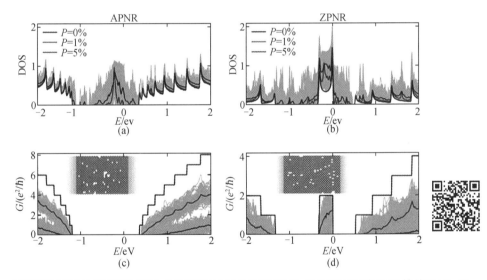

图 1.19 不同空位浓度 P 下有随机空位的缺陷 PNR 的 DOS 和电导,以及无空位的 PNR 的结果($P=0$)

((a)(c)为 APNR 例子,(b)(d)为 ZPNR 例子。在这里,每个图包含了所有带有空位的模拟 PNR 的单独结果(灰色线),它们的平均结果(颜色线),以及 PNR 的结果(黑线)。(c)(d)的插图显示了随机分布的 APNR 和 ZPNR)

众所周知,纳米带的长度和宽度是调节纳米带的电子、光学和输运特性的重要参数。本文为了研究色带长度和宽度对随机空位缺陷 PNR 电导的影响,引入了一个表征了缺陷 PNR 相对于理想 PNR 电导变化的比值的物理量。数学上,该量定义为 $\Delta G/G = (G-G')/G$,其中 G 和 G' 分别是理想和有缺陷的 PNR 的电导。因此,$\Delta G/G$ 的值越大,意味着 PNR 对无序空位的敏感性越高。

在图 1.20 中,我们显示了不同带宽度 W 和空位浓度 P 下缺陷 PNRs,$\Delta G/G$ 的相对变化:图 1.20(a)、图 1.20(c)、图 1.20(e)为 APNR 情况,图 1.20(b)、图 1.20(d)(f)为 ZPNR 情况。在此,所有模拟 PNR 的条带长度固定在 $L=10$ nm。从这个图中,我们发现:①对于固定的空位浓度,较窄的 APNR 和 ZPNR 比较宽的 APNR 对无序空位更敏感,因为空位在较宽的 PNR 中分布更稀疏;②对于固定的带宽和空位浓度,ZPNRs 对无序空位比 APNR 更敏感,因为 APNR 的载流子(电子或空穴)有效质量小于 ZPNR,因此 APNR 的弛豫时间(由于空位散射)比 ZPNR 长;③随着空位浓度的增加,APNR 和 ZPNR 对无序空位的敏感性差异越来越小,最终由于强安德森定位,所有色带宽度都会消失(即 $\Delta G/G=1$)。

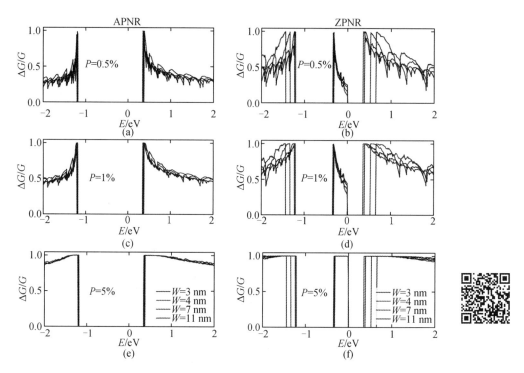

图 1.20　不同带宽度 W 和空位浓度 P 下,随机空位的缺陷 PNR 相对于完美 PNR 的电导变化比值

((a)(c)(e)为 APNR 例子,(b)(d)(f)为 ZPNR 例子。所有模拟 PNR 的色带长度设置为 $L=10$ nm)

在图 1.21 中,我们显示了不同带长 L 和空位浓度 P 下,具有随机空位的缺陷 PNR 的电导。在这里,所有模拟的 PNR 的条带宽度固定在 $W=4$ nm。从图中可以看出,在固定的空位浓度下,较长的 APNR 和 ZPNR 都比较短的 APNR 对无序空位更敏感。这个结果可以理解为:缺陷 PNR 的电导不仅取决于带宽度 W,而带宽度 W 决定了可用传输模式的数量,还取决于带长度 L,空位分布在带长度 L 上。众所周知,在一维系统中,电导随系统的长度呈指数下降,如 $G=G_0\exp(-L/L_0)$,L_0 为定位长度[88]。如图 1.21(e)和图 1.21(f)所示,我们的数值模拟(由点表示)与该预测(由线表示)一致。边缘电导的一致性优于体电导。这是因为边缘传播模式位于一维 PNR 边界时是一维传输通道,而整体传播模式主要分布在 PNR 的主体区域中,因此更像二维模式。

此外,利用 $G=G_0\exp(-L/L_0)$ 关系,我们可以拟合存在无序空位情况下缺陷 PNR 的定

位长度 L_0。在图 1.21(e) 和图 1.21(f) 中,已知的拟合长度对于 APNR 的体电导为 $L_0 =$ 35.5 nm,拟合长度对于 ZPNR 的边缘电导为 $L_0 = 20.1$ nm,对于 ZPNR 的体电导的拟合长度为 $L_0 = 15.6$ nm。对于体电导,在能量 $E = 1.2$ eV 时提取 L_0 的值;对于边缘电导,在能量 $E =$ -0.1 eV 时提取 L_0 的值。通常,长度与能量有关,在传输实验中,可以在费米能量周围对其进行测量。而且数值计算表明,随着空位浓度 P 的增加,对于体电导率和边缘电导,定位长度 L_0 均减小。

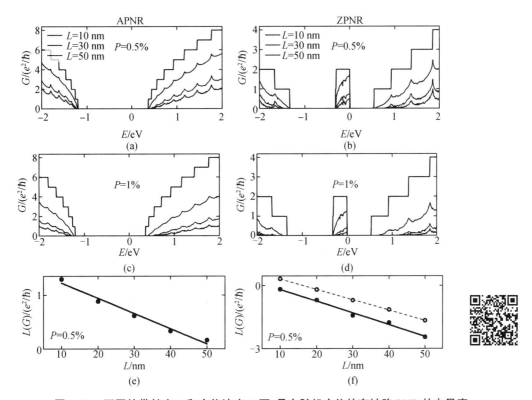

图 1.21　不同的带长度 L 和空位浓度 P 下,具有随机空位的有缺陷 PNR 的电导率

((a)(c)(e)为 APNR 的例子,以及(b)(d)(f)为 ZPNR 的例子。对于所有模拟的 PNR 的条带宽度均设置为 $W =$ 4 nm。在(a)～(d)中,黑线是无空位($P=0$)的理想 PNR 的结果,仅供参考。在(e)和(f)中,红色(或蓝色)点是主体(或边缘)的电导数值结果,相应的线是拟合的结果)

参 考 文 献[①]

[1]　Novoselov K S, Jiang D, Schedin F, Booth T J, Khotkevich V V, Morozov S V, Geim A K (2005) Two-dimensional atomic crystals. PNAS 102:10451

[2]　Novoselov K S, Mishchenko A, Carvalho A, Neto AHC (2016) 2D materials and van der Waals heterostructures. Science 353(6298):aac94391 Tuning the Electronic, Optical,

---

① 为了忠实原著,便于阅读与参考,在翻译的过程中本书参考文献均与原著保持一致。——译者注

and Transport Properties of Phosphorene 39

[3] Castellanos-Gomez A (2015) Black phosphorus: narrow gap, wide applications. J Phys Chem Lett 6:4280

[4] Carvalho A, Wang M, Zhu X, Rodin AS, Su H, Neto AHC (2016) Phosphorene: from theory to applications. Nat Rev Mater 1:1

[5] Cartz L, Srinivasa SR, Riedner RJ, Jorgensen JD, Worlton TG (1979) Effect of pressure on bonding in black phosphorus. J Chem Phys 71:1718

[6] Morita A (1986) Semiconducting black phosphorus. Appl Phys A 39:227

[7] Li L, Yu Y, Ye GJ, Ge Q, Ou X, Wu H, Feng D, Chen XH, Zhang Y (2014) Nat Nanotechnol. Black Phosphorus Field-Effect Transistors 9:372

[8] Liu H, Neal AT, Zhu Z, Luo Z, Xu X, Tománek D, Ye PD (2014) Phosphorene: an unexplored 2D semiconductor with a high hole mobility. ACS Nano 8:4033

[9] Castellanos-Gomez A, Vicarelli L, Prada E, Island JO, Narasimha-Acharya KL, Blanter SI, Groenendijk DJ, Buscema M, Steele GA, Alvarez JV, Zandbergen HW, Palacios JJ, van der Zant HSJ (2014) Isolation and characterization of few-layer black phosphorus. 2D Mater 1:025001

[10] Tran V, Soklaski R, Liang Y, Yang L (2014) Layer-controlled band gap and anisotropic excitonsin few-layer black phosphorus. Phys Rev B 89:235319

[11] Qiao J, Kong X, Hu ZX, Yang F, Ji W (2014) High-mobility transport anisotropy and linear dichroism in few-layer black phosphorus. Nat Commun 5:4475

[12] Rodin AS, Carvalho A, Castro Neto AH (2014) Strain-induced gap modification in black phosphorus. Phys Rev Lett 112:176801

[13] Yuan H, Liu X, Afshinmanesh F, Li W, Xu G, Sun J, Lian B, Curto AG, Ye G, Hikita Y, Shen Z, Zhang SC, Chen X, Brongersma M, Hwang HY, Cui Y (2015) Polarization-Sensitive broadband photodetector using a black phosphorus vertical p-n junction. Nat Nanotechnol 10:707

[14] Fei R, Yang L (2014) Strain-engineering the anisotropic electrical conductance of few-layer black phosphorus. Nano Lett 14:2884

[15] Peng X, Wei Q, Copple A (2014) Strain-engineered direct-indirect band gap transition and its mechanism in two-dimensional phosphorene. Phys Rev B 90:085402

[16] Manjanath A, Samanta A, Pandey T, Singh AK (2015) Semiconductor to metal transition in bilayer phosphorene under normal compressive strain. Nanotechnology 26:075701

[17] Wang C, Xia Q, Nie Y, Guo G (2015) Strain-induced gap transition and anisotropic dirac-like cones in monolayer and bilayer phosphorene. J Appl Phys 117:124302

[18] Morgan Stewart H, Shevlin SA, Catlow CRA, Guo ZX (2015) Compressive straining of bilayer phosphorene leads to extraordinary electron mobility at a new conduction band edge. Nano Lett 15:2006

[19] Çakır D, Sahin H, Peeters FM (2014) Tuning of the electronic and optical properties of

singlelayer black phosphorus by strain. Phys Rev B 90:205421

[20] Liu Q, Zhang X, Abdalla LB, Fazzio A, Zunger A (2015) Switching a normal insulator into a topological insulator via electric fifield with application to phosphorene. Nano Lett 15:1222

[21] Pereira JM, Katsnelson MI (2015) Landau levels of single-layer and bilayer phosphorene. Phys Rev B 92:075437

[22] Yuan S, Van V E, Katsnelson MI, Roldán R (2016) Quantum Hall effect and semiconductorto-semimetal transition in biased black phosphorus. Phys Rev B 93:245433

[23] Wu JY, Chen SC, Gumbs G, Lin MF (2017) Field-Induced diverse quantizations in monolayer and bilayer black phosphorus. Phys Rev B 95:115411

[24] Dai J, Zeng XC (2014) Bilayer phosphorene: effect of stacking order on bandgap and its potential applications in thin-film solar cells. J Phys Chem Lett 5:1289

[25] Çakır D, Sevik C, Peeters FM (2015) Significant effect of stacking on the electronic and optical properties of few-layer black phosphorus. Phys Rev B 92:165406

[26] Shu H, Li Y, Niu X, Wang J (2016) The stacking dependent electronic structure and optical properties of bilayer black phosphorus. Phys Chem Chem Phys 18:6085

[27] Cao T, Li Z, Qiu DY, Louie SG (2016) Switchable transport and optical anisotropy in 90° twisted bilayer black phosphorus. Nano Lett 16:554240 L. L. Li and F. M. Peeters

[28] Kang P, Zhang WT, Michaud-Rioux V, Kong XH, Hu C, Yu GH, Guo H (2017) Moiré impurities in twisted bilayer black phosphorus: effects on the carrier mobility. Phys Rev B 96:195406

[29] Pan D, Wang TC, Xiao W, Hu D, Yao Y, Simulations of twisted bilayer orthorhombic black phosphorus, Phys. Rev. B 96, 041411 (2017).

[30] Sevik C, Wallbank JR, Gülseren O, Peeters FM, Çakır D (2017) Gate induced monolayer behavior in twisted bilayer black phosphorus. 2D Mater 4:035025

[31] Tran V, Yang L (2014) Scaling laws for the band gap and optical response of phosphorene nanoribbons. Phys Rev B 89:245407

[32] Zhang R, Zhou XY, Zhang D, Lou WK, Zhai F, Chang K (2015) Electronic and magnetooptical properties of monolayer phosphorene quantum dots. 2D Mater 2:045012

[33] Niu X, Li Y, Shu H, Wang J (2016) Anomalous size dependence of optical properties in black phosphorus quantum dots. J Phys Chem Lett 7:370

[34] Li LL, Moldovan D, Xu W, Peeters FM (2017) Electric-and magnetic-field dependence of the electronic and optical properties of phosphorene quantum dots. Nanotechnology 28:085702

[35] Li LL, Moldovan D, Xu W, Peeters FM (2017) Electronic properties of bilayer phosphorene quantum dots in the presence of perpendicular electric and magnetic fields. Phys Rev B 96:155425

[36] Li LL, Moldovan D, Vasilopoulos P, Peeters FM (2017) Aharonov-Bohm oscillations in

phosphorene quantum rings. Phys Rev B 95:205426

[37] Abdelsalam H, Saroka VA, Lukyanchuk I, Portnoi ME (2018) Multilayer phosphorene quantum dots in an electric fifield: energy levels and optical absorption. J Appl Phys 124:124303

[38] Hu W, Yang J (2015) Defects in phosphorene. J Phys Chem C 119:20474

[39] Wang G, Pandey R, Karna SP (2015) Effects of extrinsic point defects in phosphorene: B, C, N, O, and F adatoms. Appl Phys Lett 106:173104

[40] Wang V, Kawazoe Y, Geng WT (2015) Native point defects in few-layer phosphorene. Phys Rev B 91:045433

[41] Wu Q, Shen L, Yang M, Cai Y, Huang Z, Feng YP (2015) Electronic and transport properties of phosphorene nanoribbons. Phys Rev B 92:035436

[42] Cai Y, Ke Q, Zhang G, Yakobson BI, Zhang YW (2016) Itinerant atomic vacancies in phosphorene. J Am Chem Soc 138:10199

[43] Poljak M, Suligoj T (2016) Immunity of electronic and transport properties of phosphorene nanoribbons to edge defects. Nano Res 9:1723

[44] Quereda J, San-Jose P, Parente V, Vaquero-Garzon L, Molina-Mendoza AJ, Agraït N, RubioBollinger G, Guinea F, Roldán R, Castellanos-Gomez A (2016) Strong modulation of optical properties in black phosphorus through strain-engineered rippling. Nano Lett 16:2931

[45] Peng R, Khaliji K, Youngblood N, Grassi R, Low T, Li M (2017) Midinfrared electrooptic modulation in few-layer black phosphorus. Nano Lett 17:6315

[46] Sherrott MC, Whitney WS, Jariwala D, Biswas S, Went CM, Wong J, Rossman GR, Atwater HA (2019) Anisotropic quantum well electro-optics in few-layer black phosphoru. Nano Lett 19:269

[47] Vishnoi P, Mazumder M, Barua M, Pati SK, Rao CNR (2018) Phosphorene quantum dots. Chem Phys Lett 699:223

[48] Ge S, Zhang L, Fang Y (2019) Photoluminescence mechanism of phosphorene quantum dots (PQDs) produced by pulsed laser ablation in liquids. Appl Phys Lett 115:092107

[49] Li LL, Partoens B, Peeters FM (2018) Tuning the electronic properties of gated multilayer phosphorene: a self-consistent tight-binding study. Phys Rev B 97:155424

[50] Li LL, Partoens B, Xu W, Peeters FM (2018) Electric-fifield modulation of linear dichroism and Faraday rotation in few-layer phosphorene. 2D Mater 6:015032

[51] Li LL, Peeters FM (2019) Strain engineered linear dichroism and Faraday rotation in few-layer phosphorene. Appl Phys Lett 114:243102

[52] Li LL, Peeters FM (2018) Quantum transport in defective phosphorene nanoribbons: effects of atomic vacancies. Phys Rev B 97:075414

[53] McCann E (2006) Asymmetry gap in the electronic band structure of bilayer graphene. Phys Rev B 74:161403

[54] Avetisyan AA, Partoens B, Peeters FM (2009) Electric field tuning of the band gap in graphene multilayers. Phys Rev B 79:035421

[55] Avetisyan AA, Partoens B, Peeters FM (2009) Electric-field control of the band gap and Fermi energy in graphene multilayers by top and back gates. Phys Rev B 80:195401

[56] Koshino M, McCann E (2009) Gate-induced interlayer asymmetry in ABA-stacked trilayer graphene. Phys Rev B 79:125443

[57] Zhang F, Sahu B, Min H, MacDonald AH (2010) Band structure of ABC-stacked graphene trilayers. Phys Rev B 82:035409

[58] Jhun B, Park CH (2017) Electronic structure of charged bilayer and trilayer phosphorene. Phys Rev B 96:085412

[59] Deng B, Tran V, Xie Y, Jiang H, Li C, Guo Q, Wang X, Tian H, Koester SJ, Wang H, Cha JJ, Xia Q, Yang L, Xia F (2017) Effifficient electrical control of thin-film black phosphorus bandgap. Nat Commun 8:14474

[60] Rudenko AN, Yuan S, Katsnelson MI (2015) Toward a realistic description of multilayer black phosphorus: from GW approximation to large-scale tight-binding simulations. Phys Rev B 92:085419

[61] Moldovan D, Peeters FM (2016) Pybinding: a Python package for tight-binding calculations. https://doi.org/10.5281/zenodo.56818

[62] Kumar P, Bhadoria BS, Kumar S, Bhowmick S, Chauhan YS, Agarwal A (2016) Thickness and electric-field-dependent polarizability and dielectric constant in phosphorene. Phys Rev B 93:195428

[63] Morimoto T, Hatsugai Y, Aoki H (2009) Optical Hall conductivity in ordinary and graphene quantum hall systems. Phys Rev Lett 103:116803

[64] Ikebe Y, Morimoto T, Masutomi R, Okamoto T, Aoki H, Shimano R (2010) Optical Hall effect in the integer quantum hall regime. Phys Rev Lett 104:256802

[65] Li F, Zhou X, Feng W, Fu B, Yao Y (2018) Thickness-dependent magnetooptical effects in hole-doped GaS and GaSe multilayers: a fifirst-principles study. New J Phys 20 (4):043048

[66] Wei Q, Peng X (2014) Superior mechanical flexibility of phosphorene and few-layer black phosphorus. Appl Phys Lett 104:251915

[67] Roldán R, Castellanos-Gomez A, Cappelluti E, Guinea F (2015) Strain engineering in semiconducting two-dimensional crystals. J Phys Condens Matter 27:313201

[68] Harrison WA (2004) Elementary electronic structure. World Scientifific, Singapore

[69] Taghizadeh Sisakht E, Fazileh F, Zare MH, Zarenia M, Peeters FM (2016) Strain-induced topological phase transition in phosphorene and in phosphorene nanoribbons. Phys Rev B 94:085417

[70] Marzari N, Mostofi AA, Yates JR, Souza I, Vanderbilt D (2012) Maximally localized Wannier functions: theory and applications. Rev Mod Phys 84:1419

[71] Fang Y, Wu S, Zhu ZZ, Guo GY (2018) Large magnetooptical effects and magnetic anisotropy energy in two-dimensional Cr2Ge2Te6. Phys Rev B 98:125416

[72] Carvalho A, Rodin AS, Neto AHC (2014) Phosphorene nanoribbons. Europhys Lett 108:47005

[73] Ezawa M (2014) Topological origin of quasiflat edge band in phosphorene. New J Phys 16:115004

[74] Zhu Z, Li C, Yu W, Chang D, Sun Q, Jia Y (2014) Magnetism of zigzag edge phosphorene nanoribbons. Appl Phys Lett 105:113105

[75] Zhang J, Liu HJ, Cheng L, Wei J, Liang JH, Fan DD, Shi J, Tang XF, Zhang QJ (2014) Phosphorene nanoribbon as a promising candidate for thermoelectric applications. Sci Rep 4:1

[76] Grujić MM, Ezawa M, Tadić MŽ, Peeters FM (2016) Tunable skewed edges in puckered structures. Phys Rev B 93:245413

[77] Kiraly B, Hauptmann N, Rudenko AN, Katsnelson MI, Khajetoorians AA (2017) Probing single vacancies in black phosphorus at the atomic level. Nano Lett 17:360742 L. L. Li and F. M. Peeters

[78] Riffle JV, Flynn C, St. Laurent B, Ayotte CA, Caputo CA, Hollen SM (2018) Impact of vacancies on electronic properties of black phosphorus probed by STM. J Appl Phys 123:044301

[79] Freysoldt C, Grabowski B, Hickel T, Neugebauer J, Kresse G, Janotti A, Van de Walle CG (2014) First-principles calculations for point defects in solids. Rev Mod Phys 86:253

[80] Hong J, Hu Z, Probert M, Li K, Lv D, Yang X, Gu L, Mao N, Feng Q, Xie L, Zhang J, Wu D, Zhang Z, Jin C, Ji W, Zhang X, Yuan J, Zhang Z (2015) Exploring atomic defects in molybdenum disulphide monolayers. Nat Commun 6:1

[81] Vancsó P, Magda GZ, Pet Jŏ, Noh JY, Kim YS, Hwang C, Biró LP, Tapasztó L (2016) The intrinsic defect structure of exfoliated MoS2 single layers revealed by scanning tunneling microscopy. Sci Rep 6:Article number: 29726

[82] Rudenko AN, Katsnelson MI (2014) Quasiparticle band structure and tight-binding model for single-and bilayer black phosphorus. Phys Rev B 89:201408

[83] Datta S (1995) Electronic transport in mesoscopic systems. Cambridge University Press, Cambridge

[84] Wimmer M (2009) Quantum transport in nanostructures: from computational concepts to spintronics in graphene and magnetic tunnel junctions. Ph. D. thesis, University of Regensburg

[85] Groth CW, Wimmer M, Akhmerov AR, Waintal X (2014) Kwant: a software package for quantum transport. New J Phys 16:063065

[86] Li TC, Lu SP (2008) Quantum conductance of graphene nanoribbons with edge defects.

Phys Rev B 77：085408

［87］ Petrovic MD，Peeters FM（2016）Quantum transport in graphene Hall bars：effects of vacancy disorder. Phys Rev B 94：235413

［88］ Lee P A，Ramakrishnan TV（1985）Disordered electronic systems. Rev Mod Phys 57：287

第2章　基于纳米复合材料的光子晶体传感器用于 CBRN 剂检测

摘要:我们最近的项目目标是开发廉价高效的由聚合物基体中周期性分布的纳米颗粒形成的光子晶体,用于化学和生物制剂的高灵敏度检测,即通过手工方法使用原始纳米复合材料制备了光子晶体,其主要步骤是:①理论分析和设计;②无标记物传感器的制造和表征;③用石墨烯纳米薄片对光子晶体进行功能化;④测试在拉曼光谱中增强效果。该项目将促进新兴的纳米技术发展,以及在早期发现环境污染物。

在本章的第一部分中,提出了确定波导光栅(周期)和入射平面波(入射角和波长)参数的改进方法。在谐振条件下,光栅的反射系数接近一致。发现在两个玻璃基板之间压制低黏度复合材料是制造具有厚度均匀性好和薄感光层(0.7~2 μm)的最简单有效的方法。薄膜的可见光谱 VIS 和紫外光谱 UV 全息照相表明形成了具有足够高折射率对比度的衍射光栅。第二部分的主要任务是设计、制造和研究具有改进共振特性的光子晶体结构;无标记物光子晶体传感器的表征。

关键词:光子晶体传感器;纳米复合材料

2.1　简　　介

INFN 弗拉斯卡蒂国家实验室(LNF)和基辅国家科学院与乌克兰利沃夫理工学院以及德国波茨坦-戈尔姆弗劳恩霍夫研究所合作,提出了开发有效的光子晶体结构的方法,该结构由纳米颗粒分散到聚合物基质中制备而成,用于光子晶体驱动传感器以及荧光和拉曼光谱学。

在过去的几年中,研究人员依托 LNF NEXT 集团在纳米技术方面的专业知识,一直致力于碳纳米结构材料用于电子应用领域的研究[1],基于创新材料,如碳纳米管和稳定的二维材料石墨烯,使得 DNA 生物传感器的设计和应用成为可能。

Stefano Bellucci 是石墨旗舰项目欧洲委员会的 INFN 负责人,也是 NEXT 小组的创始人和负责人。他领导的新项目,即基于纳米复合材料的生物化学试剂光子晶体传感器研究,由北大西洋公约组织促进和平科学计划资助。这一项目旨在构建光子晶体结构,用于快速、无损地检测非常少量(大约为 100 fg①,甚至是单分子)的生化毒素,并高灵敏度监测由生化试剂引起的环境污染。

该项目提出了一种基于在光子晶体表面沉积石墨烯纳米薄片和稀土氧化物的方法,以检测与识别层相关的各种化学制剂。与当今广泛使用的共振纹理结构不同,我们提出使用

----

① 1 fg = 1.0×10^{-12} mg。

光子晶体共振结构作为介电常数周期调制的光波导。利用全息光刻技术制备了光敏纳米复合材料中的光子晶体结构。使用由参与该项目的德国和乌克兰研究团队开发的光敏聚合物纳米复合材料,其中包括不同性质的纳米颗粒。光子晶体结构是由纳米颗粒,如石墨烯纳米薄片,在聚合物基体中的扩散再分布而形成的。材料的周期结构和其厚度以及折射率可以变化,使得该结构可以在指定波长区域内实现导模共振。

2.2 研究的实施

在此阶段要实施该项目,需要完成以下工作。

(1)基于光导结构中共振现象的光子晶体结构的理论计算;预测其特征;指导光子晶体传感器的设计制备参数。

(2)改进了用于制造光子晶体结构的聚合物纳米复合材料。

(3)研发改进的一步式全光学技术,用于在纳米复合波导中形成光子晶体结构。

(4)制备具有最优光栅波导参数(厚度、周期、折射率调制幅度)的,用于化学传感的光子晶体波导结构。

(5)光子晶体结构的共振特性的研究。

(6)基于纳米复合材料的光子晶体传感器的特性研究。

2.3 成 果 摘 要

该项目建立了创建光栅参数的近似方法,该光栅作为用于测量研究介质的折射率的敏感传感器元件,使用近似方程,可以计算出非零入射角的共振波长。

(1)通过 RCWA 方法找到了在光栅上不同入射角的共振波长的精确数值。它们非常接近于本研究开发的近似方法计算的波长值。

(2)结果表明,随着衬底折射率的降低,其对波长和角度的灵敏度均增大。当衬底的折射率从 1.515 降低到 1.45 时,灵敏度提高了 2.8 倍。

(3)制备并优化了有机-无机纳米复合材料。曝光条件的优化可以获得具有 $0.01 \div 0.017$ 的折射率的幅度调制的光子晶体结构。

(4)光栅波导的特点是纳米颗粒在整个深度范围内具有高度均匀性。观察到的高度约为 5 nm 的表面波纹不会影响其共振特性。

(5)基于纳米复合材料中光栅的波导光子晶体结构的特征,是在反射光谱中存在的共振峰。共振的光谱位置取决于辐射在光子晶体结构上的入射角,反射系数达到 23%。共振峰的光谱半峰宽不超过 0.012 nm,并且受光谱仪器分辨率的限制。

(6)通过实验测量确定的光子晶体结构的 Q 因子超过 50 000。

(7)研究了基于纳米复合光子晶体波导结构的传感器的特性。提出了一种改进的测量方法。改进后的方法测量传感器灵敏度为 122 nm/RIU,折射率 Δn_{min} 的最低可检测变化约为 $1 \times 10^{-4} RIU$。

2.4　通过接触角表征聚合物薄膜方法

无柄滴落法使用高精度注射器在待检查的表面上滴落液滴。表面上的液滴的侧视图是通过照相机拍摄的。接触角是三相接触点中三个界面张力的作用之间的平衡。在研究的系统中,可以区分出三个不同的表面(图 2.1),每个分表面分别为:

(1)液体-蒸气表面和相对液体-蒸气表面张力 γ_{LG};

(2)固体-蒸气表面和相对固体-蒸气表面张力 γ_{SG};

(3)固体-液体表面和相对固体-液体表面张力 γ_{SL}。

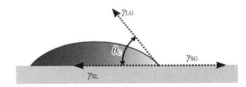

图 2.1　三个界面张力(γ)和接触角(θ_c)

基于 Young 提出的方程估计固体通过接触角表征的表面张力。

使用 DataPhysics OCA 15 PRO 仪器软件获得每个样品的接触角(图 2.2)。仪器的测量范围为 $0° \sim 180°$,精度为 $0.01°$,表面能为 $1×10 \sim 2×10^3$ m,分辨率为 $±0.01$ mN/m。每个样品滴 10 滴 3 μL 脱气的超纯水,在 1 倍放大倍率下,给药率为 1 μL/ate。

以水为例,可以定义:

(1)亲水表面 $0°<\theta<90°$;

(2)疏水表面 $90°<\theta<150°$;

(3)超疏水表面 $\theta>150°$。

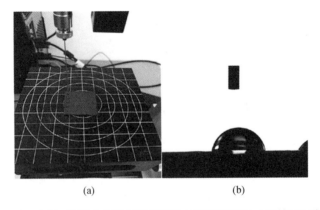

(a)　　　　　　　　　　　　(b)

图 2.2　在 DataPhysics OCA 15 PRO 光学接触角装置中滴落的液滴(a)和基材上液滴的光学图像(b)

此外,无柄滴落法适用于通过分析标准偏差来检查表面的均匀性。分析结果记录在图 2.3 中。

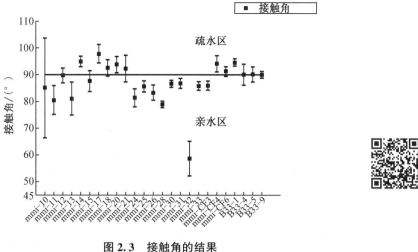

图 2.3　接触角的结果

红线划分了亲水区和疏水区:样品放置在该边界附近,除了显示出中等亲水性的 mmi-32 样品。

除 mmi-10、mmi-11、mmi-13 和 mmi-32 外,每个样品的标准偏差分析显示样品具有高度的同质性。

2.5　金属纳米颗粒对石墨烯纳米片的功能化

为了使石墨烯纳米片(GNP)进行功能化(NEXT 研究组[2-19]在 INFN 基础上开发的方法),使用稀土材料,对典型金属铜(Cu)的电化学沉积进行了初步研究,以证明 GNP 还原和结合金属纳米颗粒的能力。

使用 Palmsens 恒电位仪进行电沉积实验。GNP 用作负极,保证有效的电化学沉积。

沉积后,铜以单个纳米结构的形式存在,平均直径为 100 nm,从 SEM 图像可见,覆盖了 GNP 的大部分表面,如图 2.4 所示。

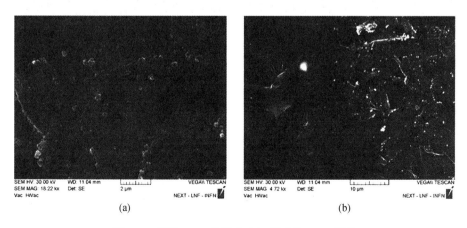

(a)　　　　　　　　　　　　(b)

图 2.4　原始 GNP 薄膜在电沉积后的 SEM 图像

我们已经探索了添加表面活性剂(CTAB)和聚合物(PVP)的成分来改变覆盖面积和纳米颗粒尺寸的可能性。

使用CTAB时,覆盖层看起来不均匀,纳米颗粒聚结为晶体结构,其SEM图像,如图2.5所示。

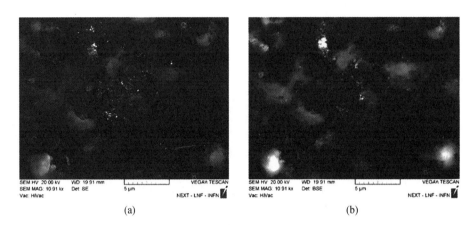

(a)   (b)

图2.5 GNP:CTAB膜在电沉积后的SEM图像

尽管如此,在GNP的边缘形成了一些有趣的铜纳米颗粒(图2.6)。

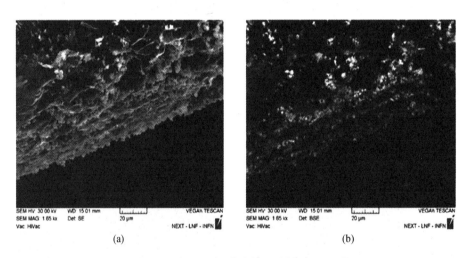

(a)   (b)

图2.6 GNP:CTAB膜边缘区域的SEM图像

在沉积过程中,PVP的存在也影响了铜的沉积。关于CTAB,GNP表面覆盖比CTAB样品更均匀,但没有原始样品GNP均匀。与原始GNP结构相比,该结构似乎不明确,如图2.7所示。

最后,我们对铜纳米颗粒进行了微分析,以控制氧化程度。如图2.8所示,结果显示金属部分氧化,氧化物呈绿色,这有利于下一步使用稀土修饰GNP,得到稀土氧化物。

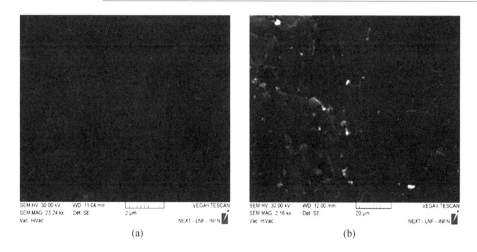

(a)   (b)

图 2.7 GNP:PVP 膜在电沉积后的 SEM 图像

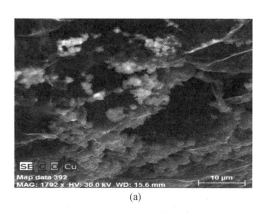

(a)

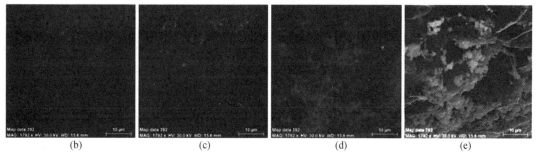

(b)   (c)   (d)   (e)

图 2.8 电沉积后的 GNP

（CTAB 薄膜的 X 荧光分析图(a)(b)(c)(d)及相应的 SEM 图像(e)）

2.6 GNP 沉积的优化

为了将原料的 GNP 通过沉积功能化,初步研究了喷涂法作为沉积方法。使用喷枪获得均匀而薄的基质和 GNP 涂层,将阿拉伯胶(AG)加入原始 GNP 进行固化,作为"油漆",使用疏水(GNP)或亲水(AG)纳米颗粒调节光子晶体的润湿性。为了调节基材的润湿性,可以调节纳米颗粒的分布,通过其在基材上形成的图案来发挥作用。

我们已经用拉曼映射法检查了涂层。图 2.9 分别显示了一个由 GNP 和 AG 纳米颗粒组成的扩散液滴,覆盖在光子晶体基板上,薄膜的厚度很薄。

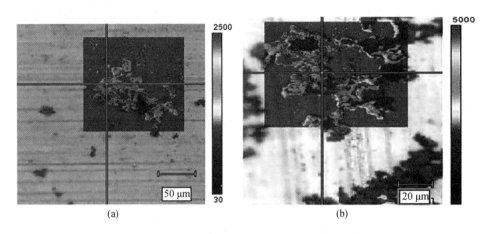

图 2.9　原料 GNP(a)和 AG(b)的拉曼光谱图

最近,我们将注意力集中在脱湿过程介导的纳米颗粒自组装上,能形成介导一种特殊模式[20]。按照参考文献[20]中的步骤进行操作, 我们使用异丙醇作为介质获得了初步的结果,并在烘箱中加速脱湿,如图 2.10 所示。

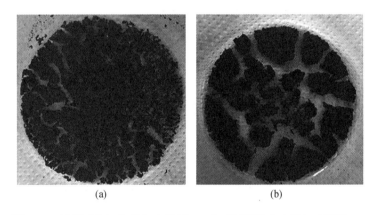

图 2.10　脱湿进行沉积的初步结果(a)和以异丙醇为介质加速脱湿(b)

参 考 文 献

[1]　Bellucci S (2005) Carbon nanotubes:physics and applications. Phys Status Solidi (C) 2 (1):34

[2]　Dabrowska A, Bellucci S, Cataldo A, Micciulla F, Huczko A (2014) Nanocomposites of epoxy resin with graphene nanoplates and exfoliated graphite:Synthesis and electrical properties. Phys Status Solidi (B) 251(12):2599

[3]　Bellucci S, Bovesecchi G, Cataldo A, Coppa P, Corasaniti S, Potenza M (2019)

Transmittance and reflectance effects during thermal diffusivity measurements of gnp samples with the flash method. Materials 12(5):696

[4] Pierantoni L, Mencarelli D, Bozzi M, Moro R, Bellucci S (2014) Graphene-based electroni cally tuneable microstrip attenuator. Nanomater Nanotechnol 4:1

[5] Bozzi M, Pierantoni L, Bellucci S (2015) Applications of graphene at microwave frequencies. Radioengineering 24:661

[6] Pierantoni L, Mencarelli D, Bozzi M, Moro R, Moscato S, Perregrini L, Micciulla F, Cataldo A, Bellucci S (2015) Broadband microwave attenuator based on few layer graphene flakes. IEEE Trans Microw Theory Tech 63(8):2491

[7] Maffucci A, Micciulla F, Cataldo A, Miano G, Bellucci S (2016) Bottom-up realization and electrical characterization of a graphene-based device. Nanotechnology 27(9):095204

[8] Yasir M, Bozzi M, Perregrini L, Bistarelli S, Cataldo A, Bellucci S (2016) Innovative tunable microstrip attenuators based on few-layer graphene flakes. In: 16th Mediterranean microwave symposium (MMS), pp 1-4

[9] Yasir M, Bistarelli S, Cataldo A, Bozzi M, Perregrini L, Bellucci S (2017) Enhanced tunable. Microstrip attenuator based on few layer graphene flakes. IEEE Microw Wirel Components Lett 27(4):332

[10] Yasir M, Savi P, Bistarelli S, Cataldo A, Bozzi M, Perregrini L, Bellucci S (2017) A planar antenna with voltage-controlled frequency tuning based on few-layer graphene. IEEE Antennas Wirel Propag Lett 16:2380

[11] Yasir M, Bistarelli S, Cataldo A, Bozzi M, Perregrini L, Bellucci S (2018) Tunable phase shifter based on few-layer graphene flakes. IEEE Microw Wirel Components Lett 29 (1):47

[12] Levin V, Morokov E, Petronyuk Y, Cataldo A, Bistarelli S, Micciulla F, Bellucci S (2017) Cluster microstructure and local elasticity of carbon-epoxy nanocomposites studied by impulse acoustic microscopy. Polym Eng Sci 57(7):697

[13] Levin V, Petronyuk Y, Morokov E, Chernozatonskii L, Kuzhir P, Fierro V, Celzard A, Mastrucci M, Tabacchioni I, Bistarelli S, Bellucci S (2016) The cluster architecture of carbon in polymer nanocomposites observed by impulse acoustic microscopy. Phys Status Solidi (B) 253(10):1952

[14] Repetsky SP, Vyshyvana IG, Kuznetsova EY, Kruchinin SP (2018) Energy spectrum of graphene with adsorbed potassium atoms. Int J Mod Phys B 32:1840030

[15] Repetsky SP, Vyshyvana IG, Kruchinin SP, Bellucci S (2018) Influence of the ordering of impurities on the appearance of an energy gap and on the electrical conductance of graphene, Sci Rep 8:9123

[16] Rodionov VE, Shnidko IN, Zolotovsky A, Kruchinin SP (2013) Electroluminescence of Y2O3:Eu and Y2O3:Sm films. Mater Sci 31:232

[17] Levin V, Petronyuk Y, Morokov E, Chernozatonskii L, Kuzhir P, Fierro V, Celzard A,

Bellucci S, Bistarelli S, Mastrucci M, Tabacchioni I (2016) Bulk microstructure and local elastic properties of carbon nanocomposites studied by impulse acoustic microscopy technique. AIP Conf Proc 1736(1):020056

[18] Levin V, Petronyuk Y, Morokov E, Celzard A, Bellucci S, Kuzhir P(2015) What does see the impulse acoustic microscopy inside nanocomposites? Phys Proc 70:703

[19] Bellucci S, Maffucci A, Maksimenko S, Micciulla F, Migliore M et al (2018) Electrical permittivity and conductivity of a graphene nanoplatelet contact in the microwave range. Materials 11(12):2519

[20] Stannard A (2011) Dewetting-mediated pattern formation in nanoparticle assemblies. J Phys Condens Matter 23:083001

第3章 杂质排序对石墨烯电子性能的影响

摘要:本章研究了强耦合单带模型中杂质有序对石墨烯电子性质的影响。我们对低序和高序情况下的电子能谱进行了解析和数值计算,分析了不同程度散射势作用下弱散射的极限情况。杂质原子的顺序导致了电子能谱中间隙的出现。对于中等大小的电子能谱,间隙宽度和有序参数与散射势成正比,但随着散射势的增加,可以观察到其更复杂的行为。建立的电子态的局域化区域是在间隙的边缘和能谱的边缘。在弱散射势的情况下,可以在间隙边缘进行解析研究。在 Lifshitz 单电子紧密结合模型中,研究了石墨烯的电导率。当费米能级进入能谱的间隙区域时,电导率变为零,并且发生金属–介电跃迁。如果费米能级在能带区域内,则当阶参量达到其最大值时,电子弛豫时间和电导率均趋于无穷大。

关键词:石墨烯;能隙;状态密度;排序参数;格林函数;金属–绝缘体跃迁

3.1 简 介

人为引入的杂质、产生的缺陷以及沉积在表面上的原子或化学官能团对石墨烯进行靶向修饰的可能性引起了研究人员的特别关注。通过离子注入方法可引入杂质,激发了改变石墨烯的物理性质的广阔潜力。因此,石墨烯成为一类生成新型功能材料的基础材料。这种材料会在纳米机电系统、储氢系统等方面发挥意想不到的效果。预计在不久的将来,石墨烯将有可能成为电子设备中硅的后继者,还可以大大提高其小型化水平和工作频率。载流子的准相对性是石墨烯唯一性的基础,与此同时,由于石墨烯的晶体谱没有间隙,阻碍了其在场晶体管中的使用。众所周知,这些杂质会导致能谱中出现间隙。间隙的宽度取决于杂质的类型及其浓度。

大多数关于石墨烯能谱的研究都是基于密度泛函理论。最重要的成就是利用 VASP 和 GAUSSIAN 软件实现的自洽元梯度近似和伴随波的投影方法[1],用该方法进行的数值计算表明,由于杂质的存在,石墨烯的能谱中出现了一个缺口。但是,要证明这种效应,除了上述理论计算之外,还需要分析研究杂质对石墨烯能谱和性能的影响。

在密度泛函理论的框架下,利用赝势的方法[2]计算了分离的单层石墨烯、二层石墨烯和在六方氮化硼(h-BN)超薄层上生长的石墨烯的电子结构。结果表明,在 h-BN 单层上生长的石墨烯中,能隙宽度为 57 meV。

在参考文献[3]中用类似的方法研究了含有铝、硅、磷和硫杂质的石墨烯,其中具有 3% 磷杂质的石墨烯的间隙宽度为 0.67 eV。在参考文献[4]中使用 QUANTUM-ESPRESSO 软件,探讨了在硼和氮气的杂质引入时,石墨烯的能谱中打开一个缺口的可能性(间隙宽度为 0.49 eV),并证明了硼原子和吸附在锂原子表面的杂质(间隙宽度为 0.166 eV)。

显然,我们为了了解杂质对石墨烯的能谱和性能的影响,仅仅通过数值计算来控制是不够的。还应该在一个简单但有效的模型中对它们进行描述,以提供准确的分析解。

在 Lifshitz 紧束缚单电子模型中,发展了由点杂质浓度增加引起的石墨烯光谱重建理论[5]。此外,还预测了该系统中金属介电跃迁的可能性。通过数值实验,验证了对光谱重建的解析考虑结果。验证局域态可能充满准间隙,并显示出其在杂质中心对三重散射的主导作用。

在参考文献[6]和参考文献[7]中,研究了具有锯齿形边界的石墨烯的能谱裂分。该光谱描述了沿边界传播并随着距离增加而衰减的电子波。结果表明,具有孤立空位的石墨烯的电子光谱表现出相似的行为。分裂的电子能谱伴随在局部密度曲线上形成尖锐的共振态。结果表明,在垂直于石墨烯单层平面的弹性波的声光分支交点附近的声子谱中也出现了类似的共振。在所考虑的频率范围内,这些声子实际上不与不同偏振的声子相互作用,它们具有较高的群速度,对电子-声子相互作用起主要贡献。研究结果表明,通过控制产生空位或曲折边界等缺陷,可以提高石墨烯中超导转变的临界温度。

在参考文献[8]至[12]中,对 Lifshitz 紧束缚单电子模型中的 Kubo-Greenwood 量子力学模型进行了数值计算,以研究杂质原子或吸附在石墨烯表面上的原子对电子结构和电导率的影响。在这些工作中,提出了将哈密顿量简化为三对角形式的方法,以研究完全有序杂质原子在弹道和扩散模式下对石墨烯能谱和电导的影响。在参考文献[10]的研究中,发现沉积在钾衬底上的石墨烯电子的能谱中出现了宽度为 0.45 eV 的间隙。因此,我们假设这个间隙的出现与晶体对称性的变化有关。该假设在参考文献[13]中得到了证实,其中在 Lifshitz 紧束缚单电子模型中分析研究了原子顺序对合金能谱和电导的影响。还确定了对于合金的长程排序,在电子的能谱中出现了间隙。间隙宽度等于合金各组分的散射势之差。研究还发现,在费米能级落在长程原子序位隙区域的情况下,合金中出现了金属-介电跃迁[13]。

当费米能级落在间隙域的情况下,石墨烯能谱出现间隙时,电子在费米能级上的速度会减小。这导致了电导率的降低,从而恶化了石墨烯作为场晶体管材料的功能特性。

在 Lifshitz 紧束缚单电子模型中,单电子在工作中考虑了杂质顺序对石墨烯能谱和电导的影响[14]。研究确定,晶格节点上取代原子的顺序导致在以 $y\delta$ 点为中心的石墨烯能谱中出现宽度为 $\eta|\delta|$ 的间隙,式中 η 为有序参数,δ 为杂质原子与碳的散射势之差,y 为杂质浓度。如果费米能级落在间隙区域内,则石墨烯有序处的电导 $\sigma_{\alpha\alpha} \to \infty$,即金属-介电跃迁。

如果费米能级位于间隙之外,则电导随阶数参数 η 的增加而增加。$\sigma_{\alpha\alpha} = \left(y^2 - \dfrac{1}{4}\eta^2\right)^{-1}$ 作为杂质原子 $\eta \to 1$ 在浓度为 $y = 1/2$ 时的顺序,此时石墨烯的电导 $\sigma_{\alpha\alpha} \to \infty$,即石墨烯以理想电导的状态跃迁。我们注意到,项目中的结论是近似条件下相干电位对石墨烯的能谱和电导进行的分析的结果[14]。然而,我们没有分析用于格林函数的分解簇的收敛区域和相干势近似的适用性[14]。这两个主题在本项目中研究了由杂质原子排序引起的间隙区域内电子的能谱特征。

3.2 理 论 模 型

具有取代杂质的石墨烯单电子态的 Lifshitz 单电子强键模型中的哈密顿量可以表示为[14]

$$H = \sum_{ni} |ni\rangle v_{ni}\langle n_i| + \sum_{ni,n'i'\neq ni} |n_i\rangle h_{ni,n'i'}\langle n'i'| \tag{3.1}$$

式中,$h_{ni,n'i'}$ 是 Vane 公式中哈密顿量(跳跃积分)的非对角矩阵元素,它与原子的随机分布的近似无关,对角矩阵元素 ν_{ni} 是 ν^A 或 ν^B,取决于在节点 ni 处的是原子 A 还是原子 B,n 为初等单元格的个数,i 为单位单元格中子晶格节点的个数。

在式(3.1)中,我们现在加上和减去非变量,$\sum_{ni} |ni\rangle \sigma_i\langle ni|$ 其中,σ_i 是某个有效有序介质(相干势)的哈密顿量的对角矩阵元素,它依赖于子晶格数。因此,石墨烯的哈密顿量可以表示为

$$H = \widetilde{H} + \widetilde{V}$$

$$\widetilde{H} = \sum_{ni} |ni\rangle \sigma_i\langle ni| + \sum_{ni,n'i'\neq ni} |ni\rangle h_{ni,n'i'}\langle n'i'|$$

$$\widetilde{V} = \sum_{ni} \widetilde{v}_{ni} \quad \widetilde{v}_{ni} = |ni\rangle(v_{ni}-\sigma_i)\langle ni| \tag{3.2}$$

格林函数是复合能 z 体上半平面的解析函数。该函数由如下表达式定义

$$G(z) = (z-H)^{-1} \tag{3.3}$$

并满足方程式

$$G = \widetilde{G} + \widetilde{G}T\widetilde{G} \tag{3.4}$$

式中,$\widetilde{G}$ 是与式(3.2)中的哈密顿量 $\widetilde{H}$ 所对应的有效介质的格林函数。散射矩阵 T 可以表示为无穷级数[13]。

$$T = \sum_{(n_1 i_1)} t^{n_1 i_1} + \sum_{(n_1 i_1)\neq(n_2 i_2)} T^{(2)n_1 i_1, n_2 i_2} + \cdots \tag{3.5}$$

其中,

$$T^{(2)n_1 i_1, n_2 i_2} = [I - t^{n_1 i_1}\widetilde{G}t^{n_2 i_2}\widetilde{G}]^{-1} t^{n_1 i_1}\widetilde{G}t^{n_2 i_2}[I+\widetilde{G}t^{n_1 i_1}] \tag{3.6}$$

一个节点上的散射算符

$$t^{n_1 i_1} = [I - \widetilde{v}_{in}\widetilde{G}]^{-1}\widetilde{v}_{in} \tag{3.7}$$

I 是单位矩阵,式(3.5)描述了电子在一个、两个、三个等散射中心的团簇上的多次散射过程。

如参考文献[13]所示,随着团簇中原子数量的增加,电子散射过程对态密度和电导的贡献减小。这些贡献是由一些小参数 $\gamma_i(\varepsilon)$ 指导的。参数 $\gamma_i(\varepsilon)$ 在晶体特性的宽区域内很小,除了在光谱边缘和能隙边缘的窄能量间隔。指定的 $\gamma_i(\varepsilon)$ 参数的表达式如下所示。

忽略了散射过程对三个或三个以上比参数 $\gamma_i(\varepsilon)$ 小的原子的团簇贡献,石墨烯的单电

子态密度可以用下式表示[14]。

$$g(\varepsilon) = \frac{1}{v} \sum_{i,\lambda} P^{\lambda 0i} g^{\lambda 0i}(\varepsilon)$$

$$g^{\lambda 0i}(\varepsilon) = -\frac{2}{\pi} \mathrm{Im} \left\{ \widetilde{G} + \widetilde{G} t^{\lambda 0i} \widetilde{G} + \sum_{(lj)\neq(0i),\lambda'} P_{\lambda 0i}^{\lambda' lj} \widetilde{G} \left[t^{\lambda' lj} + T^{(2)\lambda 0i, \lambda' lj} \right] \widetilde{G} \right\}_{0i,0i} \tag{3.8}$$

式中，$\nu = 2$ 是石墨烯亚晶格的数量。使用 Cuban-Greenwood 公式并忽略散射过程对三个或更多原子团簇的贡献，我们给出了石墨烯的静电电导率（$T = 0$）[14]为

$$\sigma_{\alpha\beta} = -\frac{e^2}{2\pi\Omega_1} \sum_{s,s'=+,-} (2\delta_{ss'}-1) \sum_i \left\{ \left[v_\beta \widetilde{K}(\varepsilon^s, v_\alpha, \varepsilon^{s'}) \right] + \right.$$

$$\sum_\lambda P^{\lambda 0i} \widetilde{K}(\varepsilon^{s'}, v_\beta, \varepsilon^s) t^{\lambda 0i}(\varepsilon^s) \widetilde{K}(\varepsilon^s, v_\alpha, \varepsilon^{s'}) t^{\lambda 0i}(\varepsilon^{s'}) +$$

$$\sum_\lambda P^{\lambda 0i} \sum_{lj\neq 0i,\lambda'} P_{\lambda 0i}^{\lambda' lj} \left\{ \left[\left(\widetilde{K}(\varepsilon^{s'}, v_\beta, \varepsilon^s) v_\alpha \widetilde{G}(\varepsilon^s) \right] T^{(2)\lambda 0i, \lambda' lj}(\varepsilon^{s'}) + \right.$$

$$\left[\widetilde{K}(\varepsilon^s, v_\alpha, \varepsilon^{s'}) v_\beta \widetilde{G}(\varepsilon^s) \right] T^{(2)\lambda 0i, \lambda' lj}(\varepsilon^s) + \widetilde{K}(\varepsilon^{s'}, v_\beta, \varepsilon^s) \cdot$$

$$\left[t^{\lambda' lj}(\varepsilon^s) \widetilde{K}(\varepsilon^s, v_\alpha, \varepsilon^{s'}) t^{\lambda 0i}(\varepsilon^{s'}) + (t_{0i}^\lambda(\varepsilon^s) + t_{lj}^{\lambda'}(\varepsilon^s)) \widetilde{K}(\varepsilon^s, v_\alpha, \varepsilon^{s'}) T^{(2)\lambda 0i, \lambda' lj}(\varepsilon^{s'}) + \right.$$

$$T^{(2)\lambda' lj, \lambda 0i}(\varepsilon^s) \widetilde{K}(\varepsilon^s, v_\alpha, \varepsilon^{s'}) t^{\lambda 0i}(\varepsilon^{s'}) + T^{(2)\lambda' lj, \lambda 0i}(\varepsilon^s) \widetilde{K}(\varepsilon^s, v_\alpha, \varepsilon^{s'}) T^{(2)\lambda 0i, \lambda' lj}(\varepsilon^{s'}) +$$

$$\left. \left. \left. T^{(2)\lambda' lj, \lambda 0i}(\varepsilon^s) \widetilde{K}(\varepsilon^s, v_\alpha, \varepsilon^{s'}) T^{(2)\lambda' lj, \lambda 0i}(\varepsilon^{s'}) \right] \right] \right\} \right)_{0i,0i} \Big|_{\varepsilon=\mu} \tag{3.9}$$

$\widetilde{K}(\varepsilon^s, v_\alpha, \varepsilon^{s'}) = \widetilde{G}(\varepsilon^\delta) v_\alpha \widetilde{G}(\varepsilon^{s'})$，$\widetilde{G}(\varepsilon^+) = \widetilde{G}r(\varepsilon)$，$G(\varepsilon_1^-) = \widetilde{G}_a(\varepsilon) = \widetilde{G}_r^*(\varepsilon)$，$\widetilde{G}_r(\varepsilon)$ 和 $\widetilde{G}_r'(\varepsilon)$ 是 Green 的延迟和高级函数，$\Omega_1 = 2\Omega_0$ 是石墨烯晶胞体积，$a(\varepsilon)\Omega_0$ 是单原子体积，

$$\widetilde{G}_{njn'j'}(\varepsilon) = \frac{1}{N} \sum_{\mathbf{k}} \widetilde{G}_{jj'}(\mathbf{k}, \varepsilon) \exp\left[i\mathbf{k}(r_{n'j'} - r_{nj}) \right] \tag{3.10}$$

$\widetilde{G}_{jj'}(\mathbf{k}, \varepsilon)$ 是傅里叶变换的格林函数，r_{nj} 是节点 nj 的位置向量。波矢量 $\mathbf{k}$ 在布里渊区内变化。

用该表达式给出了电子速度 α-投影的算符

$$v_{\alpha ii'}(\mathbf{k}) = \frac{1}{\hbar} \frac{\partial h_{ii'}(\mathbf{k})}{\partial k_\alpha} \tag{3.11}$$

计算傅里叶变换中的跳跃积分 $h_{jj'}(\mathbf{k})$ 用于最近的相邻原子的参数。

$$h_{jj'}(\mathbf{k}) = \gamma_1 \sum_{n'\neq n} \exp\left[i\mathbf{k}(r_{n'j'} - r_{nj}) \right] \tag{3.12}$$

式中，$\gamma_1 = (pp\pi)$ 是跳跃积分[15]，r_{nj} 是节点 nj 的位置向量。费米能级 μ 由等式确定

$$\langle Z \rangle = \int_{-\infty}^{\mu} g(\varepsilon) \mathrm{d}\varepsilon \tag{3.13}$$

式中，Z 是能量值属于能带的每个原子的平均电子数。在式（3.8）和式（3.9）中，$P^{\lambda 0i}$ 是填充晶格节点 $0i$ 的概率。晶格 $i = (1,2)$，原子 $\lambda = A$ 和 $\lambda = B$ 的概率为

$$P^{B01} = y_1 = y + \frac{1}{2}\eta, \quad P^{B02} = y_2 = y - \frac{1}{2}\eta, \quad P^{A01} = 1 - P^{B01} \tag{3.14}$$

式中，y 是杂质原子的浓度，η 是远阶参数。

在式(3.8)和式(3.9)中，$P_{\lambda 0i}^{\lambda' lj}$是填充的概率节点 lj 的原子 λ' 提供的原子 λ 填充节点 $0i$，并且 $P_{\lambda 0i}^{\lambda' lj}$ 配对原子间关联的参数原子晶体晶格节点充满原子。

概率由原子间对 $\varepsilon_{lj,0i}^{BB}$ 通过相关系数确定[16]，

$$P_{lj,0i}^{\frac{\lambda'}{\lambda}} = P_{lj}^{\lambda'} + \frac{\varepsilon_{lj,0i}^{BB}}{P_{0i}^{\lambda}}(\delta_{\lambda'B} - \delta_{\lambda'A})(\delta_{\lambda B} - \delta_{\lambda A}) \qquad (3.15)$$

式中，δ 是 Kronecker 三角函数。值得注意的是，原子间对的相关性也能满足。

$$\varepsilon_{lj,0i}^{BB} = \langle (c_{lj}^{B} - c_{j}^{B})(c_{0i}^{B} - c_{i}^{B}) \rangle \qquad (3.16)$$

这里，c_{lj}^{B} 是一个位随机的数字，如果类别 B 的原子在该节点上，则取值为 1，否则为零，$A_{j}^{B} = \langle A_{0i}^{B} \rangle = P^{B0j}$。括号是指在晶体晶格节点上的杂质原子分布的平均值。

相干电位由该条件决定，$\langle t^{n1t1} \rangle = 0$。因此，相干势的方程为[14]

$$\sigma_i = \langle v_i \rangle - (v_A - \sigma_i)\widetilde{G}_{0i,0i}(\varepsilon)(v_B - \sigma_i)$$
$$\langle v_i \rangle = (1 - y_i)v_A + y_i v_B \qquad (3.17)$$

将 $\nu_A = 0$ 放在式(3.17)中，我们得到

$$\langle v_i \rangle = y_i \delta \qquad (3.18)$$

这里

$$\delta = v_B - v_A \qquad (3.19)$$

是石墨烯组分的散射势之差。

为了对石墨烯的能谱和电导率进行解析，我们仅考虑式(3.8)和式(3.9)中的第一个成分，它们对态密度和电导率起主要作用。

因此，

$$g(\varepsilon) = -\frac{2}{\pi v}\mathrm{Im}\sum_i \widetilde{G}_{0i,0i}(\varepsilon) = -\frac{2}{\pi v N}\mathrm{Im}\sum_{i,\mathbf{k}} \widetilde{G}_{ii}(\mathbf{k}, \varepsilon) \qquad (3.20)$$

$$\sigma_{\alpha\alpha} = -\frac{e^2\hbar}{2\pi V_1}\sum_i \{v_\alpha[\widetilde{G}(\varepsilon) - \widetilde{G}^*(\varepsilon)]v_\alpha[\widetilde{G}(\varepsilon) - \widetilde{G}^*(\varepsilon)]\}_{0i,0i}$$

$$= -\frac{e^2\hbar}{2\pi V_1 N}\sum_{i,\mathbf{k}} \{v_\alpha(\mathbf{k})[\widetilde{G}(\mathbf{k}, \varepsilon) - \widetilde{G}^*(\mathbf{k}, \varepsilon)]v_\alpha(\mathbf{k})[\widetilde{G}(\mathbf{k}, \varepsilon) - \widetilde{G}^*(\mathbf{k}, \varepsilon)]\}_{0i,0i}$$

$$(3.21)$$

式(3.20)和式(3.21)中的波函数在布里渊区内变化。速度的 α 投影的算符

$$v_{\alpha ii'}(\mathbf{k}) = \frac{1}{\hbar}\frac{\partial h_{ii'}(\mathbf{k})}{\partial k_\alpha} \qquad (3.22)$$

为最近的原子邻居计算跳跃积分 $h_{ii}{}'(\mathbf{k})$ 的傅里叶变换。格林函数的傅里叶变换如下：

$$\widetilde{G}_{11}(\mathbf{k}, \varepsilon) = \frac{\varepsilon - \sigma_2}{D(\mathbf{k}, \varepsilon)}, \quad \widetilde{G}_{12}(\mathbf{k}, \varepsilon) = \frac{h_{21}(\mathbf{k})}{D(\mathbf{k}, \varepsilon)}$$

$$\widetilde{G}_{21}(\mathbf{k}, \varepsilon) = \frac{h_{12}(\mathbf{k})}{D(\mathbf{k}, \varepsilon)}, \quad \widetilde{G}_{22}(\mathbf{k}, \varepsilon) = \frac{\varepsilon - \sigma_1}{\varepsilon - \sigma_2}\widetilde{G}_{11}(\mathbf{k}, \varepsilon)$$

$$D(\mathbf{k}, \varepsilon) = (\varepsilon - \sigma_1)(\varepsilon - \sigma_2) - h_{12}(\mathbf{k})h_{21}(\mathbf{k}) \qquad (3.23)$$

在该模型中,位于狄拉克点附近区域的波矢量值主要是由于区域中间电子的能谱。布里渊区有两个这样的区域。对于这些区域

$$h_{12}(\mathbf{k}) = h_{21}(\mathbf{k}) = \hbar v_F k \tag{3.24}$$

式中,$v_F = \dfrac{3|\gamma_1|\alpha_0}{2\hbar}$ 是费米能级的电子速度,$\gamma_1 = (pp\pi)$ 是跃迁积分[15],α_0 是最近的邻居之间的距离。

将式(3.23)和式(3.24)代入式(3.20)中,并替换为一个积分上的波矢量的和[14],另外

$$\widetilde{G}_{01,01}(\varepsilon) = -\frac{S_1(\varepsilon-\sigma_2)}{\pi\hbar^2 v_F^2}\ln\sqrt{1-\frac{\omega^2}{(\varepsilon-\sigma_1)(\varepsilon-\sigma_2)}}$$

$$\widetilde{G}_{02,02}(\varepsilon) = -\frac{S_1(\varepsilon-\sigma_1)}{\pi\hbar^2 v_F^2}\ln\sqrt{1-\frac{\omega^2}{(\varepsilon-\sigma_1)(\varepsilon-\sigma_2)}} \tag{3.25}$$

式中,$\omega = 3|\gamma_1|$ 为纯石墨烯能带的半宽,$S_1 = \dfrac{3\sqrt{3}\alpha_0^2}{2}$ 是石墨烯的单位细胞的面积。

$$\widetilde{G}_{01,01}(\varepsilon) = -\frac{S_1(\varepsilon-\sigma_2')}{\pi\hbar^2 v_F^2}\ln\sqrt{1-\frac{\omega^2}{(\varepsilon-\sigma_1')(\varepsilon-\sigma_2')}}$$

$$\widetilde{G}_{02,02}(\varepsilon) = -\frac{S_1(\varepsilon-\sigma_1')}{\pi\hbar^2 v_F^2}\ln\sqrt{1-\frac{\omega^2}{(\varepsilon-\sigma_1')(\varepsilon-\sigma_2')}}$$

$$\sigma_1' = y_1\delta - y_1(1-y_1)\delta^2\frac{S_1(\varepsilon-y_2\delta)}{\pi\hbar^2 v_F^2}\ln\sqrt{1-\frac{\omega^2}{(\varepsilon-y_1\delta)(\varepsilon-y_2\delta)}}$$

$$\sigma_2' = y_2\delta - y_2(1-y_2)\delta^2\frac{S_1(\varepsilon-y_1\delta)}{\pi^2 v_F^2}\ln\sqrt{1-\frac{\omega^2}{(\varepsilon-y_1\delta)(\varepsilon-y_2\delta)}}$$

$$\mathrm{sign}(\varepsilon-\sigma_1') = -\mathrm{sign}(\varepsilon-\sigma_2') \tag{3.26}$$

考虑在弱散射 $|\delta/\omega|_{x0012}\ll 1$ 的极限情况下,有序原子对取代混合物石墨烯电子能谱的影响在这种情况下,式(3.17)和式(3.25)的解为[14]

$$\widetilde{G}_{01,01}(\varepsilon) = -\frac{S_1(\varepsilon-\sigma_2'-i\sigma_2'')}{\pi\hbar^2 v_F^2}\ln\sqrt{\frac{\omega^2}{|(\varepsilon-\sigma_1')(\varepsilon-\sigma_2')|}-1} - i\frac{S_1|\varepsilon-\sigma_2'|}{2\hbar^2 v_F^2}$$

$$\widetilde{G}_{02,02}(\varepsilon) = -\frac{S_1(\varepsilon-\sigma_1'-i\sigma_1'')}{\pi\hbar^2 v_F^2}\ln\sqrt{\frac{\omega^2}{|(\varepsilon-\sigma_1')(\varepsilon-\sigma_2')|}-1} - i\frac{S_1|\varepsilon-\sigma_1'|}{2\hbar^2 v_F^2}$$

$$\sigma_1' = y_1\delta - y_1(1-y_1)\delta^2\frac{S_1(\varepsilon-y_2\delta)}{\pi\hbar^2 v_F^2}\ln\sqrt{\frac{\omega^2}{|(\varepsilon-y_1\delta)(\varepsilon-y_2\delta)|}-1}$$

$$\sigma_1'' = -y_1(1-y_1)\delta^2\frac{S_1|\varepsilon-y_2\delta|}{2\hbar^2 v_F^2}$$

$$\sigma_2' = y_2\delta - y_2(1-y_2)\delta^2\frac{S_1(\varepsilon-y_1\delta)}{\pi\hbar^2 v_F^2}\ln\sqrt{\frac{\omega^2}{|(\varepsilon-y_1\delta)(\varepsilon-y_2\delta)|}-1}$$

$$\sigma_2'' = -y_2(1-y_2)\delta^2\frac{S_1|\varepsilon-y_1\delta|}{2\hbar^2 v_F^2}$$

$$\text{sign}(\varepsilon - \sigma_1') = \text{sign}(\varepsilon - \sigma_2') \tag{3.27}$$

在式(3.26)和式(3.27)中,σ_i'和σ_i''分别是公式分析σ_i($i=1,2$)相干势的实部和虚部。

分析式(3.26)和式(3.27)得出,如果石墨烯晶格中的杂质原子是有序的,则在能谱中存在一个宽度为$\eta|\delta|$的间隙,且间隙的中心为$y\delta$。对应能隙边缘的ε的能量值由方程式$\varepsilon - \sigma_1' = 0, \varepsilon - \sigma_2' = 0$确定,来自式(3.14)。排序参数的最大值等于$\eta_{max} = 2y, y < 1/2$。在杂质原子的完全排序时,间隙的宽度等于$2y|\delta|$,与杂质$y$的浓度和石墨烯组分$\delta$的散射电势模量成正比。对于$y = 1/2$,间隙的宽度取最大值。对于$\delta > 0$和$\delta < 0$,间隙分别位于能级上狄拉克点的右侧和左侧。从式(3.20)和式(3.26)可以看出,该能量值区域的相干式的近似值中电子密度$g(\varepsilon) = 0$。

根据式(3.20)和式(3.27),在间隙边缘附近的状态密度趋于无穷大。这是由于格林函数$\widetilde{G}_{0i,0i}$的表达式中存在第一个分量,而相干势σ_i'在式(3.27)中存在第二个分量。该能量区域的宽度为[14]

$$\left| \frac{\Delta\varepsilon(\eta)}{\omega} \right| = \frac{\omega}{\eta|\delta|} \exp\left(-\frac{2y\pi\omega^2}{3\sqrt{3}\,\eta\delta^2(1-y+\eta/2)(y-\eta/2)} \right); 0 < \eta \leqslant 2y \tag{3.28}$$

式(3.28)的峰宽估计是在峰的斜率上的状态密度,为最小值是相邻最小点值的两倍。

从峰值到能量区边缘的距离随概率的增大而增大。即在碳晶格$y2$上找到杂质原子的概率和杂质散射参数δ的可能性增加。能带边缘的电子态密度曲线也具有特征峰宽度[式(3.33)]。随着在碳晶格$y2$上找到杂质原子的可能性增加(随着阶次参数η的减小),状态能量密度曲线上的杂质峰裂开,这是由于杂质原子在高浓度的情况下的相互作用而引起的。在图3.1中杂质原子浓度和杂质散射参数的值较大的情况下,通过电子密度的数值计算结果能说明这一点。

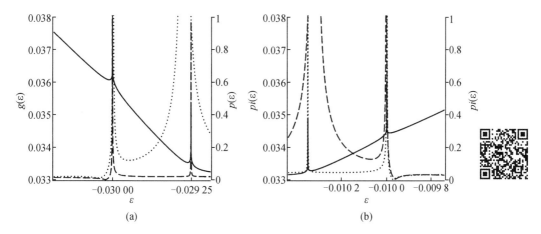

图3.1　状态密度$g(\varepsilon)$(黑线),参数$pi(\varepsilon)$(红色点线$i=1$,红色虚线$i=2$)
作为间隙左边缘(a)和间隙的右边缘(b)的能量ε的函数(左侧)

(散射参数$\delta/w = -0.1$,取代杂质浓度$y = 0.2$,有序参数$\eta = 0.2$)

超过指定的峰值后,状态密度随着到间隙边缘的距离呈线性增加[14]

$$g(\varepsilon) = \frac{S_1(\varepsilon - y\delta)}{\pi\hbar^2 v_F{}^2}$$

$$\left|\frac{\Delta\varepsilon(\eta)}{\omega}\right| < \left|\frac{\varepsilon - \sigma_i'}{\omega}\right| \leqslant \left|\frac{\delta}{\omega}\right| \tag{3.29}$$

如果费米能级落入间隙区域,则自由电荷载流子的数量趋于零。在这种情况下,当杂质有序时,如式(3.21)和式(3.26)所述,电导率 $\sigma_{\alpha\alpha} \to 0$,即发生金属-介电跃迁。

让我们评估在费米能级超出间隙的情况下石墨烯的电导率。将式(3.23)和式(3.24)代入式(3.20)并用积分替换波向量上的总和[14],其中 d 是石墨烯的厚度。式(3.30)右侧分母中的因子 d 可以省略。

$$\sigma_{\alpha\alpha} = \frac{2e^2\hbar v_F{}^2}{\pi^2 a_0^2 d\left(y^2 - \frac{1}{4}\eta^2\right)\delta^2} \tag{3.30}$$

在参考文献[13]中,证明了电子散射过程对态密度的贡献,电导率受一些小的参数 $p_i(\varepsilon)$ 的影响,除了在光谱边缘和光谱边缘的窄能量间隔不受影响。在参考文献[14]中,分析研究了在相干电位近似条件下,杂质有序对石墨烯能谱和电导的影响。为了估计由电子散射过程对二、三等团簇的贡献的近似的修正。在原子中,引入了以下参数[17]

$$p_i(\varepsilon) = \left|\langle[t^{0i}(\varepsilon)]^2\rangle\sum_{lj\neq 0i}\widetilde{G}_{0i,lj}(\varepsilon)\widetilde{G}_{lj,0i}(\varepsilon)\right|$$

$$\langle[t^{0i}(\varepsilon)]^2\rangle = (1 - y_i)[t^{A0i}(\varepsilon)]^2 + y_i[t^{B0i}(\varepsilon)]^2 \tag{3.31}$$

参考文献[13]中对该参数进行了分析,给出了以下表示形式

$$p_i(\varepsilon) = \left|\frac{Q_i(\varepsilon)}{1 + Q_i(\varepsilon)}\right|$$

$$Q_i(\varepsilon) = -\frac{\langle[t^{0i}(\varepsilon)]^2\rangle}{1 + \langle(t^{0i}(\varepsilon))^2\rangle[\widetilde{G}_{0i,0i}(\varepsilon)]^2} \times \left\{\frac{1}{1 + \langle[t^{0i}(\varepsilon)]^2\rangle[\widetilde{G}_{0i,0i}(\varepsilon)]^2}\frac{d}{d\varepsilon}\widetilde{G}_{0i,0i}(\varepsilon) + [\widetilde{G}_{0i,0i}(\varepsilon)]^2\right\}$$

$$\tag{3.32}$$

参数 p_i 很小,除了在间隙边缘处的窄能量间隔。从式(3.27)可知,当能量值趋于间隙的边缘时, $d\widetilde{G}_{0i,0i}(\varepsilon)/d\varepsilon \to \infty$,参数 $p_i \to 1$(3.32)。如果 $1 + Qi(\varepsilon)$ 接近零,则参数 $p_i(\varepsilon)$ 可能大于1(图3.1)。在能隙边缘的狭窄范围内,参数 $p_i(\varepsilon)$ 的取值 $p_i(\varepsilon) \geqslant 1/2$:

$$\left|\frac{\Delta\varepsilon_1'(\eta)}{\omega}\right| = \exp\left(-\frac{\pi\omega^4}{3^3\delta^4(1-y)^2(-\eta^2/4)(y^2 - \eta^2/4)}\right)$$

$$\left|\frac{\Delta\varepsilon_1'(\eta)}{\omega}\right| = \exp\left(-\frac{\pi\omega^2}{3\sqrt{3}\delta^2(1 - y - \eta/2)(y + \eta/2)}\right) \tag{3.33}$$

通过式(3.7)、式(3.27)和式(3.32)获得式(3.33)。特性 $\Delta\varepsilon'(\eta)$ 描述了在间隙的每个边缘处电子态局部化的两个区域(图3.1)。因此,多位点团簇上的散射过程对电子能量在一定时间间隔的态密度有重要贡献[式(3.33)]。

我们注意到,如果费米能级落在间隙边缘的能量间隔[式(3.33)]中,则不能使用石墨烯的态密度和电导的公式[式(3.29)和式(3.30)]。

式(3.29)和式(3.30)是在散射电势 $|\delta/w| \ll 1$ 的较小值情况下获得的。对于任意的散射势值,杂质原子的顺序对石墨烯的能谱和电导率的影响更为复杂。

3.3　散射势的特定大小的计算结果

图 3.2 显示了根据式(3.8)对以下值进行的石墨烯状态密度 $g(\varepsilon)$ 的数值计算结果:替代杂质浓度 $y = 0.2$,散射电势 $\delta/w = -0.2$ 和 -0.6,排序参数 $\eta = 0$,以及在第一个配位球 $\varepsilon_{lj,0i}^{BB} = \varepsilon^{BB}$ 中,成对的原子间相关性的不同值,能量值以能带 w 的半宽为单位表示。在相干势的近似情况下,计算了石墨烯态 $g(\varepsilon)$ 的电子密度(图 3.2,实曲线)。在这种情况下,仅将式(3.8)中总和的第一部分考虑在内。

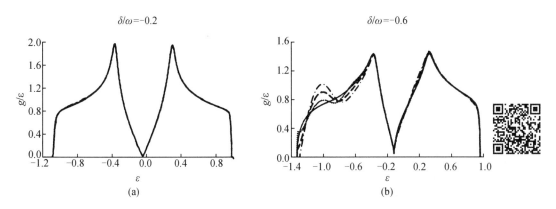

图 3.2　电子态 $g(\varepsilon)$ 的密度与能量 ε 的关系

(取代杂质浓度 $y = 0.2$,(左侧)(lhs)的散射电势 $\delta/w = -0.2$,(右侧)(rhs)的散射电势 $\delta/w = -0.6$,排序参数 $\eta = 0$,对原子间相关性参数 $\varepsilon_{lj,0i}^{BB} = \varepsilon^{BB}$ 的不同值。考虑了第一配位球内原子对的散射,在相干势(实线)近似中计算的态密度。杂质原子的完全无序排列 $\varepsilon^{BB} = 0$(点线),原子对相关性 $\varepsilon^{BB} = -0.05$(短划线)和 $\varepsilon^{BB} = -0.1$(虚线))

虚线表示根据位置原子对的散射计算的态密度 $g(\varepsilon)$,在第一个配位球内,在石墨烯晶格上杂质原子完全无序排列的情况下。$\varepsilon^{BB} = 0$,$\eta = 0$。虚线和点划线显示了关于原子对上的散射计算的态密度 $g(\varepsilon)$。$\varepsilon^{BB} = -0.05$,$\varepsilon^{BB} = -0.1$,阶数参数 $\eta = 0$。在散射参数的值很小(图 3.2,$\delta/w = -0.2$)的情况下,相干势近似中描述电子态密度的曲线和原子对散射的曲线重合。对于 $\delta/w = -0.6$[图 3.2(b)],会出现状态密度下降,其值随相关参数 ε^{BB} 的增加而增加。

同时计算了态密度 $g(\varepsilon)$ 和 10 个配位球内的原子对,计算了原子对的散射。结果实际上与第一个配位球内对散射的计算结果一致(图 3.2)。由此,我们可以得出结论,如果取代杂质浓度不超过 $y = 0.2$,则指定模型中石墨烯的杂质电子态的影响面积受到第一配位球的限制。

图 3.3 显示了状态密度 $g(\varepsilon)$ 与能量 ε 的关系图[图 3.3(a)],并绘制出电导率 $\sigma_{xx}(\mu) \cdot dv \cdot s$ 与费米能级 μ 的关系图,d 是石墨烯层的厚度[图 3.3(b)和图 3.3(c)]。能量和费米能级以半宽带能量为单位给出,$g(\varepsilon)$ 和 $\sigma_{xx}(\mu)$ 根据式(3.8)和式(3.9)计算。取

代杂质浓度 $y = 0.2$,阶参数 $\eta = 0.3$,成对原子间相关参数 $\varepsilon^{BB} = 0$,散射势 $\delta/w = -0.2$(图 3.3,左侧)和 $\delta/w = -0.6$(图 3.3,右侧),$\sigma_{xx}(\mu) \cdot d$ 以 $e^2 \cdot \hbar^{-1}$ 的单位给出。石墨烯的电阻层

$$R = \frac{1}{\sigma_{xx}d} \frac{l}{L} \qquad (3.34)$$

式中,l 为石墨烯层沿 x 轴的长度,L 为石墨层的宽度。x 轴从碳原子指向它最近的邻原子。

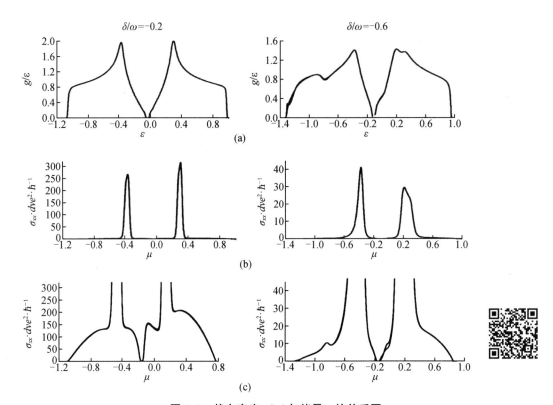

图 3.3 状态密度 $g(\varepsilon)$ 与能量 ε 的关系图

((a)电子态 $g(\varepsilon)$ 的密度与能量 ε 的关系。(b)电导率 $\sigma_{xx}(\mu) \cdot d$ 作为费米能级的函数,d 是石墨烯层的厚度;(c)(b)沿着靠近原点的值区域的垂直轴放大。散射参数 $\delta/w = -0.2$ 左侧(lhs)和 $\delta/w = -0.6$ 右侧(rhs)。取代杂质浓度 $y = 0.2$,有序参数 $\eta = 0.3$。蓝线表示相干势的近似计算。红线表示关于第一配位球的原子对上的电子散射过程的计算)

当取代杂质原子变得有序时,在状态密度中会出现一个缝隙(图 3.3),序参数 $\eta = 0.3$。在间隙区域中,状态密度 $g = 0$。石墨烯 $\sigma_{xx}(\mu)$ 对间隙区域中的费米能级的电导率为零。对于间隙区外的费米能级,石墨烯的电导率不等于零,并随着费米能级上的态密度的增加而增加。与弱上述 $|\delta/w| \ll 1$ 的情况相比,其间隙宽度随散射电位 $|\delta/w|$ 的增加而线性增加,在强散射的情况下,能隙宽度的行为更加复杂。随着散射电位的绝对值的增加,狭缝的宽度逐渐减小(图 3.3)。电导率与散射电势和阶数参数的关系也比与弱散射的情况更为复杂。电导率用式(3.30)描述。

为了阐明电导率对散射电势 δ 和阶跃参数 η 的依赖关系,图 3.4 给出了石墨烯 $\sigma_{xx}(\mu)$ 的电导率与不同散射势 δ 下杂质原子的有序参数 η。每个原子的电子值(其能量值在能带范围内)$Z = 1.01$。在此 Z 值下,费米能级 μ 位于能隙的右侧。图 3.4(b)显示了根据杂质 η 的有序参数不同的费米能级 $\mu(\eta)$。费米能级 $\mu(\eta)$ 的值通过式(3.13)计算。图 3.4(c)显

示了在费米能级上的部分态密度 $g_i(\mu)$ 对杂质有序参数 η 的依赖关系, i 是一个子晶格数。图 3.4(d) 显示了在费米能级上的相干势 $\sigma_i''(\mu)$ 的虚部与有序参数 η 的依赖关系。

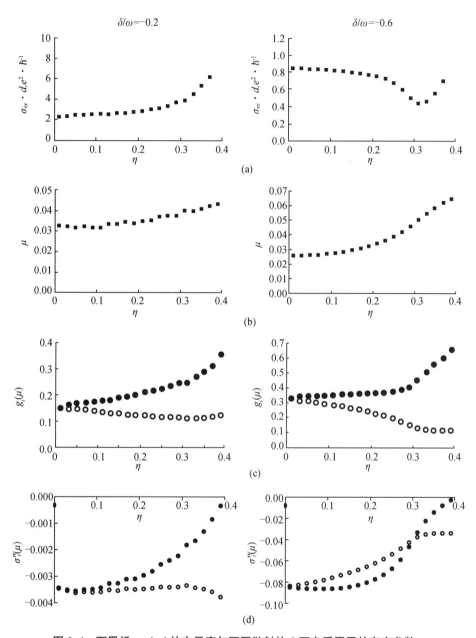

图 3.4　石墨烯 $\sigma_{xx}(\mu)$ 的电导率与不同散射热 δ 下杂质原子的有序参数 η

((a)电导率 $\sigma_{xx}(\mu) \cdot d$,(b)费米能级 μ,(c)部分态密度 $g_i(\mu)$（圆-$g_1(\mu)$,圆盘-$g_2(\mu)$）和(d)部分相干势 $\sigma_i''(\mu)$ 的虚部（圆-$\sigma_1''(\mu)$,圆盘-$\sigma_2''(\mu)$）作为阶跃参数 η 的函数。亚晶格 $i=1$ 包含杂质原子,而亚晶格 $i=2$ 在完全有序的情况下,仅包含碳原子。取代杂质浓度 $y=0.2$,散射参数 $\delta/w=-0.2$（左侧）,$\delta/w=-0.6$（右侧）)

从图 3.4 可以看出,石墨烯的电导率随杂质 η 的排列顺序而增加,这主要是由于费米能级上态密度的增加引起的。为了找出石墨烯 $\sigma_{xx}(\mu)$ 的电导率随杂质有序参数 η 的变化的性质,我们转向弱散射 $|\delta/w| \ll 1$ 的极限情况。在弱散射 $|\delta/w| \ll 1$ 的情况下的相干势近

似中,由式(3.9)产生

$$\sigma_{\alpha\alpha} = -\frac{e^2}{3\Omega_0} \sum_i \frac{g_i(\mu)\,|\,\upsilon_{\alpha12}(\mu)\,|^2}{|\,\sigma_i''(\mu)\,|} \tag{3.35}$$

对于在有效质量近似下具有简单晶格的三维晶体,我们用式(3.35)中的 $g(\mu)$ 和 $\upsilon_\alpha(\mu)$ 的表达式代替,得到了已知的公式

$$\sigma_{\alpha\alpha} = e^2 n\tau(\mu)/m^* \tag{3.36}$$

式中,n 为单位体积中的电子数,其能量小于费米能级,m^* 为电子有效质量,$\tau(\mu)$ 为电子态的弛豫时间,由比值决定

$$|\,\sigma''(\mu)\,|\,\tau(\mu) = \hbar \tag{3.37}$$

在弱散射 $|\delta/w| \ll 1$ 的情况下,$\sigma_{xx}(\mu)$ 的数值计算与式(3.31)、式(3.35)和式(3.30)吻合。当阶参数 η 趋于最大值时,电导率 $\sigma_{xx}(\mu)$ 变为无穷大。从式(3.35)可以看出,这是由于费米能级 $g_2(\mu)$ 处的态密度和弛豫时间增加引起的,随着阶参数 η 的增加(当 $\eta \to \eta_{max} = 2y$ 时,相干电势的虚部 $\sigma_2''(\mu) \to 0$)。

我们注意到,如果费米能级落在间隙边缘的能量间隔[式(3.33)]中,无法使用状态密度和石墨烯电导率的公式,即式(3.8)和式(3.9)。根据位于三个配位球和十个配位球内的原子对上的散射计算的态密度与第一个配位对的散射的计算结果一致,石墨烯的杂质电子态区域受到第一配位球空间的限制。

状态密度 $g(\varepsilon)$ 和参数 $p(\varepsilon)$ 的数值计算结果如图 3.5 所示。取代杂质浓度 $y = 0.2$,图 3.5 的左侧的散射电位 $\delta/w = -0.1$(周边散射),右侧的散射电位 $\delta/w = -0.6$。在此,考虑了两种情况:石墨烯中杂质原子的较低阶的 $\eta = 0.2$ 和更高阶的 $\eta = 0.399$($\eta_{max} = 2y$)。石墨烯的杂质电子态区域受到第一配位球空间的限制。

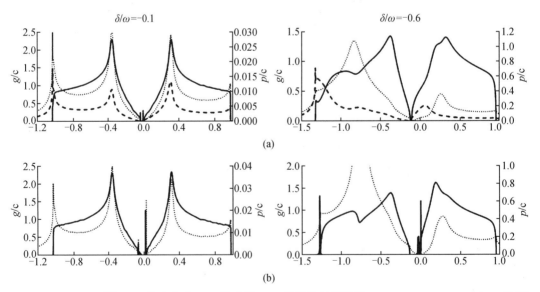

图 3.5　状态密度 $g(\varepsilon)$ 和参数 $p(\varepsilon)$ 的数值计算结果

(状态密度 $g(\varepsilon)$(黑线),参数 $p_i(\varepsilon)$(红色点线 $i=1$,红色虚线 $i=2$)作为能量 ε 的函数。阶数参数 $\eta = 0.2$(a)和 $\eta = 0.399$(b))

如图 3.5 显示,根据图 3.1 所示的分析结果,电子态的定位区域在间隙边缘和能谱边缘。当 $\eta = 0.399$ 时,只有 0.25% 的杂质原子进入碳亚晶格,而 y_1/y_2(3.14)非常小。因此,曲线 $p_2(\varepsilon)$ 几乎与横坐标重合。在这里,电子状态的边缘化的能带是可见的。

在 $\eta = 0.399$ 和 $\delta/w = -0.6$ 的特殊情况下,间隙的宽度小于 $|\delta|$。在强散射的情况下,间隙宽度可以近似认为对阶参数和散射电位有相关性。电子状态的定位在间隙的边缘上很难识别,只有在数值计算中使用较小的能量步长才能变得明显。

为了描述带有杂质的石墨烯的能谱和电导率,我们使用了无序系统理论的方法。该方法是基于单部分格林函数(状态密度)和两部分格林函数(电导率)的聚类分解。对于零单节点逼近,选择了一种描述电子在有序环境中的状态的相干势近似方法。对相干势近似的修正是由于电子散射对原子的二个、三个团簇的作用。参考文献[13]和参考文献[17]结果表明,在团簇上的散射贡献随团簇中原子数的增加而减小。除了光谱边缘和间隙边缘的狭窄能量间隔外[式(3.33)],该参数值很小。当杂质有序时,如参考文献[13]和参考文献[17]所示,这些区域式[(3.33)]是电子态的定位区域。在纯晶体能谱的 Van Hove 区域,由于能级的分裂,状态密度上的峰值扩大,同时随着无序杂质原子的引入,降低了晶体的对称性。然而,Van Hove 区域并不总是与电子态的局域化区域重合,就像具有 bcc 晶格[13]的二元合金或具有取代杂质的石墨烯一样(图 3.3 和图 3.5)。

3.4 结　　论

在 Lifshitz 紧束缚单电子模型中,研究了取代杂质原子对石墨烯能谱和电导率的影响。建立了晶格节点上取代杂质原子的顺序会导致石墨烯 $\eta|\delta|$ 的能谱中出现在 $y\delta$ 点中心的间隙,式中 η 为有序参数,δ 为杂质原子与碳原子的散射势之差,y 为杂质浓度。结果表明,当有序参数 η 接近 $\eta_{max} = 2y$,$y < 1/2$,则电子态密度在能隙的边缘具有峰值。这些峰对应于杂质水平。

如果费米能级落在间隙的区域中,则石墨烯有序处的电导率 $\sigma_{\alpha\alpha} \to 0$,即发生金属-介电跃迁。

如果费米能级位于间隙之外,则电导率随参数 η 的增加而增加。在取代杂质 $\eta \to \eta_{max} = 2y$ 完全排序时,电导率 $\sigma_{\alpha\alpha} \to \infty$,相干电势的虚部 $\sigma_2''(\mu) \to 0$(亚晶格 $i = 2$ 在完全排序的情况下只包含碳原子),以及弛豫时间 $\tau \to \infty$。

在弱散射 $|\delta/w| \ll 1$ 的情况下,根据石墨烯的电子态密度和电导率的解析表达式,比较计算了不同散射势 $|\delta/w|$ 的数值,w 是能带的半宽,计算结果表明,在特定的模型中,石墨烯的杂质电子态的影响面积在空间上受到第一配位球的限制。

在有序参数 η 与其最大值 $\eta_{max} = 2y$ 不同的情况下,部分杂质原子位于碳原子所在的亚晶格位置。这导致在 $g(\varepsilon)$ 态的能量密度曲线上出现一个峰值,这与局部出现的杂质状态有关。从峰到能带边缘的距离随着在碳晶格 y_2 上找到杂质原子的概率和杂质散射参数 δ 的增加而增大。在能量区边缘的电子态密度曲线也有一个距离间隙中心更远的第二个特征峰。随着在碳晶格 y_2 上找到杂质原子的概率增加(阶参数 η 减少),能量密度曲线上的峰值分裂,这是由杂质原子在浓度较大的情况下相互作用引起的。确定了在间隙和能谱的边缘电子态的局域化区域。

参 考 文 献

［1］ Sun J, Marsman M, Csonka GI, Ruzsinszky A, Hao P, Kim Y-S, Kresse G, Perdew JP（2011）Self-consistent meta-generalized gradient approximation within the projector-augmented-wave method. Phys Rev B 84：035117

［2］ Yelgel C, Srivastava GP（2012）Ab initio studies of electronic and optical properties of graphene and graphene-BN interface. Appl Surf Sci 258：8338-8342

［3］ Denis PA（2010）Band gap opening of monolayer and bilayer graphene doped with aluminium, silicon, phosphorus, and sulfur. Chem Phys Lett 492：251

［4］ Repetsky S, Vyshyvana I, Nakazawa Y, Kruchinin S, Bellucci S（2019）Electron transport in carbon nanotubes with adsorbed chromium impurities. Materials 12（3）：524

［5］ Xiaohui D, Yanqun W, Jiayu D, Dongdong K, Dengyu Z（2011）Electronic structure tuning and band gap opening of graphene by hole/electron codoping. Phys Lett A 365：3890-3894

［6］ Gospodarev IA, Grishaev VI, Manzhelii EV, Sirenko VA, Syrkin ES, Feodosyev SB（2020）Effect of size quantization upon electron spectra of graphene nanoribbons. Low Temp Phys 46（2）：231-240

［7］ Grushevskaya HV, Krylov GG, Kruchinin SP, Vlahovic B（2018）Graphene quantum dots, graphene non-circular n-p-n-junctions：quasi-relativistic pseudo wave and potentials. In：Bonca J, Kruchinin S（eds）Proceedings NATO ARW "nanostructured materials for the detection of CBRN". Springer, pp 47-58

［8］ Radchenko TM, Tatarenko VA, Sagalianov IY, Prylutskyy YI, Szroeder P, Biniak S（2016）On adatomic-configuration-mediated correlation between electrotransport and electrochemical properties of graphene. Carbon 101：37-48

［9］ Kruchinin S, Nagao H, Aono S（2010）Modern aspect of superconductivity：theory of superconductivity. World Scientific, Singapore, p 232

［10］ Radchenko TM, Tatarenko VA, Sagalianov IY, Prylutskyy YI（2014）Effects of nitrogen-doping configurations with vacancies on conductivity in graphene. Phys Lett A 378（30-31）：2270-2274

［11］ Radchenko TM, Shylau AA, Zozoulenko IV, Ferreira A（2013）Effect of charged line defects on conductivity in graphene：numerical Kubo and analytical Boltzmann approaches. Phys Rev B 87：195448-1-14

［12］ Radchenko TM, Shylau AA, Zozoulenko IV（2014）Conductivity of epitaxial and CVD graphene with correlated line defects. Solid State Commun 195：88-943 Impurity Ordering Effects on Graphene Electron Properties 73

［13］ Los' VF, Repetsky SP（1994）A theory for the electrical conductivity of an ordered alloy. J Phys Condens Matter 6:1707-1730

[14] Repetsky SP, Vyshyvana IG, Kruchinin SP, Bellucci S (2018) Inflfluence of the ordering of impurities on the appearance of an energy gap and on the electrical conductance of grapheme. Sci Rep 8:9123

[15] Slater JC, Koster GF (1954) Simplified LCAO Method for the periodic potential problem. Phys Rev 94(6):1498-1524

[16] Repetsky SP, Vyshyvana IG, Kuznetsova EY, Kruchinin SP (2018) Energy spectrum of graphene with adsorbed potassium atoms. Int J Modern Phys B 32:1840030

[17] Ducastelle F (1974) Analytic properties of the coherent potential approximation and its molecular generalizations. J Phys C Solid State Phys 7(10):1795-1816

第4章　用于电磁场检测的多铁性材料

摘要：多铁性材料的特征是具有两个或多个原生铁质铁性序,包括铁电性、铁磁性和铁弹性。在多铁性材料中,耦合发生在磁(铁磁或反铁磁)和电(铁电)子系统之间。这使得通过磁场 H 控制介电极化 P,通过电场 E 控制磁化 M 成为可能,可以设计各种传感、存储、逻辑、能源、生物医学和其他应用的新型电子设备。本章描述了正在开发的新型单相多铁性材料,其中单元素锰对铁电和磁性均能起主要作用,从而保证了强耦合,这对于实际应用是必不可少的。

关键词：多铁性;磁场;电场检测

4.1　简　介

寻找多铁性材料(通常为磁电)的历史由来已久,即如果磁和电子系统之间的耦合是强大的,磁场 H 控制介电极化 P,通过电场 E 控制磁化 M 将可以设计应用广泛的新型电子设备。但是,根据实验证据和理论预测,非常需要单相和单元素多铁氧体,将铁电和磁有序结合在一种材料中,但是如 $BaTiO_3$ 材料无法达到这一目标。这种被称为"d^0-ness 猜想"的假设,磁性的特征需要至少部分填充的 d 壳,从而提供非零的磁矩,但通常的位移铁电需要空的 d 壳层[1]。基于这种推测,学者们针对专门用于块状复合材料的开发进行了大量的研究工作,该复合材料将两种不同的材料(一种磁性材料和另一种铁电材料)结合在一起。各种化合物具有零维、一维和二维结构,然而我们观察到,不同相之间的耦合主要是基于间接的、外部应变介导的耦合。同样,在薄膜复合材料上也花费了大量的精力,通过直接键合改进了界面耦合。事实上,通过集成器件的小型化和多功能,这些结构已经实现了迄今为止最好的磁电性能[2-4]。

尽管有"d^0-ness 猜想",对单相多铁质材料的研究也已经进行了几十年。例如,对 $BiFeO_3$ 多铁进行了大量的研究[5]。然而我们观察到,在这个众所周知的化合物中,耦合非常弱,因为有两个不同的子晶格,即在 1 140 K 时铁电有序的孤对有源 Bi-O 网络基本上不与在 640 K 时有序的摆线反铁磁性 Fe-O 网络相互作用。在 $Sr_{1-x}Ba_xMnO_3$ 钙钛矿的单晶格磁性 d^3 体系中,如果 Mn-O 键被拉伸超过其平衡长度,就有可能实现位移型铁电畸变。而类似多铁体系缺乏的原因是,在室温附近难以获得具有预期耐受因子 $t>1$ 的化合物。获得这些化合物是由于对合成条件的严格要求造成的,随温度增加的 $t(T)$ 更难以制备。因此,我们证明不是 d^0-ness 导致单相多铁性化合物的缺乏,其中单过渡金属阳离子和氧的扭曲是铁电和磁性的原因。这种化合物的设计和发现,由于单一磁性阳离子的存在,保证铁电和磁性之间的强耦合,可能导致新的非常灵敏的磁场和电场检测设备的发展。

4.2 在 300 K 附近预期容忍因子 *t*>1 的钙钛矿的合成极限

自 2000 年初以来,我们一直在反铁磁钙钛矿系统 $Sr_{1-x}Ba_xMnO_3$ 中寻找位移型多铁质,其中单个 Mn 离子将同时负责铁电性和磁性[6]。指导原则是基于以下观察:基于在最大的非磁性离子 A = Ba 的非磁性钙钛矿 $A^{2+}TiO_3$ 中观察到最高 T_C 为 400 K 的铁电性。当使用表格中的 [Ba-O] 和 [Ti-O] 的平衡键长时[7],预期的公差系数 $t = [Ba-O]/2^{1/2}[Ti-O]$ 大于 1。对于钙钛矿立方结构,实验测量的最大 *t* 是 1,由于结构的三维约束,当预期 *t*>1 时,[Ti-O] 和 [B-O] 键必须分别在张力和压缩下。[Ti-O] 键处于最大的张力下,并且在最大的 A^{2+} = Ba 离子的已知平衡长度以上最大地拉长,因此解释了最高的 T_C。

当使用已知的列式平衡键长度时,对于已知的立方反铁磁(T_N = 234 K)$SrMnO_3$,其预期的耐受系数 *t* 也大于 1,其 [Mn-O] 键也处于张力状态,用 Ba 代替 Sr 可以增加张力[8]。但是,最初我们不能在 $Sr_{1-x}Ba_xMnO_3$ 系统中产生铁电,因为在 *T* 为 1 700 K 的合成温度下钙钛矿结构不稳定,没有足够的 Ba 来替代 [Mn-O] 键产生足够大的张力。在这些温度下,形成了非铁电六角形结构,其中不存在三维约束,[Mn-O] 键不受张力的影响。由于 A 和 Mn 阳离子的离子大小,钙钛矿结构的形成需要条件 $t(T)<1$ 来适当地配合阳离子和氧气,$t(T) \sim t_0 + \alpha T^2$ 的依赖关系随温度增加而无法实现,如图 4.1 所示[9]。只有通过使用优化的两步合成程序,通过增加 [Mn-O] 键的尺寸,将 $t(T,d)$ 降低到 1 以下,在高温下,氧还原材料中含有比 Mn^{4+} 离子更大的 Mn^{3+} 离子,能够稳定钙钛矿 $Sr_{1-x}Ba_xMnO_{3-d}$ 相。

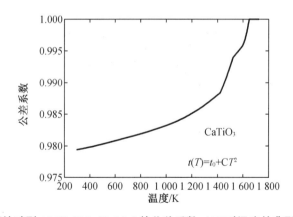

图 4.1 钙钛矿型 AMO_3(M=Ti,Mn)的公差系数 $t(T)$ 对温度的典型温度依赖性

4.3 磁性 $Sr_{1-x}Ba_xMnO_3$ 显示铁电畸变的性质

氧还原材料在较低的 700 K 温度下氧化后,得到了具有较大预期的氧化学计量和动力学稳定的钙钛矿,并发现了 $x \geqslant 0.43$ 的新的多铁氧体,它表现出强大的铁电畸变和反铁磁性,是由磁性 $Mn^{4+}(d^3)$ 阳离子和氧的单离子位移引起的[10]。图 4.2 为对于 $x = 0.44$ 和 0.45,典型的位移型四方铁电相的极化 P_S-14 $\mu C/mm^2$,从经验关系 $P_S^2 \alpha (c/a-1)$ 基于 X 射

线衍射(图4.3)和基于中子衍射结果的点电荷模型,发生当 T_C 约为 350 K 时 Mn 离子移出 MnO_6 六面体。在平衡长度以上 1.6% 处观察到[Mn—O]键的必要延伸,从而沿着 c 轴将它们分裂成长键和短键,类似于四方钛酸钡的四方畸变。此外,在 T_N 约为 210 K 以下时,Mn 的自旋顺序转变成一个简单的 G 型磁结构,而在磁转变过程中位移畸变减少,如图4.3所示,导致 P_S 降低到约 12 $\mu C/cm^2$,说明两阶参数是强耦合的[11]。然而,由于所获得的半导体材料的大量泄漏电流,我们无法直接测量自发极化 P_S。通过结构和磁性研究,得到了 $Sr_{1-x}Ba_xMnO_3$ 体系的结构–性能相图,如图4.4所示。

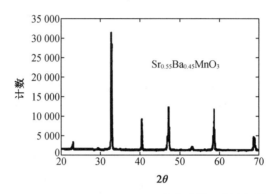

图 4.2　$Sr_{1-x}Ba_xMnO_3(x=0.45)$ 的代表性 X 射线衍射图

(显示出与四方 $BaTiO_3$ 相似的铁电结构 P4 mm)

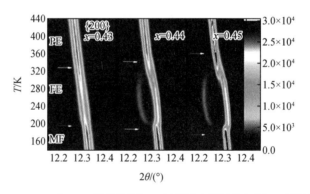

图 4.3　$x=0.43,0.44$ 和 0.45 样品的同步 X 射线粉末衍射的立方{200}反射等高线图

(在 T_C(顶部箭头)处观察到峰的四方分裂,这随着 Ba 含量的变化而变化。分裂在 T_N 以下被部分被抑制为 T_N(底部箭头))

本章提出的合成多铁质 $Sr_{1-x}Ba_xMnO_3$ 的想法表明,其他磁性 d^n 钙钛矿 AMO_3 系统(A=稀土或碱土;M=过渡金属)中也有可能实现类似的位移型铁电体,其中 M—O 键拉伸超过其平衡长度,类似的多铁性体系稀缺的原因是很难在室温附近获得耐受因子 $t>1$ 的化合物。因此,限制单相和单离子多铁质的缺乏的不是 d^0-ness 猜想,而是这类化合物的不稳定性。这种化合物的设计和发现并不容易,因为必须同时满足有关离子尺寸、其价、氧还原相和氧化相的容易获得及稳定性的几个条件,但是铁电和磁特性之间的强耦合,可能导致新的非常灵敏的电磁场检测装置的发展,因此值得研究。

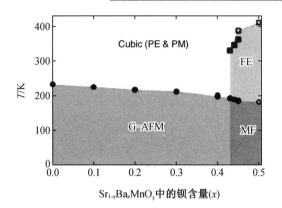

图4.4　多铁 $Sr_{1-x}Ba_xMnO_3$ 体系的结构、磁性和铁电性质随钡含量(x)变化的变化相图

(PE、PM、FE、MF 分别为副电相、顺磁相、铁电相和多铁相。)

4.4　寻找改进的 Ti 取代的多铁性 $Sr_{1-x}Ba_xMnO_3$ 化合物

我们最近将研究范围扩展到了 Ti 取代 $Sr_{1-x}Ba_xMn_{1-y}Ti_yO_3$ 的体系[12]。采用两步合成方法用于获得 $0.45<x<0.60$ 和 $0<y<0.12$ 范围内的单相样品(图4.5)。室温 X 射线衍射数据显示了合成后的 H_2/Ar 显示立方结构的氧还原行为。还原材料在较低温度下氧化后,氧化学计量钙钛矿表现出强烈的铁电畸变。中子粉末衍射证实的磁性测量结果(图4.6)显示在 T_N 约为 180 K 以下转变为反铁磁性相,由于较高的 Ba 含量和非磁性 Ti 的取代稀释了磁性 Mn-O 网络,因此 $Sr_{1-x}Ba_xMnO_3$($x=0.43-0.55$)体系的 Ba 进一步减少。

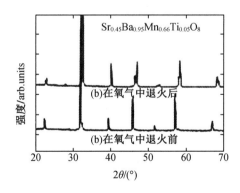

图4.5　$Sr_{0.45}Ba_{0.55}Mn_{0.95}Ti_{0.05}O_{3-\delta}$ 的 X 射线衍射图样显示了从两步合成法中获得的样品的典型特征

如图4.7所示,对于 $x=0.55$ 和 $y=0.05$ 的样品,研究了在加热和冷却时与温度相关 X 射线衍射数据。在 $Sr_{1-x}Ba_xMnO_3$ 和经典铁电 $BaTiO_3$ 中,观察到的位移畸变大大超过了畸变的大小,因此在铁电相中极化 Ps 增加到约 29 $\mu C/cm^2$。此外,几种成分的铁电转变温度提高到 T_C 约 420 K。在所有温度均低于 T_C 时,四方形变是由(Mn、Ti)原子沿 c 轴远离高对称位置的位移引起的,而八面体的顶部和中间位置氧原子与(Mn、Ti)原子的移动方向相反。因此,产生了电荷分离和铁电性,在 T_N 以下的铁电畸变再次得到抑制。方程 $P_S^2\alpha(c/a-1)$ 表示 P_S 在 T_N 以下降低至约

19 μC/cm²,并具有强的磁电耦合。在 T_N 以下存在大的正方畸变,证明了稳健的多铁相,表明比 $Sr_{1-x}Ba_xMnO_3$ 的数据有重要的改善。然而,在图4.7中所示的温度滞后特性表明了,在 T_C 处的相变的一阶特征。然而,这种特性可能会限制 $Sr_{1-x}Ba_xMn_{1-y}Ti_yO_3$ 化合物在磁场和电场检测中的应用。

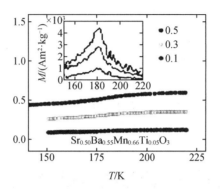

图4.6 直流磁化数据的温度导数:在 0.1 T、0.3 T 和 0.5 T 的外加磁场中对 $Sr_{0.50}Ba_{0.50}Mn_{0.96}Ti_{0.02}O_3$ 的 T_N 的测定

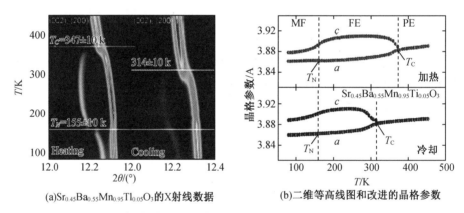

(a)$Sr_{0.45}Ba_{0.55}Mn_{0.95}Tl_{0.05}O_3$的X射线数据　　(b)二维等高线图和改进的晶格参数

图4.7 顶部的面板显示了在 T_N 以上和以下的立方 200 反射的分裂

4.5　结　论

　　两步合成方法的发展使得能够创建一系列新的多铁钙钛矿,扩展了 $SrMnO_3$ 的 Sr 位的 Ba 溶解度和 Mn 位的非磁性 Ti 的溶解度。我们证明,当 M-O 键被拉伸到其他磁性 d^n 钙钛矿 AMO_3 体系中,拉伸超过其平衡长度时,也有可能实现类似的位移型铁电畸变。通过 Ti 取代,我们可以将铁电相中的 T_C 增加到约 420 K,极化 P_S 增加到约 29 μC/cm²。 T_N 以下铁电畸变的抑制总是较强的磁电耦合。下方出现较大的四边形畸变 T_N,证明存在稳健的多铁性相。Ti 替代量降低了 T_N 和抑制的反铁磁相互作用,有利于铁电顺序扩展到多铁性状态。然而,Ti 的取代增强了 T_C 处相变的一阶特征,并不能充分消除泄漏电流,从而允许通过电学上的 P-E 曲线测量来直接测量自发极化。

参 考 文 献

[1] Hill NA（2000）Why are there so few magnetic ferroelectrics? J Phys Chem B 104：6694

[2] Palneedi H, Annapureddy V, Priya S, Ryu J（2016）Status and perspectives of multiferroic magneto-electric composite materials and applications. Actuators 5：9

[3] Dzhezherya YI, Khrebtov AO, Kruchinin SP（2018）Sharp-pointed susceptibility of ferromagnetic films with magnetic anisotropy inhomogeneous in thickness. Int J Mod Phys B 32：1840034

[4] Dzhezherya Y, Novak IY, Kruchinin S（2010）Orientational phase transitions of lattice of magnetic dots embedded in a London type superconductors. Supercond Sci Technol 23：10501114 Multiferroics for Detection of Magnetic and Electric Fields 83

[5] Bibes M, Barthelemy A（2008）Towards a magnetoelectric memory. Nat Mater 7：425

[6] Dabrowski B, Chmaissem O, Mais J, Kolesnik S, Jorgensen JD, Short S（2003）Tolerance factor rules for S1-x-yCaxBayMnO3 perovskites. J Solid State Chem 170：154

[7]   Shannon RD（1976）Revised effective ionic radii and systematic studies of interatomic distances in halides and chalcogenides. Acta Crystallogr A 32：751

[8] Chmaissem O, Dabrowski B, Kolesnik S, Mais J, Brown DE, Kruk R, Prior P, Pyles B, Jorgensen JD（2001）Relationship between structural parameters and Néel temperature in Sr1-xCaxMnO3（0≤x≤1）and Sr1-yBayMnO3（y≤0.2）. Phys Rev B 64：134412

[9] Baszczuk A, Dabrowski B, Avdeev M（2015）High temperature neutron diffraction studies of PrInO3 and the measures of perovskite structure distortion. Dalt Trans 44：10817

[10]   Pratt DK, Lynn JW, Mais J, Chmaissem O, Brown DE, Kolesnik S, Dabrowski B（2014）Neutron scattering studies of the ferroelectric distortion and spin dynamics in the type-1 multiferroic perovskite Sr0. 56Ba0. 44MnO3. Phys Rev B 90：140401

[11]   Somaily H, Kolesnik S, Mais J, Brown D, Chapagain K, Dabrowski B, Chmaissem O（2018）Strain-induced tetragonal distortions and multiferroic properties in polycrystalline Sr1-xBaxMnO3（x=0.43−0.45）perovskites. Phys Rev Mater 2：054408

[12]   Chapagain K, Brown DE, Kolesnik S, Lapidus S, Haberl B, Molaison J, Lin C, Kenney-Benson C, Park C, Pietosa J, Markiewicz E, Andrzejewski B, Lynn JW, Rosenkranz S, Dabrowski B, Chmaissem O（2019）Tunable multiferroic order parameters in $Sr_{1-x}Ba_xMn_{1-y}TiyO3$. Phys

第5章 多费米子波函数:结构和示例

摘要:多费米子希尔伯特(Hilbert)空间具有由反对称函数生成的自由模的代数结构。在物理学上,每个结构都是一个多体积真空,其激发态用对称函数(玻色子)来描述。玻色子激发的无限性说明了希尔伯特空间的无限性,其所有结构都可以以封闭形式的算法生成。这些结构是波函数空间中的几何物体,因此,给定的多体积真空都是它们的交叉点。实验室空间中的相关效应是波函数空间中的几何约束。代数几何是量子力学中粒子图的自然数学框架。本章给出了该方法的简单例子,并从处理非常大的函数空间的角度描述了生成结构的现状。

关键词:多费米子波函数;玻色子;希尔伯特空间

5.1 量子力学和代数几何学

量子力学的标准教科书画面是,单体波函数代表单个粒子的可能状态,而多体波函数是由单体函数构造并遵守不可分辨性而构成的,在费米子的情况下,形成众所周知的斯莱特行列式。这幅图被称为量子力学的粒子图,在高级教科书中,引入了一个场图,正如狄拉克所说,它对应于一个"更深层次的现实",这意味着它从一开始就指向无限的自由度。

粒子图像本身就有一个更深层次的现实。在 d 维中,N 个相同费米子的任何波函数都可以写成[1]

$$\Psi = \sum_{i=1}^{D} \phi_i \Psi_i \tag{5.1}$$

式中,Ψ_i 是反对称的,Φ_i 是 N 个粒子坐标的对称函数。如果 Φ_i 是 c 号,则表示式(5.1)中的 Ψ 会形成一个 D 维向量空间。目前,它代表了一个有限生成的自由模块,其中 $D = N!^{d-1}$ 是模块的尺寸(其生成器的数量)。由于对称函数 Φ_i 中有额外的自由度,Ψ 仍然属于由所有斯莱特行列式所跨越的全无限维希尔伯特空间。

式(5.1)有一个重要的几何解释,这是由梅纳赫莫斯在构造立方体根 $3\sqrt{a}$ 时发现的。他解释了基奥斯的希波克拉底最初的观察结果,

$$y = x^2 \text{ 和} y^2 = ax \Rightarrow x^4 = ax \tag{5.2}$$

这一结果意味着 $x^3 - a = 0$ 的解可以通过两条抛物线相交找到。其解法是代数几何的基础:将未知对象表示为已知对象的交点。Omar Khayyam 扩展这个想法,通过构造不同的交叉点,找到了 19 类立方曲线来解决它们。从现代观点来看,主要归功于希尔伯特,他的类可以表示为由 x 和 y 中的二次多项式生成的理想方程,例如,

$$R = P \cdot (x^2 - y) + Q \cdot (ax - y^2) \tag{5.3}$$

式中,P 和 Q 是 x 和 y 中的任意多项式。该方程与式(5.1)具有相同的结构。它的定义特征是生成元的同时零点必然是理想的所有成员 R 的零点。

它们形状是费米子多体波函数,就像立方体一样,是遵循泡利原理的 N 费米子波动方程的所有解的生成器。它们像圆锥曲线一样,不是任意函数,数量是有限的。形状的有效生成是当前研究工作的主题,在本章的5.2节进行了描述。

为了最简单地实现式(5.1),需要一个技术步骤。采用巴格曼(Bargmann)变换[2]读取

$$\mathcal{B}[f](t) = \frac{1}{\pi^{1/4}} \int_{\mathbb{R}} \mathrm{d}x \, \mathrm{e}^{-\frac{1}{2}(t^2+x^2)+xt\sqrt{2}} f(x) \equiv F(t) \tag{5.4}$$

这里 $f \in L^2(\mathbb{R})$ 和 $F \in F(\mathbb{C})$,整个函数 F 的巴格曼空间 $\mathbb{C} \to \mathbb{C}$ 如下式

$$\int_{\mathbb{C}} |F(t)|^2 \mathrm{d}\lambda(t) < \infty \tag{5.5}$$

这里

$$\mathrm{d}\lambda(t) = \frac{1}{\pi} \mathrm{e}^{-|t|^2} \mathrm{d}\mathrm{Re}t\mathrm{d}\mathrm{Im}\,t, \int_{\mathbb{C}} \mathrm{d}\lambda(t) = 1 \tag{5.6}$$

然后逆巴格曼变换

$$\mathcal{B}^{-1}[F](x) = \frac{1}{\pi^{1/4}} \int_{\mathbb{C}} \mathrm{d}\lambda(t) \, \mathrm{e}^{-\frac{1}{2}(\bar{t}^2+x^2)+x\bar{t}\sqrt{2}} F(t) \tag{5.7}$$

其中条形图表示复数共轭。

具体来说,埃尔米特函数 $\psi n(x)$ 的巴格曼变换是

$$\mathcal{B}[\psi_n](t) = \frac{t^n}{\sqrt{n!}} \tag{5.8}$$

它具有代数上重要的性质,即当单粒子波函数相乘时,量子数(状态标签)n 相加,$t^n t^m = t^{n+m}$。因为 $n! \, m! \neq (n+m)!$,必须使用未归一化的单粒子波函数 t^n,并带有标量积。

$$(t^n, t^m) = \int_{\mathbb{C}} \bar{t}^n t^m \mathrm{d}\lambda(t) = n! \, \delta_{nm} \tag{5.9}$$

在三个维度中,x、y 和 z 中的埃尔米特函数分别映射到巴格曼空间变量 t、u 和 v。对于 N 个粒子,变量获得指数,例如 t_i,其中 $i = (1, \cdots, N)$。

巴格曼空间的技术优势在于式(5.1) 中的 $\Phi_i \Psi_i$ 可以从字面上解释为多项式的因式分解。这在试验室空间中不会那么容易,因为量子数是特殊函数的指数,在乘法下具有不透明的性质。然而,应该记住,自由模块结构[式(5.1)]是希尔伯特空间的一个内在特征,而不管表示方式如何。

另一个重要的技术问题是,计算形状的生成函数(希尔伯特级数[3])是已知的[1]。对于 d 维的 N 个费米子,它是一个多项式 $P_d(N,q)$,它满足 Svrtan 的递归

$$NP_d(N,q) = \sum_{k=1}^{N} (-1)^{k+1} [C_k^N(q)]^d P_d(N-k,q) \tag{5.10}$$

此处

$$C_k^N(q) = \frac{(1-q^N)\cdots(1-q^{N-k+1})}{(1-q^k)} \tag{5.11}$$

是一个多项式 $P_d(0,q) = P_d(1,q) = 1$。例如,$P_2(3,q) = q^2 + 4q^3 + q^4$,意思是,关于 $D = 3!^{2-1} = 6$ 形状的 $N=3$ 个费米子在 $d=2$ 维中,一个是二次多项式,四个是三次多项式,一个是四次多项式。

5.2 简单例子[4]

5.2.1 分数量子霍尔效应

自由模块结构公式即式(5.1)的一个特殊例子已经在 $d=2$ 分数量子霍尔效应(FQHE)的背景下观察到了,尽管没有注意到它的普遍性。采用参考文献[5]的符号。由 $P_2(3,q)$ 计算出的六个形状是(二级)基态 Slater 行列式

$$\begin{vmatrix} x_1 & x_2 & x_3 \\ y_1 & y_2 & y_3 \\ 1 & 1 & 1 \end{vmatrix} \tag{5.12}$$

这显然不是分析的变量 $z_j = x_j - i_{yj}$。参考文献[1]中四种三次形状的组合,是

$$\Psi_0 = \begin{vmatrix} z_1^2 & z_2^2 & z_3^2 \\ z_1 & z_2 & z_3 \\ 1 & 1 & 1 \end{vmatrix} = (z_1 - z_2)(z_1 - z_3)(z_2 - z_3) \tag{5.13}$$

而其他三个则在行列式的一行或两行上涉及带有 $\overline{Z}_j$ 的项。第六(四度)形状在交换 $x_j \leftrightarrow y_j$ 下进入自身,就像式(5.12)一样,所以它在 z_j 中也是不解析的。

另一方面,Laughlin 的 $N=3$ 波函数为 FQHE,参考文献[5]中的方程包含一个因子,即

$$(z_a + iz_b)^{3m} - (z_a - iz_b)^{3m} = \Phi_m(z_1 - z_2)(z_1 - z_3)(z_2 - z_3) = \Phi_m \psi_0 \tag{5.14}$$

其中

$$z_a = \frac{1}{\sqrt{6}}(z_1 + z_2 - 2z_3)$$

$$z_b = \frac{1}{\sqrt{2}}(z_1 - z_2) \tag{5.15}$$

Φ_m 是 z_j 中的对称多项式。因式分解式(5.14)是众所周知的,并且容易直接证明,这将 Laughlin 的波函数带入了式(5.1)中。这一对应关系通过枚举证明了 Laughlin 的猜想[5],即 $N=3$ 和 $d=2$ 只有一个真空满足解析性约束。

5.2.2 在一个量子点中的两个电子

三维谐波势中的两个相同的费米子是有限系统中最简单的模型,其很容易证明巴格曼空间角动量算子与实验室空间具有相同的形式,并具有周期性。

$$L_z = -i(x\partial_y - y\partial_x) \xrightarrow{\mathcal{B}} -i(t\partial_u - u\partial_t) \equiv \mathfrak{L}_v \tag{5.16}$$

因此,巴格曼空间中的固体谐波与真实空间中的多项式相同,可将 (x, y, z) 替换为 (t, u, v)。这种情况的生成函数是 $P_3(2,q) = 3q + q3$。基态三重态是巴格曼空间中的一个向量,就像在实验室空间中一样,即

$$\boldsymbol{\Psi} = (t_1 - t_2, u_1 - u_2, v_1 - v_2) = (\psi_1, \psi_2, \psi_3) \tag{5.17}$$

而出现在第二个激发壳中的第四个形状是

$$\widetilde{\Psi} = \Psi_1 \Psi_2 \Psi_3 \qquad (5.18)$$

几何上是一个伪标量(有符号体积)。沿相同的直线引入了一个对称函数的向量,即

$$e = (t_1+t_2, u_1+u_2, v_1+v_2) = (\eta_1, \eta_2, \eta_3) \qquad (5.19)$$

第一激发壳由九个向量 $\eta_i \Psi_j$ 跨越,这是式(5.1)。知道了固体谐波的形式,很容易在旋转不变的组合中重新制定方案。例如,$e \cdot \Psi$ 是标量,而 $(-\eta_1 + i\eta_2)(-\Psi_1 + i\Psi_2) = e_{11}\Psi_{11}$ 是具有总角动量和投影 $l=m=2$ 的状态。

第二激发态的壳更有趣。除了平方 η_i^2 之外,还出现了一种新型的对称函数激励,即判别式

$$\Delta_i = \Psi_i^2, \quad i = 1, 2, 3 \qquad (5.20)$$

它们是相对运动的激发态。总共有十个激发态,只涉及相对运动,对应于有三个量子的单体振荡态。除了九个状态 $\Delta_i \Psi_j$ 之外,它们还由第四个形状的 $\widetilde{\Psi}$ 所跨越。对于后者,我们可以很容易地构造一个向量三元组,即

$$(\Delta_1 + \Delta_2 + \Delta_3)\Psi \qquad (5.21)$$

注意判别式的总和是一个像 r^2 一样的旋转标量。其余七个状态构成了一个具有 $l=3$ 的旋转间隔态 Ψ_{3m},其中 $\Psi_{33} = \Psi_{11}^3$ 和 $\widetilde{\Psi}$ 嵌入在 $m = \pm 2$ 状态中,即

$$\widetilde{\Psi} \sim \Psi_{32} - \Psi_{3,-2} \qquad (5.22)$$

即使在这个最简单的有限系统示例中,光谱中也会出现两个波段,因为有两种形状限制了运动:向量 Ψ 和伪标量 $\widetilde{\Psi}$。光谱中的所有状态可以根据它们是否包含 $\widetilde{\Psi}$ 来分类。将有限系统谱划分为带很像 Omar Khayyam 用二次曲线对曲线的分类;带是由理想形状产生的。

这个例子很好地揭示了约束公式即式(5.1)的运动学("脱壳")性质。光谱带的分类传统上是在动力学的背景下提出的,即具体的运动方程。由此可以看到,光谱带是波函数空间中几何约束的定性表现,本质上是泡利原理的多体效应。

5.3 大 空 间

强相关系统的模拟必须解决众所周知的费米子符号问题[6]:通常不知道如何以初始相位约定一致地更新多费米子波函数。变分方法避免了这个问题,但代价是将波函数的可能范围限制在初始方差的形式。形状方法有可能消除这两个问题。因为形状的数量是有限的,并且可以通过算法的封闭形式生成,因此式(5.1)是有效地描述整个波函数空间的变分表达式。用概率语言重新定义这个程序是很自然的,因为所涉及的空间非常大,所以一般不可能在内存中存储像式(5.1)这样的完整表达式。目前研究形状的主要方向是生成一个具有相等的先验概率的任意形状。在本章的以下内容,将简要地介绍这些研究的现状。迄今为止,主要结果尚未在任何地方发表。特别是参考文献[7]中描述的算法。从现在开始,演示仅限于三个维度的情况[7]。

5.3.1 空间大小

必须正确看待大量的形状 $N!^2 \sim N^{2N}$。最高的形状是独一无二的,其阶数 $G = 3N(N-1)/2$[7]。到第 G 个振子壳的单粒子状态总数是壳简并之和:

$$\sum_{n=0}^{G} \binom{n+2}{2} = \binom{G+3}{3} \sim N^6 \tag{5.23}$$

所以对于第一个 G 壳层中的 N 个粒子,状态的总数是

$$\binom{\sim N^6}{N} \sim N^{6N} \tag{5.24}$$

尽管形状的数量大得难以想象,但与跨越相同范围的振荡器壳层的状态总数相比,它却非常小。除了第 G 壳之外,没有新的形状出现,所以整个空间中的形状可以随意变小。

这些考虑为大空间的结构化模拟开辟了道路,在考虑其他状态之前,先对形状子空间进行优化。它相当于使用了式(5.1)以 $\Phi_i \in \mathbf{C}$ 作为第一步中的简化变分表达式。这种方法具有物理意义,因为基态多体函数的节点表面,应该仅仅是一个形状的交集:如果 Φ_i 引入新节点,则这些节点将对应于激发态。[在 Omar Khayyam 的式(5.3)中,由于 P 和 Q,R 同样可以有不是三次解的根]。因此,人们预计在第二步中由于 $\Phi_i \in \mathbf{C}$ 的修正将改变基态节点表面的几何形状,而不是基态节点表面的拓扑结构。

5.3.2 三维形状的结构

N 个相同费米子的最高阶形状 S_N 是三个一维基态 Slater 行列式[7] $\Delta N(t)$ 的乘积,见式(5.18),有

$$S_N = \widetilde{\Delta}_N(t) \widetilde{\Delta}_N(u) \widetilde{\Delta}_N(v) \tag{5.25}$$

巴格曼空间中的 Slater 行列式是 Vandermonde 形式

$$\widetilde{\Delta}_N(t) = \begin{vmatrix} \dfrac{t_1^{N-1}}{(N-1)!} & \cdots & \dfrac{t_N^{N-1}}{(N-1)!} \\ \vdots & & \vdots \\ \dfrac{t_1}{1!} & \cdots & \dfrac{t_N}{1!} \\ \dfrac{1}{0!} & \cdots & \dfrac{1}{0!} \end{vmatrix} = \prod_{1 \le i < j \le N} \frac{t_i - t_j}{j - i} \tag{5.26}$$

使用系数的规范化是为了以后的方便。现在可以证明 S_N 的对称导数是三维形状的。用大写字母表示变量的导数,如 T_i 对应于 $\mathrm{d}/\mathrm{d}t_i$,对称导数用括号表示:

$$(T^a U^b V^c) = \sum_{i=1}^{N} T_i^a U_i^b V_i^c \tag{5.27}$$

这是一个带有 $a+b+c$ 交换字母 T、U、V 的单词,其中 a、b、c 大于等于 0,是整数。多项式的组合是一个句子:

$$(T^a U^b V^c) \cdots (T^x U^y V^z) \tag{5.28}$$

一个句子是导数中的对称多项式,称为 $P(T, U, V)$。形状的定义特征是它与 $\Phi\Psi$ 的状态正交,其中 Ψ 是一个形状,而 $\Phi\neq 1$ 是一个对称多项式,对应于 Ψ 的玻色子激发——这些在参考文献[1]中被称为"琐碎状态"。如果 S_N 是一个形状,则 $P(T, U, V)S_N$ 也是一个形状。证明是标准[8]:

$$[P(T,U,V)S_N, \Phi\Psi] = [S_N, \Phi P(t,u,v)\Psi] = 0 \tag{5.29}$$

其中 $P(t, u, v)$ 是将 $P(T, U, V)$ 中的所有导数替换为相应的变量得到的对称多项式。第一个等式是因为变量和导数在标量积公式即式(5.9)中是共轭的,第二个是因为乘积 $P(t, u, v)\Psi$ 乘以 Φ 不等于1,这给出了一个琐碎的状态,无论 $P(t, u, v)\Psi$ 本身如何在式(5.1)中解决。

例如,$(TU)S_2 = 2(v_1 - v_2)$,见式(5.17)。这种方法比最初发表的方法要高效得多[1],因为它直接生成形状,无须生成嵌入它们的更大的振荡器壳空间。目前主要的开放问题是句子的数量仍然远远大于形状的数量。这种冗余如图 5.1 所示。只有当句子中的字母总数等于或小于粒子数 N 时,句子的数量才等于形状的数量。S_N 越来越高的导数最终达到有限 N 的基态,之后形状的数量为零,如图所示。

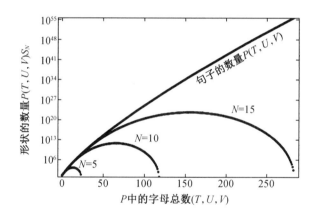

图 5.1 形状的数量接近句子的数量[当粒子数 $N \to \infty$ 时渐近,$N = (5, 10, 15)$]

5.3.3 给定粒子数量的形状符号

句子表示法适用于任意数量的粒子。任何作用于 S_N 的句子都会给出一个形状(或零),而不管 N 的值如何。针对冗余问题,引入了一种针对给定有限 N 的符号。由于导数作用于 $\widetilde{\Delta}_N$ 的列,该系数允许对此类操作的结果有一个紧凑的表达式:

$$[n_1 \quad \cdots \quad n_N] = \begin{vmatrix} \dfrac{t_1^{n_1}}{n_1!} & \cdots & \dfrac{t_N^{n_N}}{n_N!} \\ \dfrac{t_1^{n_1-1}}{(n_1-1)!} & \cdots & \dfrac{t_N^{n_N-1}}{(n_N-1)!} \\ \vdots & & \vdots \\ 0 \text{ 或 } 1 & \cdots & 0 \text{ 或 } 1 \end{vmatrix} \tag{5.30}$$

例如，$\widetilde{\Delta}_3(t) = [\begin{array}{ccc} 2 & 2 & 2 \end{array}]$ 和 $\mathrm{d}\,\widetilde{\Delta}_3(t)/\mathrm{d}t1 = [\begin{array}{ccc} 1 & 2 & 2 \end{array}]$。这个行列式是汇流式范德蒙形式的概括。以 t, u, v 的顺序在式(5.25)中垂直写入三个项，变量可以是隐式的，例如，

$$
\begin{array}{ccc} [0 & 1 & 2] \\ [1 & 1 & 2] \\ [1 & 2 & 2] \end{array} = \begin{vmatrix} 1 & t_2 & \dfrac{t_3^2}{2} \\ 0 & 1 & t_3 \\ 0 & 0 & 1 \end{vmatrix} \cdot \begin{vmatrix} u_1 & u_2 & \dfrac{u_3^2}{2} \\ 1 & 1 & u_3 \\ 0 & 0 & 1 \end{vmatrix} \cdot \begin{vmatrix} v_1 & \dfrac{v_2^2}{2} & \dfrac{v_3^2}{2} \\ 1 & v_2 & v_3 \\ 0 & 1 & 1 \end{vmatrix}
$$

$$
= 1 \cdot (u_1 - u_2) \cdot (v_2 - v_3)\left(v_1 - \frac{v_2}{2} - \frac{v_3}{2}\right) \tag{5.31}
$$

对称导数是通过对所有可能的列的排列求和来获得的，例如，

$$
\left\{ \begin{array}{ccc} 1 & 1 & 2 \\ 1 & 1 & 2 \\ 2 & 2 & 2 \end{array} \right\} = \begin{array}{ccc} [1 & 1 & 2] \\ [1 & 1 & 2] \\ [2 & 2 & 2] \end{array} + \begin{array}{ccc} [1 & 2 & 1] \\ [1 & 2 & 1] \\ [2 & 2 & 2] \end{array} + \begin{array}{ccc} [2 & 1 & 1] \\ [2 & 1 & 1] \\ [2 & 2 & 2] \end{array} \tag{5.32}
$$

大括号表示形状符号或简称符号。对于给定的 N，句子和符号是线性相关的，例如，

$$
(TU)^2 S_3 = \left\{ \begin{array}{ccc} 0 & 2 & 2 \\ 0 & 2 & 2 \\ 2 & 2 & 2 \end{array} \right\} + 2\left\{ \begin{array}{ccc} 1 & 1 & 2 \\ 1 & 1 & 2 \\ 2 & 2 & 2 \end{array} \right\} \tag{5.33}
$$

其中，第一项对应于双和 $(TU)^2$ 中的 $i=j$ 项，即单词 (T^2U^2)，而第二项来自于 $i<j$ 和 $i>j$ 的部分。将每个句子扩展为符号，生成至少一个不同的符号(上例中的第二个)，因此符号与句子一样是形状的基础。

可以从行列式中推导出这些符号的约束条件。例如，如果任何一行上的所有条目都小于 $N-1$，则一个符号将为零，因为相应的行列式有一行为 0。这些约束减少了符号数量，这对于较小的问题是有效的，但仍然有比给定程度的形状更多的符号。

如果可以找到一组约束，它们即有效，因为它们允许每个不同的形状只生成一次，而且它们可以在 N 的多项式内实现，从而解决了以相等的先验概率生成所有形状的问题。这样的方法不太可能通过反复试验而验证，因为冗余问题有其自己的结构和物理意义，将在下一节中描述。

5.3.4　Syzygies 和费米子符号问题

可以根据句子中出现的 T、U 和 V 的总幂进行分类：

$$
P(T, U, V) \simeq (T^a U^b V^c) \tag{5.34}
$$

以取 $N=4$ 个粒子为例，用 $(a, b, c)=(2, 2, 4)$ 生成所有形状 $P(T, U, V)S_4$。它们正好有五个，所以 $(T^2 U^2 V^4)$ 类中的整个子空间可以由五个不同的符号来跨越，如

$$
\left\{ \begin{array}{cccc} 2 & 2 & 3 & 3 \\ 2 & 2 & 3 & 3 \\ 1 & 1 & 3 & 3 \end{array} \right\}, \left\{ \begin{array}{cccc} 2 & 2 & 3 & 3 \\ 1 & 1 & 3 & 3 \\ 1 & 3 & 2 & 2 \end{array} \right\}, \left\{ \begin{array}{cccc} 2 & 2 & 3 & 3 \\ 1 & 1 & 3 & 3 \\ 1 & 1 & 3 & 3 \end{array} \right\}, \left\{ \begin{array}{cccc} 1 & 3 & 3 & 3 \\ 3 & 1 & 1 & 3 \\ 1 & 3 & 2 & 2 \end{array} \right\}, \left\{ \begin{array}{cccc} 1 & 3 & 3 & 3 \\ 2 & 2 & 3 & 3 \\ 1 & 3 & 2 & 2 \end{array} \right\} \tag{5.35}
$$

实际上，它们可以如下。最高的形状 S_4 在每一行都有 $[3\,3\,3\,3]$，因此行总和为 12。导数 $(T^2U^2V^4)$ 从第一行和第二行减去 2，从第三行减去 4，因此同一类中的所有形状都可以

由行和分别为 10,10 和 8 的符号生成。当实现所有已知的约束和对称性时,允许使用 21 个符号。我们在潜在的变量 t_i、u_i、v_i 中一个接一个地展开它们,直到找到五个不同的变量。子空间(五)的维数是通过 Svrtan 递归的细化预先知道的:在式(5.10)中,去掉 $(-1)^{k+1}$ 并替换(对于 $d=3$)

$$[C_k^N(q)]^3 \rightarrow C_k^N(T) \cdot C_k^N(U) \cdot C_k^N(V) \qquad (5.36)$$

通过这些修改,递归给出多项式 $B(N, T, U, V)$,使得$(T^a U^b V^c)$ 的系数是类的形状子空($T^a U^b V^c$)的维数。在这个特例中,

$$B(4, T, U, V) = \cdots + 5 \cdot T^2 U^2 V^4 + \cdots \qquad (5.37)$$

因此,一旦找到五个不同的符号,算法就可以停止。在所有 21 个符号中,可以找到关系,例如,

$$\left\{ \begin{matrix} 2 & 2 & 3 & 3 \\ 1 & 3 & 3 & 3 \\ 3 & 1 & 2 & 2 \end{matrix} \right\} + \left\{ \begin{matrix} 2 & 2 & 3 & 3 \\ 1 & 3 & 3 & 3 \\ 1 & 3 & 2 & 2 \end{matrix} \right\} - \left\{ \begin{matrix} 2 & 2 & 3 & 3 \\ 1 & 3 & 3 & 3 \\ 1 & 1 & 3 & 3 \end{matrix} \right\} = 0 \qquad (5.38)$$

在不变量理论中,这种关系被称为合冲[3]。它们在一些行列式中以多项式表达式的形式出现,行列式在底层变量展开时消失。当行列式表达几何约束时,合冲显示哪些约束条件会相互暗示。一个例子是 Desargues 定理:调整一些线相交与调整一些点共线是一样的。合冲[式(5.38)]是一个挑战,以开始发展这样的几何见解的泡利原理在波函数空间引起的约束。这个特定的集合体是一维的,因为所有三个符号中的前两行都是相同的。

合冲是费米子符号问题的代数表达式。它出现在等式中,式(5.38)作为三个不同的波函数,它们产生破坏性的干扰,因为实际上只有两个不同的函数。仅生成不同的符号可以解决符号问题,因为它将式 (5.1) 固定为变分拟设。

合冲的形状符号具有物理意义。句子代表高位特殊状态 S_N 的去激发(量子损失)。在从该状态开始的快速去激级联中,像式(5.38)这样的表达式是级联的不同分支之间的物理干扰效应:不包括它们会导致错误的分支比例。合冲只有在人们想要模拟平衡状态时,要求所有不同的波函数都被包含在相等的先验概率中,这才会成为一个问题。

在代数上,合冲生成它们自己的理想状态,即不变环的合冲理想状态。在商环中以合冲理想状态为模型的计算是真实的,因为人们不会无意操纵零。为这种计算而开发的方法有两种。一个方法需要根据底层变量来"解包"行列表达式,如上面的算法,它发现了基础[式(5.35)]和合冲[式(5.38)]。另一个方法是象征性的,从某种意义上说,符号本身的一些规则决定了可以由哪些表达式表达。第二种方法是本研究的目标,当费米子的数量增加时,根据潜在变量扩展符号很快就变得禁止了。如前一节所述,这就等于为这些符号寻找有效的约束条件。

5.4 与场论的联系

在之前已经指出,式(5.1)中的激发态 $\varPhi_i$ 以一种严格类似于电磁场量子化的方式进行计算[1],即空间三个方向的激发是相互独立的。每个 $\varPhi_i$ 都可以以 $\varPhi_j^x \varPhi_k^y \varPhi_l^z$ 形式的单项式

展开,每个 $\Phi^{x,y,z}$ 本身就是一个对称一维函数。三维激发只是一维激发的迭代。

这些激发与场论之间的联系很简单:只要让粒子数 $N\to\infty$。这个极限在对称函数理论中是隐含的,在这个理论中,人们默认假设 N 是固定的,但可能是任意大的,就好像"变量的供应"是取之不尽的[9]。在物理上,电磁场的热容量不受温度限制增加,因为电磁场在有限的体积中有无限多个自由度,所以自由度(波数)的供应是取之不尽的,即使不是所有的都被激发。

激发态 Φ_i 和场自由度之间的重要区别是前者没有零点能量,这位于形状中[1]。在极限 $N\to\infty$ 中,句子到形状的映射(图 5.1)变成一一对应。值得注意的是,句子中的所有单词必须至少有两个不同的字母,因为一维单词(T^a)在作用于 S_N 时表示为零[7]。虽然 S_N 是一维形式的乘积,但需要将一个单词中的空间方向"联系在一起"才能获得一般的形状。这个性质与激发形成鲜明对比,激发只分解为一维函数 $\Phi^{x,y,z}$。费米真空的场论描述应该映射到(无限长)句子[式(5.28)]的空间,而不是激发态 Φ_i。这种联系是否可行还有待观察。

5.5 讨　论

Slater 行列式基础的成功取决于这样一个物理事实,即基态 Slater 行列式是描述许多真实系统的基态和低洼激发态的一个很好的起点。这个行列式的简单代数结构提供了形式上的优势,即可以操纵一个非常大的表达式 $N=10^{23}$ 个粒子的 Slater 行列式,而不需要用单粒子标签"打开"它。这一优势是通过众所周知的二次量化形式实现的。

这种优势在强相关的情况下消失了,这些情况的特征是那些初始的拟设需要比单个 Slater 行列式更复杂。这些在量子化学中被称为构型-相互作用方法,可以追溯到 Heitler-London 波函数。人们仍然可以使用二次量化的符号,但它的成本效益最终受到以单个轨道计算的物理必要性的影响。这种解构的终点是量子蒙特卡罗(QMC)模拟,随着粒子数量的增加,它很快变得令人望而却步了。

该工作为后面的研究提供了一些结构基础,其动机是希望在没有偏见的情况下编写一个强相关的变分拟设。QMC 计算处理非常大的 hilbert 空间。然而,并非该空间中的所有状态都平等。少数形状的特征在于能够充当真空状态,或代数上作为自由模块的 hilbert 空间的生成器。这些是基态 Slater 行列式的自然推广。学习在形式层面操纵这些状态,仅使用形状符号作为标签,是二次量化形式主义的相应概括。它使用了代数几何装置和经典不变理论的多体问题与强相关性。

从合冲角度解释费米子符号问题就是一个很好的例子。合冲在平衡计算中是一个麻烦,这是符号问题,但它们也有真正的意义。在物理上,句子和符号代表初始(最高)形状 S_N 的去激发态。像式(5.38)这样合冲的系统结构意味着相同的波函数可以通过不同的实验室制备来构建,如光子损失序列。用化学家的语言来说,它表明了到相同纠缠态的不同合成途径。

形状空间的大小,$N!^2$ 在三个维度上,有两个缓解因素。一个是目前的模拟在默认情况下可以在更大的空间中工作,所以不害怕 N^{6N} 的人几乎不会抱怨 N^{2N} 太多了。然而,这就留下了一种可能性,即对于可能性非常大的 N 是不必要的,这导致了第二个缓解因素。实际强相关系统的经验——FQHE[5]、大分子[10-11]和现代功能材料[12-13]——表明波函数的层次结构,其中相对较少的电子创建一个相关的模板,然后扩展到整个系统。随着上述发展,形状形式已经对 $N \sim 5$ 起作用,这是一个 d 壳层中相同的费米子的数量,所以它比本章中出现的更适用于现实世界的问题。

研究波函数空间的几何形状似乎既是目的本身,也是一种实用工具。它是基础量子力学的一个新的开放前沿方向。

参 考 文 献

[1] Sunko DK (2016) Natural generalization of the ground-state Slater determinant to more than one dimension. Phys Rev A 93:062109. https://doi. org/10. 1103/PhysRevA. 93. 062109

[2] Bargmann V (1961) On a Hilbert space of analytic functions and an associated integral transform part I. Commun Pure Appl Math 14(3):187. https://doi. org/10. 1002/cpa. 3160140303

[3] Sturmfels B (2008) Algorithms in invariant theory, 2nd edn. Springer, Wien

[4] Rožman K, Sunko DK (2020) Generic example of algebraic bosonisation. Eur Phys J Plus 135:30 . https://doi. org/10. 1140/epjp/s13360-019-00015-0

[5] Laughlin RB (1990) Elementary Theory: the Incompressible Quantum Fluidge. In: Prange RE, Girvin SE (eds) The quantum Hall effect, 2nd edn. Springer, New York, pp 233-301

[6] Hirsch JE (1985) Two-dimensional Hubbard model: numerical simulation study. Phys Rev B 31:4403. https://doi. org/10. 1103/PhysRevB. 31. 4403

[7] Sunko DK (2017) Fundamental building blocks of strongly correlated wave functions. J Supercond Nov Magn 30:1. https://doi. org/10. 1007/s10948-016-3799-1

[8] Bergeron F, Préville-Ratelle LF (2012) Higher trivariate diagonal harmonics via generalized Tamari posets. J Comb 3(3):317. https://doi. org/10. 4310/JOC. 2012. v3. n3. a4

[9] Stanley RP (1999) Enumerative combinatorics. Cambridge University Press, Cambridge

[10] Nakatsuji H, Nakashima H (2015) Solving the Schrödinger equation of molecules by relaxing the antisymmetry rule: inter-exchange theory. J Chem Phys 142(19):194101. https://doi. org/10. 1063/1. 4919843

[11] Kruchinin S (2016) Energy spectrum and wave function of electron in hybrid superconducting nanowires. Inter J Mod Phys B 30(13):1042008

[12] Soldatov AV, Bogolyubov NN Jr, Kruchinin SP (2006) Method of intermediate problems in the theory of Gaussian quantum dots placed in a magnetic fifield. Condens Matter Phys 9(1):1

[13] Park H, Millis AJ, Marianetti CA (2014) Computing total energies in complex materials using charge self-consistent DFT+DMFT. Phys Rev B 90:235103. https://doi. org/10. 1103/ PhysRevB. 90. 235103.

第6章 合金的 β 相在转变中的控制因素和晶格反应

摘要:金属和合金在不同的条件下具有不同的相,以相变图为基础,这些相在相图中描述为合金温度组成图或压力相关型组成图。合金的 β 相主要具有 bcc 钒基固溶体有序或无序结构,这些相对外部条件非常敏感,通过降低温度和对材料施加应力,通过热诱导和应力诱导的双重马氏体相变,使相结构转变为其他晶体结构。晶格振动和原子间的相互作用在转化过程中起着重要的作用。热诱导的马氏体跃变发生在材料的原子尺度上,原子间的相互作用控制着这种跃变。这些相互作用由所有原子对之间的成对势函数和嵌入的原子电子云势函数来描述。热诱导马氏体转变伴随晶格孪生,由序母相结构转变为孪马氏体结构,这些结构通过应变诱导马氏体转变对材料施加应力使其转化为脱孪马氏体结构。热诱导马氏体转变是一种晶格反应,原子在两个相反的方向上协同运动,奥氏体基底面在奥氏体矩阵{110}型平面(即马氏体的基本平面)上的 110 型方向上协同运动。铜基合金在亚稳态 β 相区域中表现出这种性质,该区域在高温相场中具有基于 bcc 的结构。晶格不变剪切和孪生在这些合金中不均匀,从而形成复杂的层状结构。在本章中,对两种铜基 CuAlMn 和 CuZnAl 合金进行了 X 射线衍射和透射电镜(TEM)研究,并对研究结果进行了解释。

关键词:马氏体转变;形状记忆效应;晶格孪生;缠绕

6.1 简 介

金属和合金在晶体学基础上在不同条件下具有不同的相,这些相在相图中描述为合金温度组成图或压力相关型组成图。合金的 β 相主要具有 bcc 钒基固溶液有序或无序结构,这些相对外部条件非常敏感,通过降低温度和对材料施加应力,通过热诱导和应力诱导的双重马氏体相变,使相结构变转变为其他晶体结构。热处理和相变是材料加工中的重要因素,例如,加强钢的强度和随温度变化而产生的形状变化。晶格振动和原子间电势在转变过程中起着重要作用。热诱导马氏体转变发生在原子尺度上,原子间的相互作用控制着这种跃变。马氏体相变具有位移特征,运动仅限于小于材料晶体晶格参数的原子间长度。原子间的相互作用以成对的相互作用或嵌入的原子电子云的相互作用的形式发生。这些相互作用由所有原子对之间的成对势函数和嵌入的原子电子云势函数来描述。马氏体变换是基于原子在晶体中的位置,而结构分析可以通过使用模拟研究中的原子位置来完成。

热和应力诱导的马氏体转变引发了一个被称为形状记忆效应的事件,其主要发生在某些合金的 β 相区域,称为形状记忆合金。这些合金发生在一类功能材料中,具有这种特殊的特性,即形状记忆效应。这种特性是在不同温度下,材料上所需形状的可恢复性。在低温马氏体条件下变形后,形状记忆效应以加热的方式发生,这种行为可以称为热弹性。形状记忆效应是基于连续的热和应力诱导的马氏体转变,而微观结构机制负责形状记忆行为。特别是在可逆形状记忆效应[1-2]中,孪生和去孪生过程以及马氏体转变都是必要的。热诱导马氏体在冷却过程中通过晶格孪晶发生,有序母相结构以自适应的方式转变为孪马氏体作为多变马氏体。双晶马氏体结构在低温条件下通过应力诱导的马氏体转变,转变为脱晶或重定向的马氏体结构。热诱导马氏体转变伴随协同运动而发生,通过在马氏体的基面奥氏体基体的{110}型平面上的晶格不变剪切来形成原子。晶格不变剪切发生在<110>型基面上的两个相反方向上。{110}平面族有六个特定的晶格平面:{110},{1-10},{101},{10-1},{011},{01-1}。这种剪力可以称为{110}<110>型模态,可能会出现24种马氏体变体。形状记忆合金在低温马氏体条件下可以进行塑性变形,在奥氏体表面温度下加热后可以恢复原来的形状。在可逆形状记忆盒中,材料在冷却和加热时会在变形和原始形状之间循环。通过施加外部应力,马氏体变体被迫重新定向为一个单一非弹性应变,形状马氏体状态下记忆合金的变形通过马氏体变体重定向或孪生[1-2]的孪晶进行。孪生发生在内部应力,而脱孪生发生在外部应力。晶体级的相变和形状记忆效应的基本机制如图6.1[2]所示。变形材料在体级上恢复原形状,晶体结构转变为母相结构。

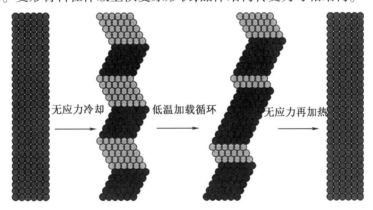

图6.1 形状记忆效应中转换机制的示意图[2]

形状记忆合金具有另一种称为超弹性(SE)的特性,该特性是通过在恒定温度下在母相区中施加机械应力来实现的。这些合金可以在奥氏体表面温度上变形,并在以超弹性的方式释放应力时恢复原来的形状。不同温度下的变形除了形状记忆效应和超弹性外,还表现出不同的行为。

形状记忆效应在温度区间内执行,分别取决于正向(奥氏体→马氏体)和反向(马氏体→奥氏体)转换的冷却和加热。超弹性在母奥氏体相区域进行,刚好超过奥氏体表面温度。超弹性材料在母相区域变形,并且在释放施加的应力后立即恢复形状。该特性表现出经典的弹性材料行为,但应力和释放路径不同。形状记忆效应和超弹性两种情况下的应力-应变行为有所不同。在形状记忆的情况下,在产物马氏体条件下进行塑性变形。同时,材料在母相区发生了超弹性变形,并在释放外应力后恢复了原来的形状。超弹性也是马氏体转化的结果;应力诱导的马氏体转化,这是由仅以机械方式施加外部应力引起的。在这种应力下,有序的母奥氏体相结构变成了完全分离的马氏体。超弹性中相变的基本机理如图6.2[2]所示。

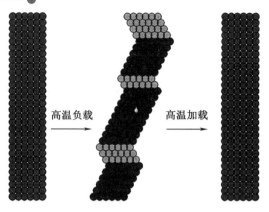

图 6.2　超弹性中的相变示意图[2]

　　与普通的弹性材料不同,超弹性以非线性方式执行,并表现出类似橡胶的行为。在超弹性方面应力–应变图中的加载和卸载路径有所不同,而磁滞回线是指能量的耗散。在不同温度下的变形除了形状记忆效应和超弹性[3-7]外,还表现出不同的行为。磁滞回线是指对应变能的吸收,如在地震时,这些合金能吸收应变能,因此主要用作减震装置和建筑物中的形变吸收材料。这种磁滞是潜在耗散应用的可用特性之一[8]。形状记忆合金(SMA)在民用阻尼装置中有潜在的应用,以消除地震和风产生的振荡,这已经成为近年来人们越来越感兴趣的话题。利用形状记忆合金中与马氏体相变有关的超弹性和磁滞循环来耗散振荡能量[8-9]。形状记忆合金连续热和应力诱导马氏体转换是高效的方法,是非标准机械阻尼系统的潜在候选方案[9]。加载和释放路径展示了形状记忆和超弹性效应,应力–应变图如图 6.3[10] 所示。

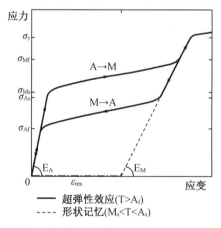

图 6.3　形状记忆的应力–应变效果图和超弹性效应[10]

　　铜基合金在亚稳态 β 相区表现出这种性质,该区在高温下具有 B_2 或 DO_3 型有序晶格,在高温奥氏体相区冷却后,由马氏体转变为具有晶格孪晶过程的层状复杂结构。在铜基三元合金中,马氏体的转变主要分两步进行。第一个是贝恩失真,第二个是晶格不变剪切。贝恩失真由平行于<001>型轴的 26% 的膨胀,以及平行于<110>和<110>型方向的 11% 的压缩组成[3]。在奥氏体矩阵的{110}型闭合包平面上,原子协同运动小于原子间距离的晶格不变剪切。

晶格不变剪切发生在{110}型基底平面上的两个方向相反<110>型上,这种剪切可以称为{110}<110>型模态,有24种自适应变体[11-14]。这些晶格不变的剪切在铜合金中并不均匀,根据有序晶格的紧密排列序列,形成不寻常的复杂层状结构,如3R,9R或18R,取决于有序晶格的平面上的堆叠顺序。上述复杂的长周期堆积有序结构可以用不同的单元格来描述。所有这些马氏体相都是长周期的有序结构,底层的晶格是由紧密排列的平面形成的。如果母相具有B_2型超晶格,则堆叠序列为ABCBCACAB(9R)[11,13]。

6.2 实验细节

本章选择了两种铜基三元形状记忆合金进行研究。Cu-26.1Zn-4Al 和 Cu-11Al-6Mn(以质量计)。这些合金的马氏体转变温度在室温以上,而且这两种合金在室温下都完全是马氏体的。对从这些合金中获得的样品进行固溶处理以使其在 β 相中均匀化(CuZnAl 合金在 830 ℃时 15 min,CuAlMn 合金在 700 ℃时 20 min),然后在冰盐水中淬火以保留 β 相,淬火后(两种合金)在室温下进行处理。通过填充合金,制备用于 X 射线检查的粉末样品。制备了直径 3 mm 的圆盘用于透射电镜 TEM 检验,并通过机械方式减薄至 0.3 mm。将这些样品在 β 相场的真空石英管中加热(对于 CuZnAl,在 830 ℃下 15 min;对于 CuAlMn,在 700 ℃下 20 min)中进行均质化,然后在冰盐水中淬火。这些样品也进行了不同的淬火后热处理和在室温下老化。在这些样品上进行了 TEM 和 X 射线衍射研究。在 JEOL 200CX 电子显微镜下进行检测,用波长为 1.541 8 Å 的 Cu-Kα 辐射对淬火样品进行 X 射线衍射分析。

6.3 结果与讨论

X 射线粉末衍射图取自 CuZnAl 和 CuAlMn 样品。长期老化的 CuAlMn 合金样品的 X 射线粉末衍射图如图 6.4 所示。该衍射图已在单斜 M18R 的基础上进行了对比。CuZnAl 合金的 X 射线衍射图也显示出相似的构型。图 6.5 分别显示了从 CuZnAl 合金样品中获得的两个电子衍射图。

一方面,X 射线粉末衍射图和电子衍射图表明这些合金表现出超晶格反射。X 射线衍射图和电子衍射图表明,两种合金在马氏体条件下均具有有序结构,并表现出超晶格反射。从 CuZnAl 和 CuAlMn 合金样品中以较大的时间间隔拍摄了一系列 X 射线粉末衍射图和电子衍射图,并进行了比较。据观察,电子衍射图也表现出类似的特征,但随着老化时间的推移,X 射线衍射图的峰值位置和强度也发生了一些变化。这些变化作为材料中原子的重排或再分布发生,并导致扩散方式的新跃迁[3,13,15]。有序结构或超晶格结构对于材料的形状记忆质量至关重要。在形状记忆合金中,通过 β 相场的老化处理可获得均化和释放外部效应。

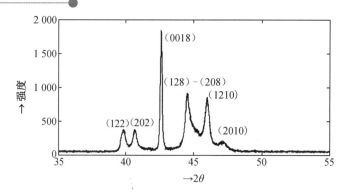

图 6.4　长期老化的 CuAlMn 合金样品的 X 射线粉末衍射图

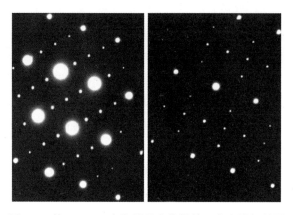

图 6.5　从 CuZnAl 合金样品中获得的两个电子衍射图

另一方面,器件的淬火后老化和使用过程会影响形状记忆质量,并造成形状记忆损失。这些结果导致马氏体以重新排序或无序的方式稳定。为了使材料令人满意地排列并延迟保持马氏体的稳定,铜基形状记忆合金通常经过均质化后的阶梯淬火处理。铜基形状记忆合金的亚稳态相对老化效应非常敏感,任何热处理都可以改变马氏体相和母相的相对稳定性[8,15]。马氏体的稳定与马氏体状态的无序性密切相关。结构有序性是形成马氏体的重要因素之一,而原子大小对有序结构的形成有重要影响[8,16,17]。

虽然马氏体转变具有位移特性,但马氏体稳定是一种受扩散控制的现象,该结果导致原子在晶格位置上重新分布。稳定性是导致记忆损失和变化的重要因素,并导致材料的主要特性变化;例如,转变温度、衍射角和峰值强度。铜基 β 相合金中的马氏体相变基于母相的 {110}β 平面之一,称为马氏体基底平面。在母相为矩形形状的(110)基面经受六边形变形,并经历六边形。

粉末样品在淬火后在室温下进行时老化,并且在很长的时间间隔内从两种合金样品中获取了许多 X 射线衍射图。尽管所有的衍射图都表现出相似的特性,但是随着老化时间的延长,在衍射图上的衍射角和衍射峰强度也观察到了一些变化。这些变化归因于具有扩散特性的新转变。这意味着某些邻近原子会改变位置。特别是,一些相邻的峰对已经相互移动。有趣的是,这些平面对的米勒指数提供了一个特殊的关系:

$$(h_1^2 - h_2^2)/3 = (k_2^2 + k_1^2)/n$$

式中,$n = 4$ 为 18R 马氏体[3]。这些平面对可以列出如下:(122)-(202),(128)-(208),

（1210）-（2010），（040）-（320）。该结果可以归因于这些平面对的平面间距离与基底平面上原子的重排之间的关系。在这些变化中，原子大小起着重要作用。不同大小的原子位置导致了紧密排列的平面，从一个精确的六边形上发生了扭曲，因此可以预期会有一个更紧密排列的层状结构。在无序情况下，晶格位点被原子随机占据，原子大小可以近似相等，马氏体基面变成理想的六边形，而晶格位点则被不同大小的不同原子有规律地占据。

6.4　结　　论

从以上结果可以得出结论，铜基形状记忆合金对老化处理非常敏感。在马氏体条件下，X 射线衍射图中的 X 射线衍射角和峰值强度随老化时间的变化而变化，特别是一些连续的峰值对彼此接近。这些变化导致马氏体以重新分布或无序的方式进行稳定，而稳定通过扩散控制的过程进行。马氏体稳定化是受扩散控制的现象，马氏体变换具有位移特性，因此导致原子在晶格位置上的再分布。马氏体的基面通过贝氏变形而变成六边形，原子尺寸对其产生有重要影响。如果占据晶格位点的原子具有相同的大小，则马氏体的基面变为正六边形；否则，它们就会偏离原子按六边形排列。上述峰在无序情况下相互接近，在有序情况下分别出现。所选平面对的衍射角的变化可以作为马氏体有序度的度量方法。

参 考 文 献

[1] Ma J, Karaman I, Noebe RD（2010）High temperature shape memory alloys. Int Mater Rev 55:257-315

[2] Richards AW（2013）Interplay of martensitic transformation and plastic slip in polycrystals. Ph. D. thesis, California Institute of Technology

[3] Adiguzel O（2013）Phase transitions and microstructural processes in shape memory alloys. Mater Sci Forum 762:483-486

[4] Ermakov V, Kruchinin S, Fujiwara A（2008）Electronic nanosensors based on nanotransistor with bistability behaviour. In: Bonca J, Kruchinin S（eds）Proceedings NATO ARW "Electron transport in nanosystems". Springer, pp 341-349

[5] Dzhezherya Y, Novak IY, Kruchinin S（2010）Orientational phase transitions of lattice of magnetic dots embedded in a London type superconductors. Supercond Sci Technol 23: 1050111-105015

[6] Ermakov V, Kruchinin S, Pruschke T, Freericks J（2015）Thermoelectricity in tunneling nanostructures. Phys Rev B 92:115531

[7] Repetsky SP, Vyshyvana IG, Nakazawa Y, Kruchinin SP, Bellucci S（2019）Electron transport in carbon nanotubes with adsorbed chromium impurities. Materials 12:524

[8] De Castro F, Sade M, Lovey F（2012）Improvements in the mechanical properties of the 18R↔6R high hysteresis martensitic transformation by nanoprecipitates in CuZnAl alloys. Mater Sci Eng A 543:88-95

[9] De Castro Bubani F, Lovey F, Sade M, Cetlin P (2016) Numerical simulations of the pseudoelastic effect in CuZnAl shape-memory single crystals considering two successive martensitic transitions. Smart Mater Struct 25:1. https://doi. org/10. 1088/0964-1726/ 25/2/025013

[10] Barbarino S et al. (2014) A review on shape memory alloys with applications to morphing aircraft. Smart Mater Struct 23:1-19

[11] Zhu JJ, Liew KM (2003) Description of deformation in shape memory alloys from DO3 austenite to 18R martensite by group theory. Acta Mater 51:2443-2456

[12] Sutou Y et al. (2005) Effect of grain size and texture on pseudoelasticity in Cu-Al-Mn-based shape memory wire. Acta Mater 53:4121-4133

[13] Adiguzel O (2017) Thermoelastic and pseudoelastic characterization of shape memory alloys. Int J Mater Sci Eng 5(3):95-101

[14] Casati R et al. (2014) Thermal cycling of stress induced martensite for high performance shape memory effect. Scr Mater 80:13-16

[15] Li Z, Gong S, Wang MP (2008) Macroscopic shape change of Cu13Zn15Al shape memory alloy on successive heating. J Alloys Compd 452:307-311

[16] Guo YF et al. (2007) Mechanisms of martensitic phase transformations in body-centered cubic structural metals and alloys: molecular dynamics simulations. Acta Mater 55:6634-6641

[17] Aydogdu A, Aydogdu Y, Adiguzel O (2004) Long-term ageing behaviour of martensite in shape memory Cu-Al-Ni alloys. J Mater Process Technol 153-154:164-169

第7章 纯磷和掺杂超小型硅纳米晶体的磷的量子化学计算

摘要：纳米技术的发展推动了各种纳米结构的应用和新材料的产生。在这方面，人们对研究纳米结构的性质、制备方法以及将它们引入各种基质的方法越来越感兴趣。研究人员通过第一性原理方法研究了类金刚石氢钝化超小型 $Si_{29}H_{36}$、$Si_{34}H_{36}$、$Si_{59}H_{60}$、$Si_{71}H_{60}$ 纳米晶体。在这个超小尺度中，性质随尺寸逐渐增加对属性的影响未得到实际研究。详细分析结构变形和电荷分布，以了解在这个长度尺度上内部结构如何发生变化，其中量子限制效应变得占主导地位。

关键词：超小硅纳米晶体；磷掺杂；定量化学计算；结构；电学特征

7.1 简 介

研究超小硅纳米颗粒是一个非常活跃的领域，因为这些中尺度物体具有有趣的基本物理性质，并且在先进的电子和光电器件中具有广阔的应用前景。硅纳米颗粒的无毒使其可用于气体传感器和生物传感器。为了实现纳米颗粒在实际应用过程中的最佳功能，需要对其热稳定性、在不同介质中的相容性等性能进行研究。为了揭示这些复杂问题之间的关系，如尺寸、形状和表面组成、热稳定性和化学稳定性，必须清楚地了解它们的潜在机制。

纳米结构硅的掺杂可以控制其特性。例如，已经深入研究了离子诱导产生重原子团簇的机制。这是指的是重原子团簇，其质量比组成化合物的原子质量大。有目的地创建这种团簇可以导致材料性能的显著改善，如聚合物、反应器工程材料、热电应用等[1-2]。

在这项工作中，通过从头计算，研究了含 P 原子的硅纳米晶体的稳定性。在参考文献[3]至[15]中，掺杂直径高达 6 nm 的纳米硅的可能性，已经在大量的实验和理论研究中得到了证明。在直径 2 nm 以上的纳米晶体中掺杂 P 原子时具有能量有利性，而在直径小于 2 nm 的纳米晶体中，P 原子倾向于替代表面[11]附近的硅。在多层结构[16]中使用超薄 P-SiO_2 薄膜获得了掺杂 P 原子的平均直径在 2 nm 或以下的超小硅纳米结构。这种嵌入在 SiO_2 基体中的纳米晶体是在高温处理过程中形成的，研究表明 P 原子在富硅区域移动。在此基础上，我们系统地研究了硅芯尺寸为 0.88~1.41 nm 的超小粒子的结构变形、电荷分布、P 形成能和电子性质。

本章结构如下：在 7.2 节中，表示所使用的计算方法、掺杂纳米晶体的结构性质、电荷分布、磷形成的能量、电子特性。结论在 7.3 节中给出。

7.2 结果与讨论

7.2.1 计算方法

我们使用了基于密度泛函理论（density functional theory，DFT）的第一原理 ORCA 软件包[17]作为计算方法。DFT 已与 def2-SVP 基集结合一起使用，交换相关泛函 Becke-Lee-Yang-Parr（BLYP）格式参数化。结合 BLYP 的简单基集已成功地用于预测硅纳米晶体[18]的最低水平能量的稳定性和实验测量的同位素纯硅的热导率[19]。从硅芯中分别切出直径为 0.88 nm、1.03 nm、1.26 nm、1.41 nm 的 $Si_{29}H_{36}$、$Si_{34}H_{36}$、$Si_{59}H_{60}$、$Si_{71}H_{60}$ 球形菱形纳米晶体，取给定半径的球体内的所有原子。每个纳米晶体都以一个硅原子为中心。初始纳米晶体的表面悬垂键被氢气饱和，然后在没有对称约束的情况下进行了完整的几何优化。对纯簇和掺杂簇进行自旋限制和不受限制的 Hartree-Fock 计算。采用了具有自旋多重性的 $M=1(M=2S+1)$ 的纯纳米晶体的基态结构。一旦获得掺杂结构的基态结构，中心或表面下的硅原子被 P 原子取代并再次优化。用多重性 $M=2$ 计算了掺杂晶体的能量。在计算中使用了 Mulliken 原子种群分析。

对于掺杂结构，采用了初始纳米结构优化的几何形状。结构和电子性质作为纳米颗粒中杂质的大小和位置的函数。

7.2.2 结构特性

未掺杂纳米颗粒的计算参数显示优化后的结构变化。纳米晶体硅核的直径在各个方向发生变化，纳米颗粒变得不对称。然而，纳米颗粒的中心部分保留了它们的四面体对称性。Si-Si 键的长度约为 2.39 Å~2.40 Å，未掺杂纳米粒子的带隙（HOMO-LUMO 间隙）的宽度比大块硅明显增大。

图 7.1 和图 7.2 分别显示了掺杂纳米颗粒的优化几何形状，磷原子取代了中心（P_c）和 n 球体内表面（P_{SS}）上的 Si 原子。在表 7.1 和表 7.2 中，给出了纯纳米晶体和掺杂纳米晶体的计算参数。单个 P 原子的存在引起的结构变化取决于纳米颗粒的尺寸。在 $Si_{29}P_cH_{36}$ 中，对称性与优化后的初始对称性有强烈的偏离。磷原子从中心位置移动；有可能发生 Jahn-Teller 的中心 P 原子扭曲[20]。带有 Si 的 P 原子有三个较短的（每个 2.345 Å）和一个较长的（2.91 Å）键，硅核的直径也会增加。在其余纳米颗粒中，一些重构发生在 P 原子周围。最有趣的是更大的纳米晶体 $Si_{70}P_cH_{60}$ 的结构。所有四个 $Si-P_c$ 键的长度相同，并增加到 2.444 Å。第一个和第二个球体之间的 Si-Si 键也相同，等于 2.387 Å。因此，保留了 P 原子的球形周围，与未掺杂的硅核直径相比，硅核直径没有变化。

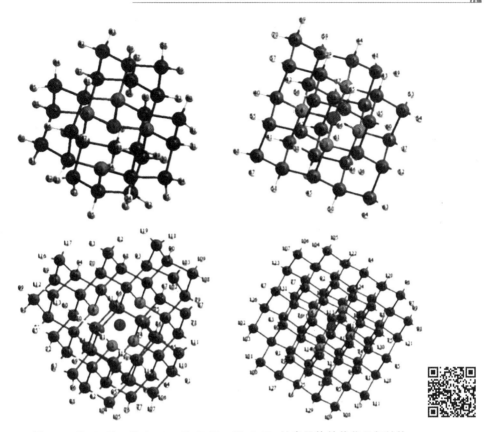

图 7.1 $Si_{28}P_cH_{36}$、$Si_{33}P_cH_{36}$、$Si_{58}P_cH_{60}$、$Si_{70}P_cH_{60}$ 纳米晶体的优化几何结构

（硅和氢原子表示为紫色和灰色。P_c 是位于中心的磷原子，用红色表示。第一个配位球上的原子用绿色表示）

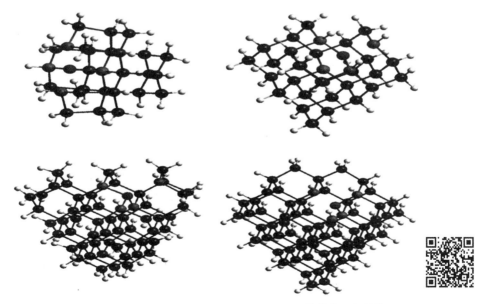

图 7.2 $Si_{28}P_{ss}H_{36}$、$Si_{33}P_{ss}H_{36}$、$Si_{58}P_{ss}H_{60}$、$Si_{70}P_{ss}H_{60}$ 的优化几何结构

（硅和氢原子表示为紫色和灰色。P_{SS} 是取代 Si 原子的磷原子。磷附近的硅原子用绿色表示）

表 7.1　掺杂纳米晶体中硅磷键的长度/Å

纳米晶	硅核直径/Å	中心原子电荷	纳米晶体配位球上的平均电荷				
			一级球	二级球	三级球	四级球	H原子
$Si_{29}H_{36}$	7.98~8.81	-0.07	-0.11	-0.004	0.02	—	0.01
$Si_{28}P_cH_{36}$	8.03~8.85	-0.21	-0.06	-0.01	0.02	—	0.01
$Si_{28}P_{SS}H_{36}$	8.80~8.88	0.03	-0.13	-0.01	0.02	—	0.001
$Si_{34}H_{36}$	9.90~11.08	-0.07	-0.09	0.01	0.02	—	0.004
$Si_{33}P_cH_{36}$	9.90~11.08	-0.15	-0.08	0.01	0.02	—	0.01
$Si_{33}P_{SS}H_{36}$	9.83~11.16	0.03	-0.13	0.006	0.01	—	0.01
$Si_{59}H_{60}$	12.02~12.57	-0.06	-0.06	-0.09	0.04	0.003	0.01
$Si_{58}P_cH_{60}$	12.02~12.57	-0.13	-0.03	-0.08	0.04	0.003	0.015
$Si_{58}P_{SS}H_{60}$	12.03~12.60	0.03	-0.06	-0.1	0.04	0.003	0.01
$Si_{71}H_{60}$	11.73~14.09	-0.04	-0.07	-0.07	-0.14	0.036	0.15
$Si_{70}P_cH_{60}$	11.73~14.09	-0.14	-0.04	-0.06	-0.14	0.036	0.025
$Si_{70}P_{SS}H_{60}$	11.76~14.19	0.03	-0.04	-0.08	-0.14	0.037	0.003

表 7.2　掺杂纳米晶体中硅磷键的长度/Å

纳米晶体	Si-P_c 键的长度	纳米晶体	Si-P_{SS} 键的长度	纳米晶体	Si-P_c 键的长度	纳米晶体	Si-P_{SS} 键的长度
$Si_{28}P_cH_{36}$	2.91 2.345 2.345 2.345	$Si_{28}P_{SS}H_{36}$	2.332 2.5 2.5 2.357	$Si_{58}P_cH_{60}$	2.451 2.47 2.464 2.464	$Si_{58}P_{SS}H_{60}$	2.356 2.402 2.337 2.649
$Si_{33}P_cH_{36}$	2.4 2.399 2.4 2.399	$Si_{33}P_{SS}H_{36}$	2.399 2.397 2.396 2.397	$Si_{70}P_cH_{60}$	2.443 2.443 2.443 2.443	$Si_{70}P_{SS}H_{60}$	2.35 2.34 2.44 2.44

　　纳米结构的结构变形伴随着球体上电荷分布的变化。在所有纳米结构中,中心磷原子的电荷是负的,并且相对于未掺杂的结构增加。此外,相邻球体上的平均负电荷减少。硅核的外球带正电。结果,形成了具有负核和带正电表面的"球形偶极子"。

　　对 P 原子掺杂结构的计算表明,超小 $Si_{28}P_{SS}H_{36}$ 纳米晶体也有强烈变形,Si-P_{SS} 键的长度变化不同,硅芯的直径增加。随着尺寸的增加,由于内表面杂质周围的局部变形,变形减小,岩芯直径略有增加。中心原子的电荷为正,其值不会随着纳米晶体尺寸的增大而改变。

7.2.3 能量形成

磷形成的能量计算为未掺杂和掺杂结构的总能量的差。根据以下公式[6-7]进行了计算

$$E_f = E(Si_{n-1}PH_m) - E(Si_nH_m) + \mu_{Si} - \mu_P \tag{7.1}$$

这里,μ_{Si} 是硅原子的总能量,μ_P 是每个磷原子的总能量。

图 7.3 所示的计算生成能表明,在超小的硅晶体中,在最大的硅晶体中更容易加入磷。也可以在图 7.3 中看到,在 $Si_{70}P_cH_{60}$ 和 $Si_{70}P_{SS}H_{60}$ 纳米晶体中,中心和内表面位置的磷形成能量几乎开始吸收。这些状态之间的能量差变得不显著。为了验证这一事实,我们定义了 P 原子在地下球体中沿不同方向的四个位置。计算这些位置的 P 原子的形成能量计算值几乎相等(约 34 eV÷1.35 eV)。结果表明,在纳米晶体 $Si_{70}P_cH_{60}$ 和 $Si_{70}P_{SS}H_{60}$ 中,P 原子的中心位置和地下位置都是能量稳定的。纳米晶体 $Si_{70}P_cH_{60}$ 的结构参数将 P 原子放置在中心,因为它具有四面体几何形状,第一个球体膨胀,原子形成的能量 P 在中央和内表面位置不同,P 原子可以位于一个有利的位置。

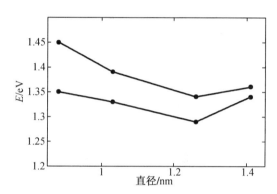

图 7.3 磷杂质形成的能量取决于硅纳米晶的尺寸

(上曲线磷原子位于中心,下曲线磷原子位于球体内表面上)

本章著者[11]研究 Si 纳米晶体中 P 位置的能量,预测存在 2 nm 的临界尺寸,低于这个临界尺寸,P 原子将被驱逐到表面。实验表明[13],存在嵌入在 SiO_2 基质中的直径为 1.5~2.0 nm 的掺杂 Si 纳米晶体的可能性。根据 TEM 的结果[21-22],磷峰在 TOF-SIMS 中,在氧化膜内可能存在富硅的磷。P 原子离开 Si 区域的概率受到周围矩阵中较低扩散系数的限制。

7.2.4 电子特性

与硅相比,未掺杂硅纳米晶体的电子性质发生了变化,它们的带隙(价带顶部和导电带底部之间的能量差)大大扩展,并受到纳米晶体尺寸的控制(图 7.4)。

从图 7.5 可以看出,相同尺寸的未掺杂纳米晶体的价带和导电带的边缘变化不明显。硅纳米晶体掺杂 P 原子后,在带隙中产生了自旋分裂能级,其位置取决于纳米晶体的大小。图 7.5 显示了当杂质位于中心和靠近表面时,所研究的结构的计算能级。磷水平位于导电

带以下。在这种情况下,HOMO-LUMO 间隙明显减小,并等于磷水平与导电带底部之间的能量差。

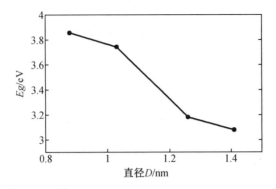

图 7.4　未掺杂纳米晶的带隙随硅芯尺寸的变化

(对于其他曲线,显示了价带顶部和导电带底部之间的差异)

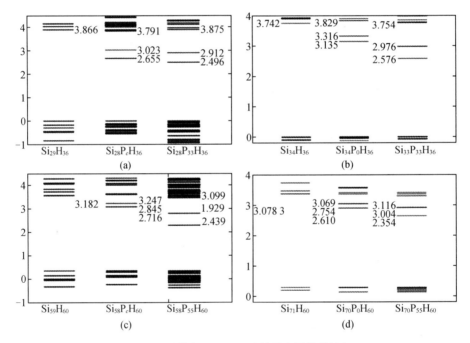

图 7.5　计算出了不同尺寸的纳米晶体的能级

(从(a)~(d),初始未掺杂的纳米晶体,磷原子位于中心和内表面区域)

7.3　结　　论

通过第一原理方法研究了超小纳米晶体 $Si_{29}H_{36}$、$Si_{34}H_{36}$、$Si_{59}H_{60}$、$Si_{71}H_{60}$ 的结构和电子性质。结构分析表明,所有纳米晶体都因磷的存在发生重排。在超小型 $Si_{29}H_{36}$ 纳米晶体中,变形覆盖了所有的球体。磷原子从中央位置移位,中心自旋分裂可能导致中心 P 原子发生 Jahn-Teller 扭曲。纳米晶体 $Si_{70}P_cH_{60}$ 的结构参数使将 P 原子放置在中心或紧密的有利位置成为可能。未掺杂纳米晶体的 HOMO-LUMO 间隙的变化与量子约束效应有关。掺杂结构的带隙宽度随着磷引入导带以下的额外水平而强烈变化。

参 考 文 献

[1] Kavetskyy T et al. (2019) Formation of heavy clusters in ion-irradiation compounds. Vacuum 164:149−152

[2] Kirievsky K et al. (2019) Ion-induced n-p inversion of conductivity in TiNiSn compound for thermoelectric applications. J Appl Phys 126:155106. https://doi. org/10. 1063/1. 51218257 Quantum-Chemical Calculations of Pure and Phosphorous Doped Ultra-121

[3] Mimura A, Fujii M, Hayashi S, Kovalev D, Koch F (2000) Photoluminescence and freeelectron absorption in heavily phosphorus-doped Si nanocrystals. Phys Rev B62(19): 12625

[4] Kovalev D, Heckler H, Polisski G, Koch F (1999) Optical properties of Si nanocrystals. Phys Status Solidi B 215(2):871−932

[5] Linnros J (2005) Optoelectronics: nanocrystals brighten transistors. Nat Mater 4:117

[6] Zhou Z, Friesner RA, Brus L (2003) Electronic structure of 1 to 2 nm diameter silicon core/shell nanocrystals: surface chemistry, optical spectra, charge transfer, and doping. J Am Chem Soc 125:15599

[7] Melnikov DV, Chelikowsky JR (2004) Quantum confinement in phosphorus-doped silicon nanocrystals. Phys Rev Lett 92:046802

[8] Pawlak BJ, Gregorkiewicz T, Ammerlaan CAJ, Takkenberg W, Tichelaar FD, Alkemade PFA (2001) Experimental investigation of band structure modifification in silicon nanocrystals. Phys Rev B 64:115308

[9] Chelikowsky JR, Alemany MMG, Chan T-L, Dalpian GM (2011) Computational studies of doped nanostructures. Rep Prog Phys 74(4):046501

[10] Ossicini S, Bisi O, Degoli E, Marri I, Iori F, Luppi E, Magri R et al (2008) First-principles study of silicon nanocrystals: structural and electronic properties, absorption, emission, and doping. J Nanosci Nanotechnol 8(4):479−492

[11] Chan TL, Tiago ML, Kaxiras E, Chelikowsky JR (2008) Size limits on doping phosphorus into silicon nanocrystals. Nano Lett 8(2):596−600

[12] Iori F, Degoli E, Luppi E, Magri R, Marri I, Cantele G, Ninno D, Trani F, Ossicini S (2006) Doping in Silicon nanocrystals: an ab-initio study of the structural, electronic and optical properties. J Lumin 121:335−339

[13] Repetsky SP, Vyshyvana IG, Kruchinin SP, Bellucci S (2018) Influence of the ordering of impurities on the appearance of an energy gap and on the electrical conductance of graphene. Sci Rep 8:9123

[14] Kruchinin SP, Zolotovsky A, Kim HT (2013) Band structure of new ReFe AsO

superconductors. J Modern Phys 4:608-611

[15] Repetsky SP, Vyshyvana IG, Kuznetsova EY, Kruchinin SP (2018) Energy spectrum of graphene with adsorbed potassium atoms. Int J Mod Phys B 32:1840030

[16] Perego M, Bonafos C, Fanciulli M (2010) Phosphorus doping of ultra-small silicon nanocrystals. Nanothechnology 21(2):025602

[17] Neese F (2012) The ORCA program system. Wiley Interdiscip Rev Comput Mol Sci 2:73-78

[18] Yoo S, Shao N, Zeng XC (2009) Reexamine structures and relative stability of medium-sized silicon clusters: low-lying endohedral fullerene-like clusters Si30-Si38. Phys Lett A 373:3757-3760

[19] Jain A, McGaughey AJH (2015) Effect of exchange-correlation on first-principles-driven lattice thermal conductivity predictions of crystalline silicon. Comput Mater Sci 110:115-120

[20] Jahn HA (1938) Stability of polyatomic molecules in degenerate electronic states. II. Shin degenerate. Proc R Soc A164:117-131

[21] Cho E-C, Park S, Hao X, Song D, Conibeer G, Park S-C, Green MA (2008) Silicon quantum dot/crystalline silicon solar cells. Nanotechology 19(24):245201

[22] Zacharias M, Heitmann J, Scholz R, Kahler U, Schmidt M, Blasing J (2002) Size-controlled highly luminescent silicon nanocrystals: a SiO/SiO_2 superlattice approach. Appl Phys Lett 80(4):661

第8章 用纳米传感器理论检测辐射危害

摘要：目前人们正在考虑利用现代纳米技术的方法，创建用于确定最低浓度辐射源的新型传感器的理论。

研究人员考虑到现代高灵敏设施用于分析信号配准的能力，提出了基于系统电导率的变化和杂质粒子在辐射影响下在半导体电极上的吸附的传感器。这种传感器可以用来测定生物液体和水生态系统中的放射性物质。

格林函数技术使详细分析电荷转移过程基本行为动力学成为可能，并得到了此类系统中电荷转移过程动力学参数的解析表达式。

关键词：纳米传感器；辐射；电导；吸附；电荷转移；格林函数

8.1 简　　介

连续监测以识别 CBRN（化学、生物、辐射、核）危害的来源对于确保人群安全至关重要，因此需要进行实时多点监测。

传统的环境监控措施，包括在实验室测试之前进行的定期采样，不能满足 CBRN 监控要求，因为采样和分析结果获取的时间间隔较长。技术的发展对环境和恐怖的灾难的风险急剧增加。

这个问题的解决方案是开发和创建具有不同工作原理的微型检测器，将有关介质状态的信息转换为电信号和光信号，然后在不同距离之间传输信号。此外，这些传感器的能耗可以忽略不计。可以从太阳能电池板，热电发电、动能转换等方法获得电力，因此这种能量效率对于自动控制系统都是必要的。

纳米技术的发展为多种此类传感器的开发提供了巨大的机会。实际上它们的超小尺寸使其灵敏度达到了理论上的可能极限。这种纳米传感器非常适用于检测极低浓度的粒子。非常重要的问题是在有辐射源的情况下，因为放射性核素的浓度非常低，对它们的检测会有一些困难。同时，即使长期处于低浓度下，它们的长期暴露也会导致生物学过程发生实质性变化。

在高能辐射（重带电粒子、中子、电子、X 射线束等）影响下的物质中会发生不同的变化。由于这种影响，在物质中发生了不同的短暂中间体，如激发态分子、自由基、溶剂化电子等。

基于辐射影响而发发展的剂量学方法在研究辐射过程时具有重要价值[1-3]。

当辐射源的浓度较低时，可以用于辐射源调查期间使用现代技术的可能性。例如，现代电子设备可以注意到材料的电子结构发生微小的变化，而这种变化可能是由各种现象（如加热，辐射，吸附等）引起的。人们还可以利用合成或天然吸附剂来浓缩液体培养基中放射性核素的浓度[4-6]。

因此,采用灵敏监测的方法和通过使用吸附剂来增加浓度,都可以使用基于电导率变化的传感器。可以使用这种传感器来确定生物液体(含放射性物质)中存在的某些物质并确定放射性,并用来测定水生态系统中的放射性有害杂质。这些传感器的分析信号可以远距离传输。这样就可以避免人员接近危险的地方。

本章描述了纳米传感器的工作原理,用以识别浓度非常低的辐射源。

考虑使用由半导体材料制成的电极的电化学纳米传感器的系统,其薄膜涂层在不规则的冷凝介质中工作,特别是极性液相。

汉密尔顿构型和延迟格林函数方法是描述该研究过程的便捷工具[7-10]。

利用建立在介质分子的极化算符上的温度格林函数来表示介质,使得考虑频率和空间色散[11-12]的影响成为可能。

因此,基于电导率变化的传感器,其检测机理可基于以下:在放射源的作用下,溶液中的杂质颗粒被吸附在电极表面上。这时,根据化学吸附的概念,在凝聚介质[13]中,半导体的导带在吸附的杂质粒子上发生电荷转移,引起电导率的变化;相应地,传感器电极之间传输的电流的大小发生变化。

在用于制造传感器电极的组件中,没有对环境有害的物质。

8.2　系统及过程的描述

所研究的系统由具有薄膜涂层的半导体、具有低浓度极性杂质分子的非规则极性凝聚介质(电解质)组成。

因此,传递过程可以分为两组:在凝聚态介质中,第一组是粒子之间以及电极与粒子之间的电荷转移过程;第二组是某些粒子的电子激发过程和凝聚态介质中粒子间的电子激发能转移过程。

因此,该过程可以分为两种类型。第一类过程是电荷在粒子上发生电荷转移形成电极,即电流,在传感器的电极之间发生变化;第二类过程是在辐射的影响下,在电极表面的薄膜中发生分子激发,激发能发生转移。

在本章中,仅研究电导率变化的原理的纳米传感器工作机制,不讨论描述光子辐射粒子间电荷转移过程的问题。由于两个杂质颗粒在电解质中的浓度低,也不会描述它们之间的电子转移。

8.3　半导体电极上的电解质吸附的
杂质颗粒中电荷转移过程

在选择特定系统时,可以用分析方法描述从电极上吸附的杂质颗粒上的电荷转移过程,为此系统可以用哈密顿量[14-15]描述。电子转移过程研究的复杂性与量子方法的必要性有关。在这种方法的框架中,没有公认的非规则凝聚介质中电荷转移和能量转移过程的模型。使用温度格林函数的数学物理装置可以描述复杂的凝聚系统和这些系统中的电荷转移过程。这种方法可以统一理论方法,使用不同的模型来描述色散的空间和频率效应。

8.3.1 系统哈密顿量[①]

初始状态的哈密顿量可以表示为

$$H^i = H^i_{sc} + H^i_m + H^i_p + H^{int}_{p,m} + H^{int}_{sc,m} + H^{int}_{sc,p} \tag{8.1}$$

式中,H^i_{sc} 是处于初始状态的半导体电极的哈密顿量,H^i_p 是初始状态的杂质粒子的哈密顿量,H^i_m 是凝聚介质的哈密顿量,$H^{int}_{sc,m}$ 是电极与介质的相互作用,$H^{int}_{p,m}$ 是粒子与介质的相互作用,$H^{int}_{sc,p}$ 是粒子与电极的相互作用哈密顿量。假定该粒子被极化并"溶剂化"。

类似地,处于最终状态的哈密顿量具有以下形式(粒子处于电子激发态)

$$H^f = H^f_{sc} + H^f_m + H^{f*}_p + H^{int}_{p,m} + H^{int}_{sc,m} + H^{int}_{sc,p} + e\eta \tag{8.2}$$

式中,η 是在粒子位置上的过电压。半导体电极的费米分布描述了半导体电极的能级电子分布。

$$f(\varepsilon) = (1 + \exp((\varepsilon - \varepsilon_F)/kT))^{-1} \tag{8.3}$$

式中,ε_F 是费米能量,k 是玻尔兹曼常数,T 是温度。但是,如果能级的能量与费米能级的能量本质上不同,则能级的分布会转换为玻尔兹曼分布。

解决半导体电极所必需的第二个问题是,以物质体积 $\rho(\varepsilon)$ 为单位的量子态数。很难对这些值进行精确的计算,但是,可以对晶体进行一些评估。

8.3.2 半导体电极中吸附杂质粒子电子传递过程的电流密度

根据电荷转移过程的一般理论,阴极电流密度以下形式表示:

$$i_C = e\pi \int d\varepsilon \rho(\varepsilon) f(\varepsilon) W_C(\varepsilon) \tag{8.4}$$

式中,$\rho(\varepsilon)$ 是电极中单电子态的密度,$f(\varepsilon)$ 是电子费米分布函数,$W_C(\varepsilon)$ 是电子从能级以 ε 能量转移到粒子上的基本行为的概率。对电极的整个能谱 ε 进行积分。电子从电极转移到粒子的基本行为的概率具有以下形式:

$$W_C(\varepsilon) = \frac{\beta}{i} e^{\beta F_i} \int_{C_\theta} d\theta \mathrm{Sp}\left[e^{-\beta(1-\theta)H_i} L_{fi} e^{-\beta\theta H_f} \right]; \beta = 1/kT \tag{8.5}$$

在这里,H_i 和 H_f 是系统初始状态和最终状态的哈密顿量。F_i 是初始状态的自由能,包括电极上的电子能和电解质溶液中的离子能;L_{fi} 是从粒子上粒子上电极转移的电子共振积分。积分轮廓在 $0 < \mathrm{Re}\theta < 1$ 中平行于虚轴。

让我们分离出电子能量 ε,从费米能量 ε_F 中计算出来,从初始态的哈密顿量 H_i 和对应的自由能 F_i:

$$H_i = \varepsilon - \varepsilon_F + H_{iF};$$
$$F_i = \varepsilon - \varepsilon_F + F_{iF} \tag{8.6}$$

电流密度的表达式将以以下公式表示:

---

① 哈密顿量是所有粒子的动能的总和加上与系统相关的粒子的势能。——译者注

$$i_C = e\pi \int_{C_\theta} d\theta Sp\left[e^{-\beta(1-\theta)H_{iF}} L_{fi} e^{-\beta\theta H_f} L_{fi} \right] \frac{\beta}{i} \int_{-\infty}^{\infty} d\varepsilon e^{\beta\theta(\varepsilon - \varepsilon_F)} f(\varepsilon) \tag{8.7}$$

在进行电流密度的分析计算时,首先要进行 ε 能量的积分。对于金属,单电子态的密度 $\rho(\varepsilon)$ 作为能量的函数的依赖性表现为一个缓慢变化的函数(如在自由电子模型中,ρ 对 ε 具有依赖性)。

假设电子共振积分 L 对能量 ε 的能量依赖性弱。通常,对于金属,此近似效果很好。另外,式(8.7)中的 ε 的积分可以大致通过鞍点法进行。在这种情况下,可以证明:

$$i_C = e\frac{\beta}{i} e^{\beta F_{iF}} \int_{C_\theta} d\theta \rho(\varepsilon^*) Sp\left[e^{-\beta(1-\theta)H_{iF}} L_{fi}(\varepsilon^*) e^{-\beta\theta H_f} L_{fi}(\varepsilon^*) \right] \times \int_{-\infty}^{\infty} d\varepsilon^* e^{\beta\theta(\varepsilon^* - \varepsilon_F)} f(\varepsilon^*)$$

$$\tag{8.8}$$

式中,ε^* 是 ε 的表达式达到最大值的点。通过鞍点法进行 θ 的积分。省略复杂的计算,我们将导出在费米分布半导体电极参与下的,非均匀过程阴极电流密度的量子表达式。

$$i_C = e\pi |L_{fi}(\boldsymbol{R}^*, \psi^*)|^2 \int d\varepsilon \cdot kT\rho(\varepsilon) \exp[-\ln(\sin \pi\theta^*)] \times$$

$$\Phi(\boldsymbol{R}^*, \psi^*) U(\boldsymbol{R}^*, \Psi^*) \exp\left\{ -e\eta - \beta\theta^* \Delta F - \Psi^m(\boldsymbol{R}^*, \psi^*; \theta) - \right.$$

$$\beta \sum_{n=1}^{N} E_{rn} \frac{\theta^*(1-\theta^*)\omega_n^i \omega_n^f}{(1-\theta^*)(\omega_n^i)^2 + \theta^*(\omega_n^f)^2} - \theta \sum_{k=1}^{N} \ln(\omega_n^f/\omega_n^i) -$$

$$\theta^* \ln\left[1 + \beta \sum_{k=1}^{N} \left(G_k(\boldsymbol{R}^*, \psi^*) + \frac{\omega_k^f}{\omega_k^i} \overline{G}_k(\boldsymbol{R}^*, \psi^*) \right) \frac{\sqrt{2E_{rk}\omega_k^i}}{\omega_k^f} \right] \right\} (2\pi)^{1/2} \times$$

$$\left[\prod_{s=1}^{N} \frac{\omega_s^i}{\sqrt{(1-\theta^*)(\omega_s^i)^2 + \theta^*(\omega_s^f)^2}} \right] \left\{ 1 + \sum_{k=1}^{N} \left[G_k(\boldsymbol{R}^*, \psi^*) + \frac{\omega_k^f}{\omega_k^i} \overline{G}_k(\boldsymbol{R}^*, \psi^*) \right] \times \right.$$

$$\left. (\beta\theta^* - F_\omega(\theta^*)) \sqrt{2E_{rk}\omega_k^i} \theta^*(\omega_k^f)^2 \left[(1-\theta^*)(\omega_k^i)^2 + \theta^*(\omega_k^f)^2 \right]^{\frac{3}{2}} \right\} \tag{8.9}$$

这里的 ΔF 是过程的自由能,包括粒子最终态的电子激发能;E_{rn} 是粒子的第 n 个分子内自由度的重组能,ω_n^i 和 ω_n^f 分别是过程开始和结束时分子内振荡的频率。函数 $G_k(\boldsymbol{R}^*, \psi^*)$ 和 $\overline{G}(\boldsymbol{R}^*, \psi^*)$ 与杂质颗粒的分子内振荡,及电解质分子极化波动的相互作用有关。

$$G(\boldsymbol{R}, \psi) = -\frac{1}{2} \int d\boldsymbol{r} d\boldsymbol{r}' \frac{\partial E_i}{\partial Q}(\boldsymbol{r}; \boldsymbol{R}, \psi) g_{ik}^R(\boldsymbol{r}, \boldsymbol{r}'; \omega = 0) \Delta E_k(\boldsymbol{r}'; \boldsymbol{R}, \psi) \tag{8.10}$$

$$\overline{G}(\boldsymbol{R}, \psi) = -\frac{1}{2} \int d\boldsymbol{r} d\boldsymbol{r}' \Delta E_i(\boldsymbol{r}; \boldsymbol{R}, \psi) g_{ik}^R(\boldsymbol{r}, \boldsymbol{r}'; \omega = 0) \frac{\partial E_k}{\partial Q}(\boldsymbol{r}'; \boldsymbol{R}, \psi) \tag{8.11}$$

ΔE 是电荷转移过程中杂质颗粒和电极的电场强度变化。格林函数 g^R 是在有限温度 $T = 1/\beta$ 下非晶态固体和液体的极化波动算子的函数。在函数 g^R 的因式分解近似中,我们有

$$g_{ik}^R(\boldsymbol{r}, \boldsymbol{r}'; \omega) = g_{ik}^R(\boldsymbol{r}, \boldsymbol{r}'; \omega = 0) f(\omega) \tag{8.12}$$

电荷转移过程中介质的重组能量可以由以下表达式确定:

$$E_r^m(\boldsymbol{R} - \psi) = -\frac{1}{2} \int d\boldsymbol{r} d\boldsymbol{r}' \Delta E_i(\boldsymbol{r}; \boldsymbol{R}, \psi) g_{ik}^R(\boldsymbol{r}, \boldsymbol{r}'; \omega = 0) \Delta E_k(\boldsymbol{r}'; \boldsymbol{R}, \psi) \tag{8.13}$$

这里的 $\Delta E_{\mathrm{i}}(\boldsymbol{r}; \boldsymbol{R}, \psi)$ 是转移过程中系统静电场强度的变化。

坐标中的星号为通过鞍点法将相应的积分取为最大点时该坐标的值。

鞍点 θ^* 可从以下公式得出

$$e\eta + \beta\Delta F + \frac{\partial\psi^m(\boldsymbol{R}^*,\psi^*;\theta)}{\partial\theta} + \frac{\partial}{\partial\theta}\sum_{k=1}^{N}\beta E_{rk}\frac{\theta(1-\theta)\omega_k^{\mathrm{i}}\omega_k^{\mathrm{f}}}{(1-\theta)(w_k^{\mathrm{i}})^2 + \theta(\omega_k^{\mathrm{f}})^2} + \ln\prod_{k=1}^{N}\frac{\omega_k^{\mathrm{f}}}{\omega_k^{\mathrm{i}}} +$$

$$\ln\left\{1 + \beta\sum_{k=1}^{N}\left[G_k(\boldsymbol{R}^*,\psi^*) + \frac{\omega_k^{\mathrm{f}}}{\omega_k^{\mathrm{i}}}\overline{G}_k(\boldsymbol{R}^*,\psi^*)\right]\frac{\sqrt{2E_{rk}\omega_k^{\mathrm{i}}}}{\omega_k^{\mathrm{f}}}\right\} + \pi\,\mathrm{ctg}(\pi\theta) = 0$$

$$\beta = 1/kT \tag{8.14}$$

在该式中，L_{fi} 是粒子与半导体电极的表面相互作用的共振积分。

矩阵元是在具体模型框架内通过波函数来计算的。共振积分 L_{fi} 可以看作是一些现象学参数。该共振积分的论点表征了在电荷转移期间的几何特征，至表面的距离，粒子的空间取向。函数 $U(\boldsymbol{R}^*,\psi^*)$ 是计算具体过程的，考虑了粒子和电极的几何形状。函数 $\Phi(\boldsymbol{R}^*,\psi^*)$ 是还原粒子的分布函数。模型函数可以被选择作为这个函数。函数 $\Psi^m(\boldsymbol{R}^*,\psi^*;\theta)$ 是介质重组的函数。它的表达式为

$$\Psi^m(\boldsymbol{R}^*,\psi^*,\theta) = \frac{1}{\pi}\int\mathrm{d}\boldsymbol{r}\mathrm{d}\boldsymbol{r}'\Delta E_{\mathrm{i}}(\boldsymbol{r},\boldsymbol{R}^*,\psi^*)\Delta E_k(\boldsymbol{r}',\boldsymbol{R}^*,\psi^*)\times$$

$$\int_{-\infty}^{\infty}\mathrm{d}\omega\,\mathrm{Im}\,g_{ik}^R(\boldsymbol{r},\boldsymbol{r}';\omega)\frac{\mathrm{sh}\dfrac{\beta\omega(1-\theta)}{2}\mathrm{sh}\dfrac{\beta\omega\theta}{2}}{\omega^2\mathrm{sh}\dfrac{\beta\omega}{2}} \tag{8.15}$$

在函数 g^R 的因式分解近似中，介质的重组函数可以表示为

$$\psi^m(\boldsymbol{R}^*,\psi^*,\theta) = E_r^m\frac{2}{\hbar}\int_{-\infty}^{\infty}\mathrm{d}\omega f(\omega)\frac{\mathrm{sh}\dfrac{\beta\omega(1-\theta)}{2}\mathrm{sh}\dfrac{\beta\omega\theta}{2}}{\omega^2\mathrm{sh}\dfrac{\beta\omega}{2}} \tag{8.16}$$

在用 $\boldsymbol{r}$ 和 $\boldsymbol{r}'$ 进行积分时，除介质的结构外，还需要考虑，空间分散的影响介质[函数 $g(\boldsymbol{r},\boldsymbol{r}')$]的影响，因此其频率色散[函数 $f(\omega)$]的影响必须用不同模型函数来描述，并考虑到介质极化确定模态的存在性。在计算重组函数 G 和 $\overline{G}$ 时，必须考虑所有与媒介重组有关的问题。

重组能等过程参数的计算也可以在各种模型的框架内进行。一个重要的问题是，关于粒子和电极附近的介电常数的大小。应该考虑的是，在粒子和电极附近，介电常数的值将会有显著的差异(低于溶液体积中的值)。

正如所估计的，完全解析计算是不可能的，需要进行数值积分。

该过程的活化能可以由以下公式确定：

$$E_a = -\ln(\sin\pi\theta^*) + \theta^*(1-\theta^*)E_r^m - \Delta F\theta^* + \sum_{k=1}^{N}E_{rk}\theta^*(1-\theta^*)\cdot$$

$$\omega_k^{\mathrm{i}}\omega_k^{\mathrm{f}}[(1-\theta^*)(\omega_k^{\mathrm{i}})^2 + \theta^*(\omega_k^{\mathrm{f}})^2]^{-1} + kT\theta^*\ln\left[1 + \beta\sum_{k=1}^{N}(G_k + (\omega_k^{\mathrm{f}}/\omega_k^{\mathrm{i}})\overline{G}_k)\right]\times$$

$$(2E_{rk}\omega_k^i)^{1/2}(\omega_k^f)^{-1} + \theta^* \sum_{k=1}^{N} \ln(\omega_k^f/\omega_k^i) \qquad (8.17)$$

从对粒子在电极上吸附过程的电流密度的表达式的分析可以看出,在特定过程的研究中,需要对粒子的性质进行详细地分析(液体体积中的粒子的振动光谱和吸附后的粒子的振动光谱)。粒子振动光谱的参数可以通过直接测量(液体中的光谱)得到,也可以通过真空中粒子的红外光谱和液体(电解质)的模型计算得到。

8.3.3 简化模型

如果忽略了粒子的分子内振荡与介质极化波动的相互作用,则活化能的表达式将明显简化:

$$E_a = -\ln(\sin \pi\theta^*) + \theta^*(1-\theta^*)E_r^m - e\eta - \Delta F\theta^* +$$
$$\sum_{k=1}^{N} E_{rk}\theta^*(1-\theta^*)\omega_k^i\omega_k^f[(1-\theta^*)(\omega_k^i)^2 + \theta^*(\omega_k^f)^2]^{-1} \qquad (8.18)$$

相应地,确定 θ^* 的公式变为

$$e\eta + \beta\Delta F - \ln(\sin \pi\theta^*) + (1-2\theta)E_r^m + \frac{\partial}{\partial\theta}\sum_{k=1}^{N}\beta E_{rk}\frac{\theta(1-\theta)\omega_k^i\omega_k^f}{(1-\theta)(\omega_k^i)^2 + \theta(\omega_k^f)^2} = 0$$

$$(8.19)$$

除此之外,如果粒子的分子内重组可以忽略,或者如果粒子是单原子的,则

$$E_a = -\ln(\sin \pi\theta^*) + \theta^*(1-\theta^*)E_r^m - e\eta - \Delta F\theta^* \qquad (8.20)$$

确定 θ^* 的方程式为

$$e\eta + \beta\Delta F - \ln(\sin \pi\theta) + (1-2\theta)E_r^m = 0 \qquad (8.21)$$

引用的表达式允许在高度简化的模型框架评价动力学参数。

8.4 结　　论

本章分析性地描述了从电极吸附的杂质颗粒上的电荷转移过程,得到了电极速率、阴极电流密度、电极与吸附的杂质颗粒之间电荷转移过程的动力学参数。

参 考 文 献

[1] Marsagishvili T, Machavariani M, Tatishvili G (2013) Conversion of substances by the application of laser radiation. Eur Chem Bull 3(2):127−132

[2] Marsagishvili T, Machavariani M, Tatishvili G, Khositashvili R, Tskhakaia E, Ananiashvili N, Metreveli J, Kikabidze-Gachechiladze M (2015) Theoretical investigations of nanosensors for radiation processes. In: International conference on nanotechnologies and biomedical engineering. IFMBE proceedings, vol 55. Springer, pp 528−532

[3] Ananiashvili N, Metreveli J, Kikabidze-Gachechiladze M (2015) Nano-sensors for

modeling of radiation processes. Reports of enlarged session of the 29th seminar, vol 29. I. Vekua Institute of Applied Mathematics

[4] Marsagishvili T, Machavariani M, Tatishvili G (2013) Khositashvili R, Lekishvili N, Ion exchange processes in the channels of zeolites. Asian J Chem 25(10):5605-5606

[5] Marsagishvili T, Ananiashvili N, Metreveli J, Kikabidze-Gachechiladze M, Machavariani M, Tatishvili G, Tskhakaya E, Khositashvili R (2014) Applications of Georgian zeolites for the extraction of useful components from natural and waste waters. Eur Chem Bull 3 (1):102-103

[6] Marsagishvili T, Machavariani M, Tatishvili G, Ckhakaia E (2014) Thermodynamic analysis of processes with the participation of zeolites. Bulg Chem Commun 46(2):423-430

[7] Abrikosov AA, Gorkov LP, Dzyaloshinski IE (1963) Methods of quantum field theory in statistical physics. Dover Publ., INC, New York, 341p

[8] Ermakov V, Kruchinin S, Fujiwara A (2008) Electronic nanosensors based on nanotransistor with bistability behaviour. In: Bonca J, Kruchinin S (eds) Proceedings NATO ARW "Electron transport in nanosystems". Springer, pp 341-349

[9] Ermakov V, Kruchinin S, Hori H, Fujiwara A (2007) Phenomena in the resonant tunneling through degenarate energy state with electron correlation. Int J Mod Phys B 11: 827-835

[10] Repetsky P, Vyshyvana IG, Nakazawa Y, Kruchinin SP, Bellucci S (2019) Electron transport in carbon nanotubes with adsorbed chromium impurities. Materials 12:524

[11] Dogonadze RR, Marsagishvili TA (1985) The chemical physics of solvation, part 1. Elsevier, Amsterdam, pp 39-76

[12] Dogonadze RR, Kuznetsov RR, Marsagishvili TA (1980) The present state of the theory of charge transfer processes in condensed phase. Electrochim Acta 25(1):1-28

[13] Marsagishvili T, Machavariani M, Tatishvili G, Khositashvili R, Marsagishvili T, Machavariani M, Tatishvili G, Tskhakaia E (2015) Theoretical models for photocatalysis process. Int J Res Pharm Chem 5(1):215-221

[14] Marsagishvili TA, Tatishvili GD (1993) To the theory of electromagnetic radiation in the radio wave range in non-stationary heterogeneous systems. Poverkhnost 5:9

[15] Marsagishvili TA, Tatishvili GD (1993) The theory of radio wave emission in electrochemical systems. Russ J Electrochem 29:1278

第二部分
纳米传感器

第9章 含和不含金属催化剂的金属氧化物化学气体传感器

摘要:安全、环境、工业、医药等领域对气体传感器的需求逐渐增加,因此,开发新型、廉价、易于制备、简单、低能耗和可靠的传感器具有重要意义。目前最常用金属氧化物化学电传感器类型之一就是具有以上特征的气体传感器。这些传感器的传感特性主要取决于表面特性,如粗糙度、孔隙率、结晶度等,而这些特性很大程度上取决于制备方法。此外,添加具有催化性能的金属纳米颗粒,尤其是贵金属纳米颗粒可以改变(主要是提高)传感效率。在这项工作中,我们使用 PLD 技术制备 Cu_xO 薄膜($1<x<2$),并在表面修饰了一些金纳米颗粒作为传感器。这些传感器由一个低热容量的陶瓷加热器周围的石英管表面的传感薄膜组成。采用原子力显微镜和扫描电镜技术对薄膜进行了表征。在相对低温下,对几种浓度的氢气和丙酮有明显的反应。

关键词:Cu_xO 薄膜;金;纳米粒子;氢传感器;丙酮传感器

9.1 简 介

气体传感器对安全、环境、工业、医药、汽车应用、航天器、传感器网络等许多领域都有很大的影响。各种有毒和可燃气体,如 H_2S[1]、NH_3[2]、CO[3]、H_2[4]、易燃挥发性有机化合物[5]等在工艺工业和制造业也有广泛的应用。气体传感器可以监测这些气体的浓度,检测和避免气体泄漏。

市场上非常需要新型、廉价、稳定、可靠、低功耗的气体传感器。这种需求结合了广泛的应用范围,引发了过去几十年全球范围内对性能改进的新型传感器材料的巨大研究。随着纳米技术[6-10]、低功耗和低成本的微电子电路[11]、化学计量学[12-13]和微计算[14-15]的发展,进一步改进了气体传感器的制造技术。2018 年,全球气体传感器市场的价值为 20.5 亿美元,预计较 2019—2025 年将增长 7.8%。

气体传感器是一种转换器,可以测量存在气体的浓度并转换成物理信息[16]。气体传感器的种类很多,如电化学、光学、半导体、电容、量热、超声波等。在传感器类型决定中最重要的因素有:气体类型和浓度范围、湿度、温度、压力、气体速度、化学中毒物质和/或干扰种类、功耗、响应时间、维护间隔、固定或便携式、点源式或开放光路路径等。

最常见的气体传感器类别是电阻率变化传感器(也被称为化学电阻传感器)。化学电阻型气体传感器的传感机制是基于传感层与目标气体分子吸附和反应时电阻的变化。传感层通常决定了灵敏度和选择性。在大多数情况下,传感材料是有机聚合物[17-18]、有机[19]、杂化半导体[20]或金属氧化物(MOx)[21]。尽管基于聚合物的化学电阻的数量正在增加[22],但是基于金属氧化物的化学电阻是最受欢迎的。它们之所以受欢迎,是因为:结构简单、低成本、体积紧凑、与微电子处理的兼容性高、高精度、可检测气体种类多，以及实时监测的能力。气体响应、选择性、稳定性和响应/恢复时间等气敏特性与传感器的制备方法和条件密切相关。但它们主要有两个缺点，即选择性差和工作温度高。催化剂的加入可以降低工作温度，甚至可以提高对特定分析物气体的选择性和灵敏度。

MOx 膜可以检测还原性（如 H_2、CO、碳氢化合物），氧化性（如 O_2、O_3）或中性（如 CO_2、H_2O）气体。它们的主要用途是检测化学和工业过程中有毒或爆炸性气体的泄漏[23]。最近，它们的用途已扩展到许多其他与人类健康有关的活动[24]，饮料和食品质量监测[25]、交通安全[26]等。各种过渡金属或后过渡金属已被用于制备金属氧化物传感器。选择这些金属的主要原因是它们的阳离子（d^n 构型）与 d^{n+1} 或 d^{n-1} 构型[14]的能量差很小。有效的金属氧化物传感器是那些具有阳离子配置 d^0（如 TiO_2）或 d^{10}（如 SnO_2、ZnO）的传感器。

铜是一种过渡金属，分别具有 Cu^+ 和 Cu^{+2} 及 $[Ar]-3d^{10}$ 与 $-d^9$ 构型。这两种态之间的能量差异很小，因为具有两个高层的 d 轨道[27]。氧化铜（CuO）是 p 型半导体，其直接带隙为 $1.2\ eV \sim 1.9\ eV$[28]。基于氧化铜纳米结构的气体传感器因其在检测一系列气体和蒸汽、HCOH、乙醇、NO_2、H_2S、CO[29,30]方面的灵敏度和选择性而引起了广泛的关注。一系列不同的技术，如湿化学方法[31]、溶胶-凝胶[32]、喷雾热解[33]、溅射[34]等，已用于制备 CuO 薄膜。

为研究影响 MOx 薄膜传感性能的相关参数，我们使用脉冲激光沉积技术（PLD）在石英管衬底上制备了含分散和不含分散金纳米颗粒的氧化铜薄膜。研究了薄膜作为气体传感器，并研究了金纳米颗粒作为催化剂对气体传感的影响。分别用原子力显微镜（AFM）、扫描电子显微镜（SEM）和能量色散 X 射线（EDS）光谱学研究了结构、形态和组成性质。研究了氧化铜和氧化铜：Au 材料，在操作温度 345 ℃ 下对不同浓度的 H_2 和丙酮的传感性能。

9.2　试验技术

9.2.1　薄膜成长

CuO 薄膜传感器已经通过 PLD 方法生长[图 9.1(a)][35-36]。激光束是由 Mo. Nano S 130-10 调 Q Nd:YAG 激光（Litron 激光）发出的，波长为 532 nm，脉冲持续时间为 10 ns。重复频率为 10 Hz，总共需要 4 h 来完成沉积。光束聚焦在铜目标上，能量为 14 J/cm²。这个箔目标被安装在一个由微处理器驱动的平翻译台上，并执行曲流运动。因此，避免了目标被击穿。沉积前，将腔室用高真空泵预先抽空至 10^{-5} mbar 的基本压力。然后，插入氧气反应气体，在薄膜生长过程中保持在 20 Pa 的动态压力。在室温下将 CuO 薄膜沉积在 Pyrex 管基板（$D_{in}=8$ mm，厚度 1 mm）上，该基板通过电动机以几转/秒的速度垂直旋转。沉积后，将 CuO 薄膜在 500 ℃ 退火 1 h。对于 CuO:Au 复合薄膜传感器，用上述相同的技术在真空中将金靶烧蚀 15 min，用金纳米颗粒覆盖氧化铜薄膜表面，测量过程也都是相同的。

9.2.2　气体检测装置

气体测试是在可控压力的铝制腔室内进行的。为了进行传感，管形基板由一个自制的圆柱形烘箱加热:这包括一个氧化铝管(直径 4 mm)。用于温度测量的镍/Cr 热电偶,一根镍-铬线包裹着作为加热元件的管[图 9.1(b)],用来自稳定电源的电流来设置所需的工作温度。高温锡膏覆盖烤箱,并有效地将热量传递到石英管基板。在进行气体测试之前,该腔室通过机械泵抽空至 10^{-4} mbar。然后,通过使用 Bronkhorst 气体流量计,用来自瓶子($80\%N_2, 20\%O_2$)的大气压气体填充该腔室,并通过 Baratron 压力计控制压力。根据 Baratron 压力计上显示的分压测量值计算出分析物气体浓度。薄膜传感器与 Keithley 皮安计在电路中串联连接,并在 1 Vdc 的电压下偏置。插入分析物气体后,传感器的电阻率变化导致通过电路的电流变化,该电流变化被实时记录,数字化并显示在计算机屏幕上。

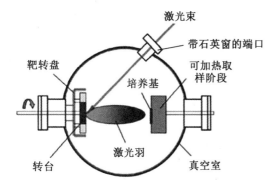 

(a)制备 Cu_xO 和 Cu_xO-Au 掺杂薄膜的 PLD 装置示意图　(b)高温陶瓷筒形加热器和石英管氧化铜薄膜照片

图 9.1　试验技术

9.3　膜的表征

9.3.1　扫描电子显微镜(SEM/EDS)结果

图 9.2 为不同放大倍数下制备的氧化铜薄膜的扫描电镜图像。可以观察到的[图 9.2(a)],氧化铜薄膜形成了一个光滑而均匀的表面,表面上有小颗粒(尺寸为<5 μm)。从文献中得知,PLD 生长的薄膜在其表面上表现出大量的这种液滴状的现象。

 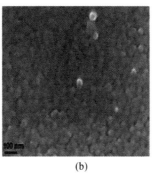 

(a)　　　　　　(b)　　　　　　(c)

图 9.2　CuO 膜的 SEM 图像

由纯靶材(此处为铜)组成的颗粒,在激光烧蚀过程中会从靶材中弹出。高倍图像[图9.2(b)和图9.2(c)]显示,CuO的表面呈颗粒状,高度致密且致密,由大小为50~80 nm的CuO晶粒均匀分布组成。SEM/EDS分析(图9.3)证实,滴状颗粒的确由Cu组成(黄色对应于Cu)。此外,我们可以在CuO/Au膜的表面看到尺寸约为1 μm(橙色为Au)的小Au颗粒。

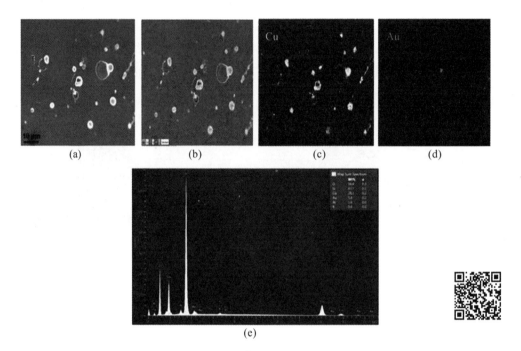

图9.3 CuO:Au膜的SEM和EDS图像

9.3.2 原子力显微镜(AFM)结果

从AFM图像(图9.4)可以看出,薄膜表面有一些均匀的铜颗粒,尺寸高度小于700 nm。从二维AFM图像(接触模式)和轮廓图像中,我们观察到薄膜表面非常光滑,表现出山丘形态,包括沿c轴生长、垂直于基底表面的柱状颗粒。氧化铜的晶界清晰,颗粒在平面上的尺寸和圆形似乎相似。

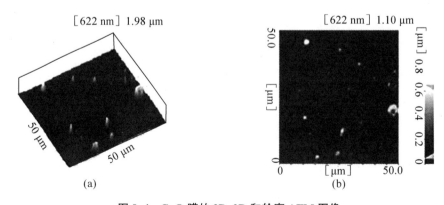

图9.4 CuO膜的3D、2D和轮廓AFM图像

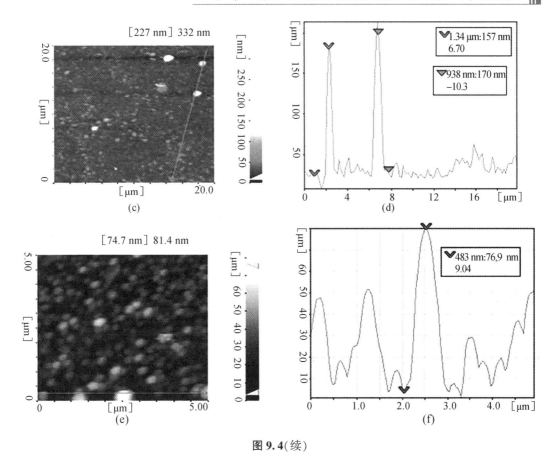

图 9.4(续)

9.4　气体传感效果

9.4.1　传感机制

基于金属氧化物的气体传感器的传感机制取决于暴露于目标气体时薄膜电阻率的变化。气体分子与金属氧化物表面相互作用,充当电子的供体或受体,从而改变金属氧化物膜的电阻率。最初,O_2 空气分子被吸附在薄膜表面上,并通过薄膜电子与之结合,然后根据以下反应解离并转变为带电离子

$$O_2(气体-吸附)+e^- \leftrightarrow O_2^-(T \leqslant 200\ ℃)$$

$$1/2O_2(气体-吸附)+e^- \leftrightarrow O^-(T \geqslant 200\ ℃)$$

$$1/2O_2(气体-吸附)+2e^- \leftrightarrow O^{-2}(T \geqslant 200\ ℃)$$

反应是吸热的,通过增加温度使平衡向右移动[37]。平衡状态向右移动。被检测到的气体分子与被吸附的氧发生反应,并被氧化,因此键合电子被释放回薄膜中。这导致了半导体金属氧化物的载流子数的变化,并因此改变了其电阻率(图 9.5)。根据传感器的半导体类型(n 型或 p 型)和分析物气体类型(氧化或还原),电阻率分别增加或降低(表 9.1)[38]。

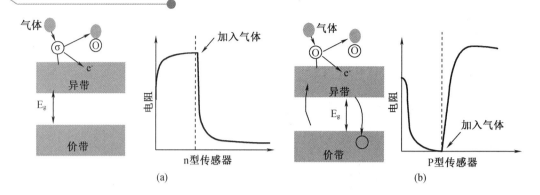

图9.5　n型(a)或P型(b)金属氧化物的导电机理和电阻变化的能带模型示意图

表9.1　电阻变化与半导体类型和气体的关系

分类	氧化性气体	还原性气体
n 型	电阻增加	电阻降低
p 型	电阻减少	电阻增加

　　除了分析物的类型外,特定 MOx 薄膜对分析物的电阻率变化幅度取决于表面配合物的数量、与气体的接近程度和传感器温度。由于这些原因,传感层的形态(如孔隙度,结晶度和表面粗糙度等)对于传感器效率至关重要[39]。因此,传感器的特性在很大程度上取决于制备方法和处理(如退火)。

　　传感器表面上掺杂金属纳米颗粒(主要是贵金属)可以改善传感性能。这种改善可以归因于两种不同的敏化机制:(1)是由界面电子再分配引起的电子敏化,(2)是化学敏化[40]。在电子敏化机制中,由于功函的不同,在贵金属和下面的 MOx 之间存在电子转移[图9.6(a)]。在化学敏化机理中,贵金属通过溢出现象[4,41]促进了目标气体与金属氧化物表面之间的化学反应。其结果在很大程度上取决于贵金属的类型和浓度。

　　更具体地说,由于高效的离解催化能力[图9.6(b)],贵金属纳米颗粒的作用主要基于带电氧的产生[图9.6(b)][42]。贵金属是有效的氧解离催化剂,它们与氧分子发生反应并将其解离为带电物质[图9.6(b)]。带电的氧气扩散到金属氧化物的表面[图9.6(c)]。此外,贵金属纳米颗粒在解吸前吸引并解离吸附在邻近金属氧化物区域的 O_2 分子[图9.6(d)]。结果,它们在金属纳米粒子周围创建了一个"有效区域"[43],并增加了带电物质的数量。因此,理想的情况是纳米颗粒均匀地分散在表面,这些"有效区域"覆盖薄膜的整个表面。

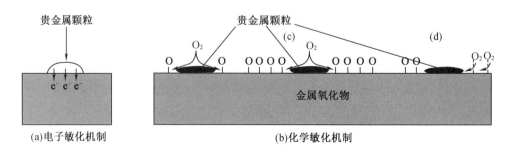

图9.6　电子敏化机理(a)及化学敏化机理示意图(b)(c)(d)

在许多情况下,纳米颗粒还催化分析物与催化剂的反应O例如,在 H_2 情况下,会发生以下反应:

(1) $H_2(g) \rightarrow H_{ads}$;

(2) $H_{ads} \rightarrow H_{ads}^+ + e^-$;

(3) $H_{ads} + H_{ads} \rightarrow OH$;

(4) $2OH \rightarrow H_2O + O_{ads}$。

其中前两个反应(1)和(2)是由 Pd 催化的。

9.4.2 H_2 感应

在两个温度(305 ℃和345 ℃)研究了氢气的传感效果。在所有情况下,对 H_2 的存在都有明显,快速的响应(上升时间少于 1 min)。图 9.7 显示了一组典型的实时测量结果,其中显示了在工作温度为 345 ℃下,CuO 和 CuO:Au 传感器对空气中不同浓度的 H_2 的瞬态响应。

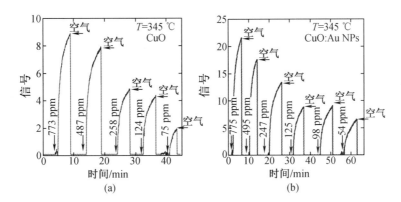

图 9.7 CuO 和 CuO:Au 传感器在 345 ℃下对不同浓度的 H_2 的响应

在 305 ℃时,金掺杂传感器的信号比纯 CuO 传感器的信号大三倍(图 9.8),因此具有较低的检出限(表 9.2)。通过提高温度,纯 CuO 传感器,信号显著改善,在 CuO:Au 传感器信号略有改善。

NiO:Au 纳米复合材料制备的传感器,也已经观察到传感器对氢气的敏感性增强[44]。作为催化剂的金纳米颗粒正在降低其附近的氢和大气中氧的解离势垒。产生的高活性原子物种相互作用非常快,特别是在如此高的工作温度下,它导致薄膜电阻的增加[45]。

9.4.3 丙酮传感

研究了两种温度(305 ℃和340 ℃)下的丙酮传感性能。在这两种情况下,可以观察到对丙酮气体的明显和快速的响应。一组典型的实时测量值如图 9.9 所示。它显示了 CuO 和 CuO:Au 传感器对空气中不同浓度的丙酮的瞬态响应,工作温度为 340 ℃。在图 9.10 显示了 CuO 和 CuO:Au 传感器对 305 ℃和345 ℃空气中不同浓度丙酮的响应。

从该图我们可以注意到,与在 H_2 情况下观察到的情况相反,在两个温度下,Au 颗粒的部分表面覆盖都会降低传感器对丙酮的传感性能。可能的解释是：一方面，Au 的金属纳米颗粒再次充当催化剂，仅促进吸附的氧的离解，而不促进丙酮的离解，从而不能使信号增强。另一方面，Au 纳米颗粒覆盖了部分薄膜表面，因此较少的薄膜表面可用于丙酮氧化。为了证明这一假设，需要将更多具有不同浓度的 Au 纳米颗粒的 CuO∶Au 纳米复合材料作为丙酮传感器进行测试。目前研究人员正在考虑这样的试验。

表 9.2　CuO 和 CuO∶Au 传感器在 305 ℃和 345 ℃下的检出限

材料	温度/(℃)	H₂ 检测限/ppm	丙酮检测限/ppm
CuO	305	267	56
CuO∶Au		50	128
CuO	345	70	7
CuO∶Au		50	12

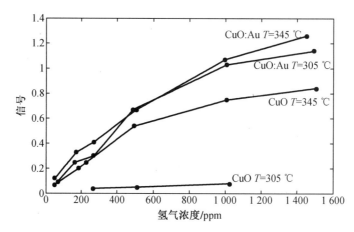

图 9.8　不同温度下 305 ℃和 345 ℃下 CuO 和 CuO∶Au 传感器的不同浓度氢气浓度响应图

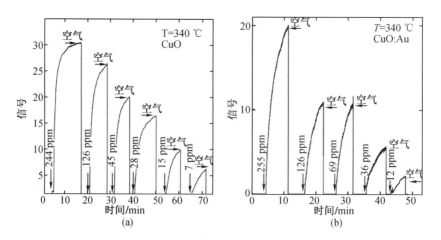

图 9.9　不同浓度的丙酮下，CuO 和 CuO∶Au 传感器在 340 ℃时的响应

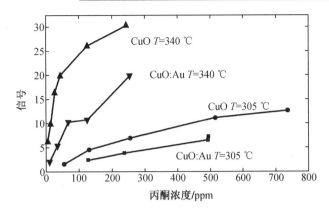

图 9.10　CuO 和 CuO：Au 传感器在 305 ℃和 340 ℃下对不同浓度丙酮响应的曲线图

9.5　结　　论

我们利用 PLD 技术在石英管上沉积了氧化铜和纳米复合材料 CuO：Au 薄膜。将一种新型的高温陶瓷圆柱形加热器插入加热管中,制备出低成本的气体传感器。AFM 和 SEM/ADX 图像显示出颗粒状薄膜表面具有很大的有效性,适合用作气体传感器。它们作为氢气和丙酮传感器进行了测试,结果令人满意。在检测 H_2 的情况下,膜表面上 Au 纳米颗粒的存在会显著提高传感效率,而在丙酮的情况下会使其变差。实验结果表明,通过 PLD 制备的 CuO 和 CuO：Au 薄膜可以用作具有成本效益的传感器。目前正在进行实验,以降低分析物的浓度,并研究诸如浓度和贵金属类型的参数。

参 考 文 献

[1] Gong J, Chen Q, Lian M-R, Liu N-C, Stevenson RG, Adami F（2006）Micromachined nanocrystalline silver doped SnO2 H2S sensor. Sens Actuators B Chem 114：32

[2] Aspiotis N, El Sachat A, Athanasekos L, Vasileiadis M, Mousdis G, Vainos N, Riziotis C（2013）Diffractive ammonia sensors based on Sol-Gel nanocomposites materials. Sens Lett 11：1415

[3] Stamataki M, Mylonas D, Tsamakis D, Kompitsas M, Tsakiridis P, Christoforou E（2013）CO sensing properties of CuxO-based nanostructured thin films grown by reactive pulsed laser deposition. Sens Lett 11：1964

[4] Fasaki I, Suchea M, Mousdis G, Kiriakidis G, Kompitsas M（2009）The effect of Au and Pt nanoclusters on the structural and hydrogen sensing properties of SnO2 thin films. Thin Solid Films 518：1109

[5] Alexiadou M, Kandyla M, Mousdis M, Kompitsas M（2017）Pulsed laser deposition of ZnO thin films decorated with Au and Pd nanoparticles with enhanced acetone sensing performance. Appl Phys A 123：262

[6] Lima T-C, Ramakrishna S (2006) A conceptual review of nanosensors. Z Naturforsch 61a:402

[7] Ermakov V, Kruchinin S, Fujiwara A (2008) Electronic nanosensors based on nanotransistor with bistability behaviour. In: Bonca J, Kruchinin S (eds) Proceedings NATO ARW "Electron transport in nanosystems". Springer, pp 341−349

[8] Ermakov V, Kruchinin S, Hori H, Fujiwara A (2007) Phenomena in the resonant tunneling through degenarate energy state with electron correlation. Int J Mod Phys B 11: 827−835

[9] Ermakov V, Kruchinin S, Pruschke T, Freericks J (2015) Thermoelectricity in tunneling nanostructure. Phys Rev B 92:115531

[10] Repetsky SP, Vyshyvana IG, Nakazawa Y, Kruchinin SP, Bellucci S (2019) Electron transport in carbon nanotube's with adsorbed chromium impurities. Materials 12:524

[11] Chiu S-W, Tang K-T (2013) Towards a chemiresistive sensor-integrated electronic nose: a review. Sensors 13:14214

[12] Lavine B, Workman J (2008) Chemometrics. Anal Chem 80:4519

[13] Pravdova V, Pravda M, Guilbault GG (2007) Role of chemometrics for electrochemical sensors. Anal Lett 35:2389

[14] Hagleitner C, Hierlemann A, Lange D, Kummer A, Kerness N, Brand O, Baltes H (2001) Smart single-chip gas sensor microsystem. Nature 414:293

[15] Feng S, Farha F, Li Q, Wan Y, Xu Y, Zhang T, Ning H (2019) Review on smart gas sensing technology. Sensors (Basel, Switzerland) 19:3760

[16] Mousdis G, Kompitsas M, Fasaki I (2011) Electrochemical sensors for the detection of hydrogen prepared by pld and sol-gel chemistry. In: Reithmaier JP, Paunovic P, Kulisch W, Popov C, Petkov P (eds) Proceedings NATO ARW "Nanotechnological basis for advanced sensors". Springer, pp 401−4079 Chemoelectrical Gas Sensors of Metal Oxides with and Without Metal Catalysts 147

[17] Indarit N, Kim Y-H, Petchsang N, Jaisutti R (2019) Highly sensitive polyaniline-coated fiber gas sensors for real-time monitoring of ammonia gas. RSC Adv 46:26773

[18] Cichosz S, Masek A, Zaborski M (2018) Polymer-based sensors: a review. Polym Test 67:342

[19] Garcia-Breijo E, Gómez-Lor Pérez B, Cosseddu P (eds) (2016) Organic sensors: materials and applications. Institution of Electrical Engineers, India, SciTech Publishing, Inc. ISBN: 978−1−84919−985−8

[20] Wang S, Kang Y, Wang L, Zhang H, Wang Y (2013) Organic/inorganic hybrid sensors: a review. Sens Actuators B Chem 182:467

[21] Adhikari B, Majumdar S (2004) Polymers in sensor applications. Prog Polym Sci 29:699

[22] Lee J-H (2019) Technological realization of semiconducting metal oxide-based gas

sensors. In：Barsan N，Schierbaum K（eds）Metal oxides，gas sensors based on conducting metal oxides. Elsevier，Amsterdam/Oxford/Cambridge，p 167 – 216，ISBN：9780128112243

[23] Oyabu T（1991）A simple type of fire and gas leak prevention system using tin oxide gas sensors. Sens Actuators B 5：221

[24] Xing R，Xu L，Song J，Zhou C，Li Q，Liu D，Wei Song H（2015）Preparation and gas sensing properties of In_2O_3/Au nanorods for detection of volatile organic compounds in exhaled breath. Sci Rep 5：10717

[25] Ghasemi-Varnamkhasti M，Mohtasebi SS，Siadat M，Lozano J，Ahmadi H，Razavi SH，Dicko A（2011）Aging fingerprint characterization of beer using electronic nose. Sens Actuators B 159：51

[26] Seetha M，Mangalaraj D（2012）Nano-porous indium oxide transistor sensor for the detection of ethanol vapours at room temperature. Appl Phys A 106：137

[27] Schneider WF，Hass KC，Ramprasad R，Adams JB（1996）Cluster models of Cu binding and CO and NO adsorption in Cu-exchanged zeolites. J Phys Chem 100：6032

[28] Comini E，Faglia G，Sberveglieri G，Pan Z，Wang ZL（2002）Stable and highly sensitive gas sensors based on semiconducting oxide nanobelts. Appl Phys Lett 81：1869

[29] Stamataki M，Mylonas D，Tsamakis D，Kompitsas M，Tsakiridis P，Christoforou E（2013）CO sensing properties of Cu-O-based nanostructured thin films grown by reactive pulsed laser deposition. Sens Lett 11：1964

[30] Liao L，Zhang Z，Yan B，Zheng Z，Bao QL，Wu T，Li CM，Shen ZX，Zhang JX，Gong H（2009）Multifunctional CuO nanowire devices：P-type field effect transistors and CO gas sensors. Nanotechnology 20：085203

[31] Wang W，Liu Z，Liu Y，Xu C，Zheng CC，Wang G（2003）A simple wet-chemical synthesis and characterization of CuO nanorods. Appl Phys A 76：417

[32] Armelao L，Barreca D，Bertapelle M，Bottaro G，Sada C，Tondello E（2003）A sol-gel approach to nanophasic copper oxide thin films. Thin Solid Films 442：48

[33] Moumen A，Hartiti B，Comini E，El Khalidi Z，Arachchige HMMM，Fadili S，Thevenin P（2019）Preparation and characterization of nanostructured CuO thin films using spray pyrolysis technique. Superlattice Microstruct 127：2

[34] Samarasekara P，Kumara NTRN，Yapa NUS（2006）Sputtered copper oxide（CuO）thin films for gas sensor devices. J Phys Condens Matter 18：2417

[35] Fasaki I，Giannoudakos A，Stamataki M，Kompitsas M，Gyorgy E，Mihailescu IN，Roubani Kalantzopoulou F，Lagoyannis A，Harissopulos S（2008）Nickel oxide thin films synthesized by reactive pulsed laser deposition：characterization and application to hydrogen sensing. Appl Phys A 91：487

[36] Fasaki I，Kandyla M，Tsoutsouva MG，Kompitsas M（2013）Optimized hydrogen sensing properties of nanocomposite NiO：Au thin films grown by dual pulsed laser deposition.

Sens Actuators B 176:103

[37] Williams DE (1999) Semiconducting oxides as gas-sensitive resistors. Sens Actuators B 57:1

[38] Shankar P, Bosco J, Rayappan B (2015) Gas sensing mechanism of metal oxides: The role of ambient atmosphere, type of semiconductor and gases a review. Sci Lett J 4:126

[39] Barsan N, Weimar U (2001) Conduction model of metal oxide gas sensors. J Electroceramics 7:143

[40] Liu C, Kuang Q, Xie Z, Zheng L (2015) The effect of noble metal (Au, Pd and Pt) nanoparticles on the gas sensing performance of SnO_2-based sensors: a case study on the {221} high-index faceted SnO_2 octahedra. Cryst Eng Commun 17:6308

[41] Müller SA, Degler D, Feldmann C, Türk M, Moos R, Fink K, Studt F, Gerthsen D, Bârsan N, Grunwaldt J-D (2018) Exploiting synergies in catalysis and gas sensing using noble metalloaded oxide composites. Chem Cat Chem 10:864

[42] Kolmakov A, Klenov DO, Lilach Y, Stemmer S, Moskovits M (2005) Enhanced gas sensing by individual SnO_2 nanowires and nanobelts functionalized with Pd catalyst particles. Nano Lett 5:667

[43] Tsu K, Boudart M (1961) Recombination of atoms at the surface of thermocouple probes. Can J Chem 39:1239

[44] Kandyla M, Chatzimanolis-Moustakas C, Koumoulos EP, Charitidis C, Kompitsas M (2014) Nanocomposite NiO:Au hydrogen sensors with high sensitivity and low operating temperature. Mater Res Bull 49:552

[45] Morrison SR (1987) Selectivity in semiconductor gas sensors. Sens Actuators 12:425

第10章 离子轨道蚀刻的再研究:老化对先进器件所用的辐照聚合物的影响

摘要:聚合物的老化可能会导致使用它们的设备(如生物传感器等)可能发生故障。迄今为止,关于老化对原始和快重离子辐照聚合物膜的影响知之甚少,我们最近开始研究已经老化超过约20年的材料,重新检查此类材料的蚀刻行为和电子性能。为此,我们将蚀刻开始时间与各个蚀刻阶段的蚀刻速度相互关联起来。不出所料,样品老化会影响这些参数的大小。出乎意料的是,这种老化效应在样品的两面也不同。发现蚀刻参数不仅与所检测的薄膜样品的厚度和表面粗糙度相关,而且与离子辐照的通量相关。在一致的模型中,所有这些影响都可以解释。

至于一些检测,需要很长的蚀刻时间,所以问题是在轨道蚀刻过程中的中断可能会影响检测结果。在附录中表明,短暂干燥样品是避免测量结果受到干扰的最安全方法。

关键词:离子径迹;辐照聚合物;纳米孔

10.1 简 介

聚合物的老化越来越引起人们的关注,因为它们经常造成环境破坏。老化还会使用聚合物的传感器(如生物传感器等)在一段时间后失效。因此,详细地研究这种影响是重要的。对于原始聚合物以及离子辐照的聚合物上也是如此。

快速重离子(SHI)进入聚合物地产生了直接的辐射损伤区域,即所谓的"潜在离子轨道"[1],该区域富含过量的自由体积和放射化学产物,因此很容易被蚀刻成纳米孔,即"蚀刻离子轨道"。由于其独特的特性,如微米级至纳米级尺寸,可用于过滤和超滤[2-5];电子行为可用于建立新兴的聚合物电子学[6-7],蚀刻可以产生宽高比高的沟道,还可以通过覆盖酶来转化为生物传感器[8-18],近年来逐渐引起了人们的关注。

需要研究和比较不同生物传感器(由不同聚合物,辐照条件和辐照时间不同的薄膜)的结果,即量化研究聚合物的蚀刻轨道参数与蚀刻过程[19]。众所周知,蚀刻是在 i($i=1,2,3$ 和最终甚至4个)不同阶段[分别称为轨道核心 C,半影 P,光环 H(如果存在)和主体 B]中进行的,因此最重要的参数是这些阶段的开始时间 t_i 及其蚀刻速度 v_i。根据幂律,这些参数之间的关联性很好,要么通过测得的数据,要么通过 $\tau_i = t_i/t_B$ 和 $\nu_i = v_i/v_B$ 对其进行归一化计算。后一种方法能够用于比较不同的生物传感器。

人们还发现这些参数与聚合物的时间和薄膜的剖面有关。聚合物的老化引发了不同的扩散驱动的分解、离析和崩解过程[7],刻蚀的开始时间和速度增强,老化的速度的增加。聚合物和蚀刻聚合物的两侧略有不同,本质上是聚合物添加剂的偏析和表面沉淀的结果。由于一些片层是抵抗蚀刻剂侵蚀的扩散阻挡层,因此表现出薄膜侧面不对称性,样品越旧,即分离和沉淀持续的时间越长,薄膜两侧的不对称性会增强。

在这里,我们将添加一些实验发现,这些发现提供了关于轨道蚀刻的侧面不对称性质的提示。此外,我们表明在轨迹蚀刻参数与薄膜厚度和离子轨道密度(等于 SHI 能量密度)之间还存在其他相关性。我们还检查了与表面粗糙度的可能相关性。这些发现都可以在一个一致的模型中解释。

10.2　实　　验

10.2.1　样品和测量技术

从我们近十年来的研究工作中,仍然可以找到各种不同的快速重离子(SHI)辐照聚合物薄膜,这些薄膜在 2014—2016 年进行了重新测试。结果显示在本研究中,这些样品的保存约 20 年,同时在实验室环境条件下(约 18℃ ~ 22 ℃)在黑暗存放中。这些样品的具体数据汇编在参考文献[19]中,以及一些代表性薄膜的两面的蚀刻结果(通过 SHI 照射的聚合物薄膜传输的电流作为蚀刻时间的函数,同时在薄膜上施加测试电压)。所有样品都需要选择 SHI 辐照能量,以使 SHI 的辐照范围远远超过薄膜的厚度,从而使传递的能量密度在薄膜的两面大致相同(通常在约 1%或更小范围内)。在所有实验中,PET、聚碳酸酯和硝酸纤维素样品均在 2014—2016 年在特殊设计的蚀刻室中以 4 M NaOH(聚酰亚胺样品使用含 5% 的 NaOCl)在室温下蚀刻[20]。正如已经发现的那样,这些老化的薄膜表现出明显的轨道蚀刻侧面差异性,我们从两侧蚀刻薄膜,将蚀刻剂穿透速度更快的一面定义为"A 面",将相反的侧面定义为"B 面"。

在此选择低刻蚀浓度和温度是为了使刻蚀过程大大超出常规时间,以便清楚地计算出蚀刻过程中的所有各个步骤。在 49.5 mHz 施加约 4~5 $V_{峰-峰}$ 的正弦测试电压时,可通过测定流经箔片的电流来稳定地控制蚀刻过程。一方面选择交流电压以避免任何极化的积累,另一方面可以记录可能的相移和整流[7]。选择非常的低频率,以避免产生过多的电容性电流。有意将其偏离 50 mHz,以避免对工业电子背景噪声产生可能的干扰。施加相对较高的电压可将精确测量很小的传输电流。用 Mitutoyo 粗糙度仪 SJ-201 测量薄膜两侧的粗糙度。评估记录的传输电流与薄膜蚀刻时间的函数(为简便起见,通常称为"蚀刻协议"),并将其结果记录在参考文献[7]和参考文献[19]中。

由于此处施加的蚀刻剂浓度和温度较低,因此蚀刻花费了较长的时间。在蚀刻较长时间的情况下(如在周末或停电期间),最终变得有必要中断蚀刻过程并随后继续蚀刻。似乎没有在这种情况下的蚀刻配方。因此,不同的研究人员建议将相应的薄膜进行干燥,直至将其存储在水中或某些酸中。主要目的是在必要中断的情况下尽可能快地抑制蚀刻过程,以便以后在受控条件下恢复蚀刻过程。在"本章附录"中,将详细讨论该问题。本研究的结论是,蚀刻过程中的样品快速干燥是防止任意膨胀或样品污染等,防止影响受控测量结果的唯一有效策略。

10.3 结果与讨论

10.3.1 轨道蚀刻的薄膜两侧不对称性

1. 老化薄膜和新膜不对称轨道蚀刻与温度的关系

作为热力学驱动过程,蚀刻遵循阿伦尼乌斯(Arrhenius)公式的规律。通过观察蚀刻剂穿透时间 t_C 与蚀刻温度的关系[21]可以看出这一点。然而,据我们所知,从未研究过其他轨道蚀刻参数(如 t_P 和 t_B)如何遵循这一规律,特别是在轨道老化和聚合物薄膜两面差异性可能会影响该遵循这一规律。为了研究这一点,我们将新鲜和老化样品在不同蚀刻温度下的双面蚀刻性能进行了比较。在2015年,对两种具有代表性的新鲜(约2014年)薄膜(8#薄膜[19])和老化的(约2005年)薄膜(19#薄膜[19])。如预期的那样,薄膜两侧 A 面和 B 面的蚀刻时间 $t_i(i=C,P,B)$ 大致遵循阿累尼乌斯图[图10.1(a)和图10.1(b)]。有趣的是,对于老化的薄膜,B 面的 t_C 和 t_P 值之间的时间间隔 ΔP(或 t_C 和 t_B 之间的 ΔB)比 A 面宽[图10.1(b)],两种老化薄膜观察到的现象均大于新鲜的薄膜;这清楚地表明了薄膜的面差异性和刻蚀时间的重要性。由于新鲜样品的 ΔP 和 ΔB 值之间几乎看不到任何差异[图10.1(a)],我们得出的结论是,轨道蚀刻中的两面不对称性随样品时间的增长而明显增长。

实际上,最新讨论指出[19],聚合物添加剂(如填料)对层状结构的偏析是离子轨道刻蚀过程中观察到的两面不对称的根源,这在环境温度下需要数年到数十年的时间才能观察到。

将薄膜 A 和 B 两面分别以 t_i 值相除,$t_{i,A}/t_{i,B}$。人们意识到对于新鲜薄膜,这些比率在环境温度(19±4)℃和70℃时均最低[图10.1(c)]。在两者之间的间隔中,该比率相对恒定约在1.4±0.1。相比之下,老化的样品[图10.1(d)]的 $t_{i,A}/t_{i,B}$ 比值保持恒定为0.8±0.1,并且在环境温度下没有偏差。但是,高于约40℃时,该比率将变为单一或更高。高于60℃时,由于与蚀刻剂穿透非辐射体的电子信号有很强的重叠(这是蚀刻老化的 SHI 辐照薄膜的典型效果),因此无法再确定 t_i 值。

2. 可能的表面污染

开始讨论离子轨道蚀刻薄膜中可能的一面不对称性,一个简单的反驳理由是,这种不对称性可能只是操作过程中意外表面污染(如油、油脂或指印)的结果。但是,至今仍缺少反对蚀刻不对称的明确证据。在没有任何表面污染的情况下,薄膜的两面不同轨道状态蚀刻的起始时间 $t_i(i=C,P,B)$ 应遵循阿伦尼乌斯公式[18],同样也对应蚀刻速度 v_i。然而,在有表面污染物的情况下,必须先将其溶解,然后开始进行轨道蚀刻,应该观察到 t_i 的增加,因为表面污染物的溶解将花费一些时间。(类似地,由于总的蚀刻速度 v_C 与 t_C 成反比,因此对于有污染的薄膜表面,t_C 应当增加。)但是,由于轨道蚀刻只能是去除表面污染之后才可以开始蚀刻,半影和整体蚀刻速度 v_P 和 v_B 均不受之前表面污染的影响。这意味着,在薄膜被污染的情况下,t_C 应该会变大,而距离 ΔP 和 ΔB 则应保持相同。此外,随着蚀刻温度的升高,蚀刻剂的油/脂溶解能力会大大提高,因此表面污染对 t_C 和 v_C 的影响仅仅应该是低温下有作用。正如我们在上面看到的,图10.1(a)的结果(在新鲜薄膜中进行刻蚀)表明,在我们目前的实验精度范围内,无论是温度影响还是薄膜两面,Δ_P 和 Δ_B 值均未发现差异,结果说明不支持表面污染的假设。

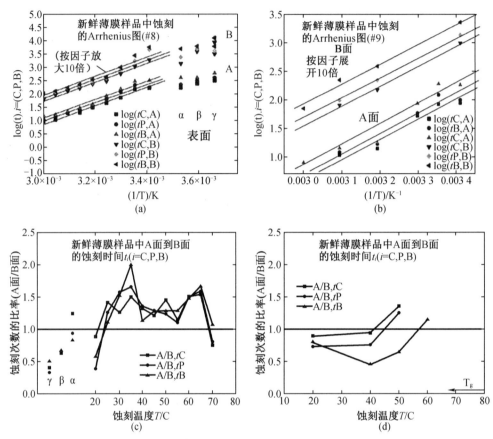

图 10.1 (a)新鲜薄膜(#8)和(b)老化薄膜(#19)中 A 和 B 面的蚀刻时间 $t_i(i=C,P,B)$ 的温度依赖性,以 Arrhenius 图表示

(为了清楚起见,将边 B 的 t_i 值放大 10 倍。由于有可用的老化样本有限,在(b)中的数据点少于(a)中的数据点。(c)新鲜薄膜(#8)和(d)老化薄膜(#19)中 A 面和 B 面的蚀刻时间 $t_i(i=C,P,B)$ 的比率与温度依赖性。符号 α 和 β 表示分别用 A 面或 B 面用家用洗涤剂或乙醇清洁过;符号 γ 表示在蚀刻前刻意在 A 或 B 面上覆盖一层油的薄膜)

  为了给出更多关于(或反对)新鲜样品表面可能出现的表面污染的论点,我们开展了另外三个测试:在双面使用商用洗涤剂蚀刻之前清洁样品表面(图 10.1 中的符号 α);用无水酒精处理表面(图 10.1 中符号 β),和在进行常规的轨迹蚀刻测试之前,将非常薄的机油故意沉积在样品表面上(图 10.1 中符号 γ),这些研究表明以下内容。

  符号 α 表明在进行蚀刻之前,使用商用洗涤剂(墨西哥 Procter&Gamble 公司的"Salvo")可产生与没有表面处理蚀刻时相同的(A 面)或稍低(B 面)的蚀刻时间 t_i。因此,比率 $t_{i,A}/t_{i,B}$ 大约为 1,比未清洗的样品要高一些。这表明在新鲜样品的表面 B 上可能存在一些表面污染(即在具有较慢蚀刻速度的薄膜一侧)。

符号 β 表明酒精会稍微增加两面的蚀刻时间 t_i。这被理解为是由醇引起的聚合物溶胀的结果,导致两侧的表面附近自由体积剧烈降低。因此,比率 $t_{i,A}/t_{i,B}$ 大致保持与未处理样品相同。

符号 γ 表明如所预期的那样,故意在样品表面上沉积油脂(使用加利福尼亚州圣地亚哥的 WD-40 公司的 3-EN-UNO 型)导致薄膜两面上的蚀刻时间 t_i 有所增加。显然,B 侧的增强程度高于 A 侧,这表明油或油脂作为表面扩散屏障的作用越有效,在给定一侧的自由体积就越少。因此,两侧的蚀刻时间的比值都小于以前的情况。

轨道蚀刻参数与薄膜各面之间的相关性

在参考文献[19]中,我们测试了蚀刻参数 t_i 和 v_i 的各种组合[例如,$t_P(t_C)$,$t_B(t_P)$,$v_P(v_B)$,$v_C(t_C)$ 和 $v_P(v_C)$],这些组合大多会产生明确的幂律相关性。尽管我们在某些图形中区分了 A 面和 B 面的蚀刻结果,但是对于它们的两个侧面影响,没有出现清晰的结果。因此,我们在图 10.2 中绘制了蚀刻参数 t_C,v_C,v_P 和 v_B 彼此之间的相关性的结果(即 $t_{C,B}(t_{C,A})$:图10.2(a)中 $v_{C,B}(v_{C,A})$:图 10.2(b)中,$v_{P,B}(v_{P,A})$:图 10.2(c)中 $v_{B,B}(v_{B,A})$:图 10.2(d),其中第一个指数表示轨道区域(C,P 或 B),第二个指数代表蚀刻的薄膜各面(A 或 B)。

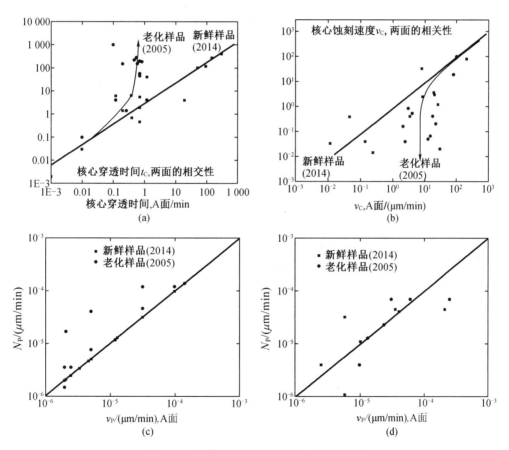

图 10.2　薄膜两侧的轨道蚀刻之间的相关性

((a)核心蚀刻的开始时间和(b)蚀刻速度;大多数新鲜样品(黑点)沿对角线排列,而老化样品(红色圆圈)通常由于 A 侧的强烈降解而发生偏离。导致过高的核心蚀刻速度和较低的穿透时间。(c)和(d)显示了两侧相应的蚀刻速度,(c)半影和(d)整体蚀刻区域;没有出现明显的时间依赖性)

首先，让我们考虑两个处理轨道核心蚀刻的图形[图 10.2(a)和图 10.2(b)]，这些图形揭示了新旧样品之间的偏差。在这两种情况下，偏差都显示出来，老化的聚合物样品的 $t_{C,A}$ 和 $v_{C,A}$ 的值不再增加超过一定值。这一发现的解释很简单：由于聚合物添加剂（如填料）的偏析（在非辐照和 SHI 辐照的聚合物薄膜上）而推测在 B 面上形成某种保护性扩散屏障，很大程度上阻止了腐蚀性气体（如氧气和湿气）渗入该侧，因此仍保留了原始的轨道结构。

相比之下，在相对的薄膜 A 面上缺少保护性覆盖层，使腐蚀性气体易于渗透并侵蚀 SHI 轨道，从而在此处增强蚀刻效果。刚开始老化的薄膜在 B 面仅显示了一些稍微延迟的蚀刻，而在 A 面则显示了一些增强的蚀刻（此处未显示），而我们可用的老化薄膜在 B 面都显示出了很强的蚀刻延迟性，而在 A 面则显示出了很强的增强性。因此，图 10.2(a)和图 10.2(b) 中的曲线几乎向上弯曲（A 面朝向 t_C 值约为 0.5 min）和向下弯曲（向 A 面的 v_C 值约为 5 μm/min）。这再次表明，由于长期老化，薄膜 A 面上的材料的破坏，而薄膜 B 面上的材料仍在很大程度上保留了原始材料的属性。

现在让我们将注意力转移到蚀刻过程中半影带的行为：图 10.2(c)显示，对于新鲜的薄膜片，从薄膜片的两面测得的蚀刻速度没有偏差。但是，对于老化的样品，与 A 面相比，B 面的半影蚀刻增加了大约一半数量级。要了解在老化过程中出现的这种差异，让我们回顾一下，可能存在两种的蚀刻顺序：一个遵循众所周知的顺序是，轨道芯 C-半影带 P-块 B 的三步序列[21]；另一个不那么常见，其中半影带步骤分为两个阶段（第一个又称为半影 P 和第二个称为光晕 H）：CPHB[19]。每当聚合物溶胀占主导地位时，就会发生后一刻蚀顺序。在这种情况下，原始的（通常是刚性且耐腐蚀的）交联半影区往往会转变成某种凝胶（柔软且易于蚀刻），而在进入聚合物块之前，仅剩下一些刚性的交联残余物（形成光晕区域）。我们以前的工作[19]给我们一些提示，一方面老化可能会促进这种溶胶-凝胶转变，但是降解过程（如氧化和水解）可能会改变聚合物，从而阻碍了溶胶-凝胶转变。如果这是正确的，则蚀刻剂可能会在 B 面的受保护半影带区域中转变为凝胶，而在 A 面蚀刻的半影带不会形成凝胶，因此进行速度较慢。最后，图 10.2(d)说明了两面的整体蚀刻速度之间的相关性，这仅意味着聚合物本体本身不受薄膜表面上进行的处理的影响。

3. 中间结论

根据以上研究发现，我们可以得出以下结论。

(1)对于老化的薄膜(#19)的两侧[图 10.1(b)]的蚀刻时间 t_i($i=C,P,B$)的 Arrhenius 图与新鲜的薄膜(#8)相似。

(2)新鲜样品(#8)确实可能在一面上表现出松散结合的表面污染，通过将蚀刻温度提高至少 5 ℃ 或用洗涤剂短暂洗涤，很容易消失。

(3)在最高温度为 70 ℃ 的条件下，薄膜的玻璃化转变温度影响了新鲜样品的蚀刻行为。我们将此归因于一个薄膜表面的聚合物开始结构变化。

(4)新鲜样品的两面（即使在表面清洁后）其蚀刻行为也因成分或密度而异；约 40%，由于两种表面存在内在的差异。

(5)老化样品(19#)在两面均未显示出表面污染的迹象。这表明在长达十年的存储时间内，较早引起的表面污染可能已被吸附在聚合物块中，或均等地分布在两个薄膜表面上。

(6)在时效过程中，表面成分或薄膜的两面密度的内在差异，在老化过程中增加了约 50%。

(7) 老化的辐照过的聚合物薄膜即使在约 70 ℃时也没有任何结构 PET 转变的迹象。这表明聚合物的刚度和与老化的一致性不断下降,这是预期的效果。

(8) 与刻蚀新鲜聚合物相比,老化聚合物一侧上的轨道存在最大刻蚀时间(约 1 min)和最小刻蚀速度(约 5 μm/min),这是无法超越的。

无论如何,在热轨道蚀刻过程中不存在聚合物松弛过程对我们是有利的,因为它使我们能够明确地区分导致轨道蚀刻的两侧面差异性的不同机理。另外,除非考虑聚合物弛豫时间,否则使用聚合物薄膜的退火实验模拟其聚合物老化的价值有限。

总之,由于局部成分或密度的变化,必须始终将固有的轨道蚀刻不对称性;显然,它们会随着老化时间的增长而增强。实际上,轻微的表面污染对于低温下的新鲜样品确实起了较小的作用,但在高温下或老化的样品中则不再起作用。需要集中精力研究老化聚合物样品中轨道蚀刻的影响效果时,表面污染的影响不大。

10.3.2 轨道蚀刻参数与其他外部参数之间的相关性

1. 轨道蚀刻参数与薄膜厚度之间的相关性

当绘制不同样品的蚀刻时间 $t_i(i = C, P, B)$ 与相应的薄膜厚度的关系图时,发现随着厚度 d 的增加,可以通过以下平方的关系描述:

$$T_i[\text{min}] = c_1 + c_2 d[\text{um}]^2 \tag{10.1}$$

如图 10.3(a)中 c_1 约为 70 min,c_2 约为 0.2 min·μm^{-2}。在扩散过程中,平均自由扩散路径随时间的平方根而变化,观察到的薄膜厚度与蚀刻时间的平方具有相关性,在轨迹蚀刻过程中都是扩散的控制步骤的。显然,这对于所有三个蚀刻轨道都成立。术语 c_1 与厚度无关加到平方关系[式(10.1)]得到准备时间(蚀刻剂进入轨道所必需,初始溶解和轨道材料在溶解前的溶胶/凝胶转变),这说明了轨道蚀刻的扩散动力学。不同阶段 C,P 和 B 的蚀刻开始时间相反,尚不清楚原因,没有发现样品厚度对 C,P 和 B 的测量蚀刻速度或归一化蚀刻速度都有影响。

2. 轨道参数与 SHI 通量之间的相关性

我们通过轨道蚀刻阶段 $i = (C, P, B)$ 的蚀刻时间 t_i 对应离子通量的图均未得到相关关系。然而,当通过除以整体蚀刻时间 t_B:$\tau_i = t_i/t_B$ 来归一化测得的蚀刻时间 t_i 时,能获得一张图表[图 10.3(b)],该图表显示出一点点对通量的相关性。在此,t_C 值(黑方形)的数据间隔增加,而 t_P 值(红点)的数据间隔随着通量的增加而减小。

要理解这一点,需要考虑到依赖于轨道通量的效应是集体效应,即处理轨道之间相互作用的效应:当 SHI 进入固体时,离子轨道的局部极高转移能量密度在极短的时间内引发冲击波,冲击波径向传播远离冲击地点。冲击波不仅会压缩邻近聚合物的固有自由体积(FV),而且还会压缩附近轨道中的辐射诱导 FV。在特定的聚合物区域中残留的 FV 越少,则该区域的传输过程受到阻碍越多。随着通量的增加,样品中被压缩区域的数量增加;因此,沿着样品的总体传输(扩散)也减少了。

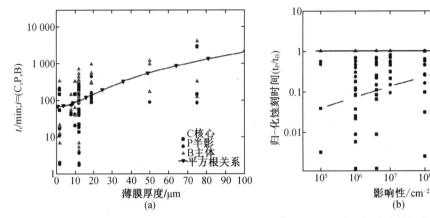

图10.3 薄膜厚度对蚀刻时间的影响(a)和归一化蚀刻时间与影响的相关性(b)

((a)测得的 t_i 结果 i=(C,P,B)都取决于薄膜的厚度;(b)归一化的 t_i 结果(i=C,P,B)对离子通量的相关性。(此处的标准化划分是根据刻蚀开始时间划分的)。(a)扩散反应动力学似乎存在一个与薄膜厚度大致成平方根的关系(由带有蓝色直立三角形的曲线表示)。(b)归一化的 t_C/t_B 的增加和 t_P/t_B 的值的降低是由于 SHI 引起的冲击作用造成的。虚线表示 t_C/t_B 和 t_P/t_B 值的边界。蚀刻速度与薄膜厚度或通量之间的对应关系很差,因此在此省略)

但是,由于统计原因,总有一些区域尚未受到(或很少)这种辐射诱发的压实[23-24](或"冲击"[25])的影响,因此总体上扩散系数的分布不仅会移到较小的值,而且会加宽。由于轨道蚀刻是扩散控制的过程,因此上述冲击效应直接决定了通过轨道中心的蚀刻剂穿透时间 t_C:随着通量的增加,归一化的核心蚀刻时间间隔(即 $\tau_C=t_C/t_B$)变宽[注意:这不是单个 τ_C 或 τ_P 值变化,而是归一化值的间隔的变化。这对随后的半影蚀刻具有直接影响,因为半影蚀刻的归一化起始时间的平均间隔 $\tau_P=t_P/t_B$ 也减小,如图10.3(b)所示]。因此,也存在这样一种趋势,即随着 SHI 通量的增加,由于聚合物的辐射压实作用增强,归一化半影蚀刻速度($\nu_P=v_P/v_B$)间隔减小;但是,这种效果不是很明显。

3.轨道参数和薄膜的表面粗糙度之间是否存在相关性

当老化聚合物薄膜的轨道蚀刻取决于薄膜的两侧时,最初认为这可能是由于薄膜两侧的表面粗糙度不同造成的,由于不同的表面粗糙度可能会对撞击的离子路径造成扭曲,从而导致不同的范围的损伤分布。但是,还要考虑到非常强的 SHI 质量和高能量会阻止这种情况,并保证离子撞击轨道不受表面结构和方向影响。然而,我们将在下面展示,在蚀刻剂的核心突破时间和粗糙度之间确实存在一个明确的相关性。

表面粗糙度 R 通过实表面的法向量方向与其理想形态的偏差来量化。最常见的表征是 Ra 参数。它是被测量的粗糙度轮廓垂直偏差的绝对值的算术平均值。表10.1汇总了所有 SHI 辐照的薄膜两侧的 Ra 参数(#13 和#18 薄膜太薄,不具备需要的稳定性,而16薄膜太脆)。图10.4(a)显示,在大多数情况下,两侧的粗糙度彼此之间具有很好的相关性,这可以通过冷轧或热轧生产过程中两个轧辊表面的相似性来理解。当将穿透时间 t_C 与 B 面的相应粗糙度相关联时,我们发现了清晰相关性,如图10.4(c)所示:表面越粗糙,穿透时间越长。但是,相对薄膜的 A 面缺少这种相关性[图10.4(b)];在此, t_C 独立于粗糙度。还没有获得刻蚀 A 和 B 面的穿透时间 t_C 的比率 $t_{C,A}/t_{C,B}$ 与对应的 A 和 B 面的表面粗糙度比率 R_A/R_B 之间的任相关性。同样,对于 A 面和 B 面,核心,半影和块体在表面上粗糙度与蚀刻速度之间都没有相关性[图 10.4(d)]。

为了理解图 10.4(b)和图 10.4(c)的结果,我们回顾一下有关老化对两个不同薄膜面蚀刻的影响的信息[19]:A 面按定义为突破时间 t_c 较低的一面,因此蚀刻速度较高。这意味着蚀刻剂和蚀刻产物的扩散系数都很高。在一个惰性的环境气氛下,高聚物的自扩散,这会触发原始的表面粗糙度,随后逐渐平滑。然而,在通常的环境空气条件下,A 面还容易进入外部杂质如氧气和湿气,通过氧化和水解作用显着地改变着聚合物。这些过程导致聚合物降解和大分子链断裂,后者在很大程度上失去了它们的易迁移性,因此,原始表面粗糙度几乎不受影响。

表 10.1 测试所有聚合物薄膜两面的表面粗糙度

序号	描述 (材料、辐照条件、时间)	A 面		B 面	
		粗糙度/μm	薄膜编号/#	粗糙度/μm	薄膜编号/#
0	PET,原始,约 2008 年	0.3	0a	0.22	0a
1	PET, 12 μm, 170 MeV Xe, 1×10^5 cm^{-2}, 2011 年	0.234	240;268	0.356	290
4	Makrofol,40 μm,350 MeVAu, 1×10^5 cm^{-2},2005 年	1.36	292	0.54	209;291
5	硝酸纤维素,10 μm,350 MeV Au, 1×10^6 cm^{-2},2004 年	0.53	295;312	0.08	293
6	PET,Melinex, 12 μm, 250 MeV Kr, 4×10^6 cm^{-2}<2005	0.31	236;278	0.26	296
7	PET,Melinex, 12 μm, 250 MeV Kr, 4×10^6 cm^{-2}UV,2014 年	0.23	200;270; 262~265	0.34	300;313
8	PET,Hostaphan, 19 μm,170 MeVXe, 1×10^7 cm^{-2},2014 年	0.13	239;255;254	0.18	266
9	PET,50 μm,250 MeV Kr,1×10^7 cm^{-2},2005 年	0.22	246;267;275	0.17	286;294
11	PET,Melinex,12 μm,170 MeVXe, 1×10^8 cm^{-2},2005 年	0.30	238;269;289	0.32	307
12	硝酸纤维素,10 μm,350 MeV Au, 1×10^8 cm^{-2},2004 年	0.29	302	0.39	301

注:由 Mitutoyo SJ-201 表面粗糙度测试仪测定。每个值是 5 次测量的平均值。由于可用样品面积太小或厚度太薄,无法测定薄膜#10、#13 和#18 的粗糙度,将其省略。由于#16 薄膜的脆性,将其省略。

表 10.1（续）

序号	描述 （材料、辐照条件、时间）	A 面		B 面	
		粗糙度/μm	薄膜编号/#	粗糙度/μm	薄膜编号/#
15	Makrofol KG,8 μm,985 MeV Au, 2×10⁸ cm⁻²,2011 年	0.10	306	0.12	287;245
16	Cornstarch,5 μm,350 MeV Au, 7×10⁸ cm⁻²,2005 年	0.29	299	0.25	298
17	PET,Melinex, 12 μm,160 MeVXe, 1×10⁹ cm⁻²,2004 年	0.315	276;284	0.235	309
19	PET,Melinex, 12 μm,750 MeVXe, 3×10⁹ cm⁻²,2005 年	0.18	237;271;288	0.23	297
20	Makrofol KG, 10 μm,—,4×10⁹ cm⁻²<2005 年	0.215	277;285	0.22	308

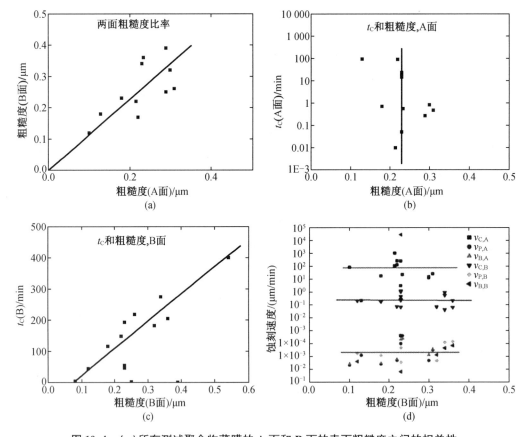

图 10.4　（a）所有测试聚合物薄膜的 **A** 面和 **B** 面的表面粗糙度之间的相关性，
（b）（c）寻找薄膜两侧 *A* 和 *B* 面的蚀刻剂渗透时间 t_C 和表面粗糙度之间的相关性

（而对于 B 面存在这种相关性，而对于 A 面没有发现这种相关性。对于 A 面和 B 面，核心、半影块体的蚀刻速度与表面粗糙度之间都没有相关性）

作为补充,具有较大穿透时间 t_C 的薄膜 B 面,其特征是这是由于在老化过程中可能存在分离的聚合物填料或其他添加剂作为防止蚀刻剂的扩散"保护"层[19],因此刻蚀速度相对较小。由于该扩散阻挡层还强烈阻碍了聚合物的氧化和水解,因此后者在 B 面上的自扩散效应比 A 面高。因此,仍然可以在原薄膜上逐渐平滑薄膜表面粗糙度的边。我们认为正是由于存在这种扩散阻挡层,才导致观察到的 t_C 与 B 面的表面粗糙度成正比。扩散势垒越厚, $t_{C,B}$ 和 B 侧的表面粗糙度就越大。

10.4 结 论

在本章的前两个文献中[7,19],我们重新审视了 SHI 的蚀刻领域中聚合物老化现象,以建立轨道核心,半影和整体的蚀刻开始时间与其相应的蚀刻速度之间的一些相关性。并汇编了蚀刻轨道的电子特性。受这些结果的影响,我们研究了上述轨道蚀刻参数和其他可能控制轨道形成的外部参数之间的相关性。

前驱体是令人费解的结果之一,明显的轨道蚀刻参数取决于聚合物薄膜的一个面。潜在的因素似乎是聚合物薄膜在老化过程中表面成分的变化,这归因于聚合物添加剂的偏析和表面沉淀,作为底层聚合物的保护性扩散屏障。通常这些过程在铝箔的两侧略有不同,这一边的不对称性由于长时间的老化而增强。受到较少保护的聚合物薄膜的一个侧面由于氧化和水解作用而受到老化的强烈影响,这会导致原始聚合物基体的结构和化学变化,而相对的面则几乎没有。

轨道蚀刻参数与薄膜厚度,SHI 通量之间也存在相关性,甚至与表面粗糙度也存在相关性。在第一种和第三种情况下,这些相关性很大程度上可以由聚合物的扩散行为来解释,而在第二种情况下,"冲击效应"(即聚合物受到 SHI 冲击波的压缩)是造成这种效应的原因。

最后必须回答在轨道蚀刻中断过程中发生了什么的问题,因为测试薄膜需要过长的测量时间。结果(见本章附录):样品干燥的方法使它们不受影响。

本章总结了快速重离子辐照聚合物薄膜的主要参数受老化的影响。它建立了第一个定量数据库,据此可以估算出聚合物和离子轨道的变化在多大程度上能影响制成的设备(如生物传感器)的功能。

本章附录 针对特殊问题的策略:蚀刻中断情况下,最佳的测量策略是什么?

目前,尚无任何通用的配方可以在必要的情况下中断连续的蚀刻过程,在受控条件下恢复蚀刻。建议的方法是薄膜进行水或某些酸中干燥存储。然而有人说,即使从蚀刻容器中快速取出薄膜并在水中短时间冲洗后,蚀刻过程仍可能继续进行。在厚薄膜的情况下,缓慢的样品干燥也可以首先增加残留蚀刻剂的浓度(因此增加蚀刻速度),然后最终停止蚀刻。相比之下,如果干燥太快,由于材料的收缩,内部应力或压力可能会累积,在恢复蚀刻时,也会以一种不受控制的方式改变蚀刻特性。另外,将蚀刻后的薄膜短暂地浸入水中可能会由于残留的稀释蚀刻剂对薄膜的持续蚀刻而导致产生问题。在这种情况下,轨道区域可能因发生溶胶–凝胶转化的长期膨胀,而可能引发轨道闭合。最后,尽管将样品储存在酸中会有效地停止蚀刻过程,但同时蚀刻剂和酸形成的导电反应产物会掩盖前一种的电流振幅。

因此,为了有效地解决防止中断过程中样品变化这一问题,我们开展了相应的测试实验,比较常规蚀刻实验与中断蚀刻的实验,其中图 10.5(a)对样品进行干燥,图 10.5(b)暂时将样品浸入水中,和图 10.5(c)暂时将样品浸入酸中。图 10.5(a)显示,在短暂干燥蚀刻后的样品后,确实可以稍后恢复蚀刻,而蚀刻剂规程的形状没有任何重大变化。至少对于厚度在约 10 μm 的薄膜而言,不会发生由于薄膜溶胀而引起的过度的内部蚀刻或蚀刻的轨迹闭合。因此,不需要过度干燥(如将样品加热到 100 ℃ 以上或真空干燥)。在实验室条件下(约 20 ℃ 的温度,约 60% 的湿度)将样本存储约 0.5~1 h 就足够了。

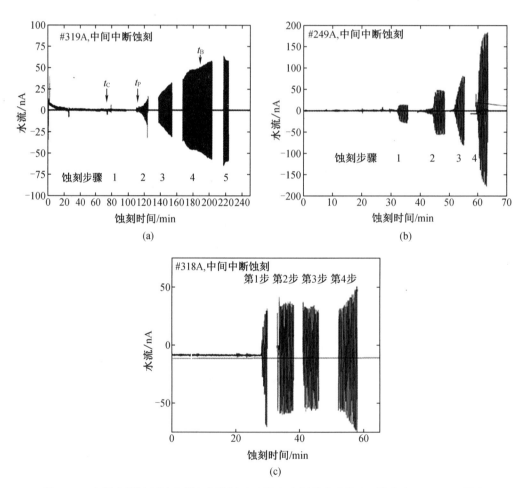

图 10.5　中间中断蚀刻的方案(a)干燥,(b)储存在超纯水中和(c)储存在 1 M HCl 酸中

(使用薄膜:#8(PET,厚度 19 μm,能量密度 1×10^7 cm^{-2}),B 面)

但是，当在蚀刻暂停期间将样品浸入超纯水中时，蚀刻图案的平滑连续性确实会由于中断而发生显著变化，如图10.5(b)所示。在这种情况下，在蚀刻过程的中断期间完全关闭了开放的蚀刻轨迹。在中断间隔几乎完全关闭，因此需要几乎从头开始重新蚀刻过程。可以认为，由于凝胶的形成，半影膨胀(即溶胀)导致了对传输电流的这种轨道闭合。(有趣的是，此后不可能只需让受辐照的聚合物薄膜干燥就行。)因为敞开的轨道比封闭的轨道具有更高的势能。重新打开封闭的轨道的唯一方法是重复蚀刻。但是，在这种情况下，重新刻蚀所需的时间比从开始需要的时间要少得多。例如，按图10.5(b)的蚀刻步骤，第一个蚀刻步骤中的约30 min的培育时间与第二个刻蚀步骤约3 min和第三个刻蚀约2 min。一旦蚀刻再次达到良好的电流传输，它就会迅速地产生更高的电流。换句话说，这种策略对于中断蚀刻来说是毫无用处的。

人们可能会认为，样品在酸中的短暂储存会使它们处于与水中或干燥后相似的状态。但是中图10.5(c)所示，在这种情况下，会出现很高的电流。这可归因于导电污染物的影响[来源于导电酸蚀刻剂反应产物(如NaCl)，或从蚀刻室壁释放出来的酸]。因此，该策略对于中断蚀刻是无用的。

作为动态平衡干扰的蚀刻中断。在老化的聚合物薄膜轨道蚀刻过程中，两个过程相互抵消：(a)通过蚀刻去除材料(扩大轨道)；(b)聚合物溶胀(缩小轨道)。如果溶胀过程(b)超过蚀刻过程(a)，则不会出现可见的纳米孔；但是，如果(a)<(b)，则出现纳米孔出现并逐渐扩大。如果轨道蚀刻过程(a)暂时停止，则动态平衡将通过聚合物溶胀(b)转变为有利于纳米孔的关闭。这种纳米孔闭合的趋势在狭窄的蚀刻轨道上尤其明显。然而，如果在蚀刻中断(a)的情况下，薄膜被干燥，溶胀(b)也不能进行，因为后者需要吸水，因此实际轨道尺寸不会发生变化，这就是我们观察到的实际情况。蚀刻中断时样品干燥[图10.5(a)]，即抑制蚀刻(a)和溶胀(b)时，蚀刻轨道没有径向变化，蚀刻随时可以恢复。然而，如果薄膜在停止蚀刻(a)[图10.5(b)]后储存在超纯水中，在每次中断期间，膨胀(b)持续，则轨道的半径减小[图10.6(a)]；最小传输电流约为1~3 pA。

最后同样重要的是，如果在蚀刻中断期间将样品暴露于酸(此处为1 M HCL)，通过轨道的电流传输将以不受控的方式进行[图10.5(c)]。原因是，蚀刻剂/酸反应会形成大量的Na$^+$和Cl$^-$离子，从而掩盖了穿过轨迹半径的电流信号，而且酸还可能解析蚀刻容器壁上的导电污染物。也就是说，在之前的蚀刻和膨胀之间的动态平衡中，污染物现在被添加为第三个随机因素。即使在每个蚀刻步骤继续之前再次去除酸，通过用超纯水代替酸，传输的电流仍然不会返回到先前的值[图10.6(b)]。为了实现后者，在每次蚀刻中断后，必须将腔室清洗多次(约10~20次)[图10.6(c)]，但即便如此，由于溶胀作用，测量结果也会出现假象。

结论是，快速样品干燥是可靠地恢复蚀刻测量的唯一方法，而不会遇到因任意溶胀或污染而影响测量结果。

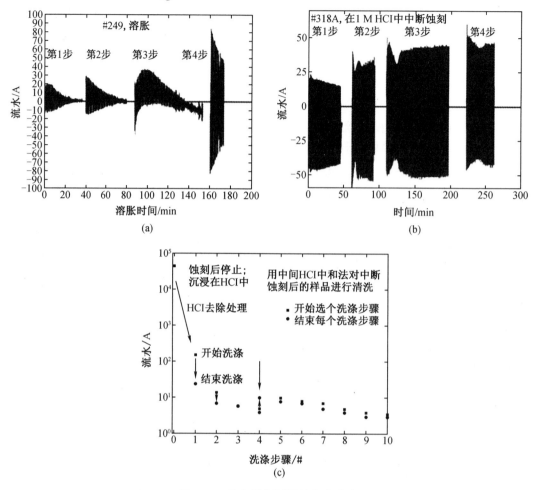

图 10.6　恢复蚀刻测量的方法试验

(分别在(b)和(c)中所示的中断蚀刻步骤后,样品(a)在超纯水中溶胀,(b)在 1 M HCl 中溶胀。最后,(c)说明了在最后的蚀刻步骤和随后的 HCl 处理之后,用超纯水多次洗涤后,传输电流如何降低)

参 考 文 献

[1]　Fink D (2004) Ion-beam radiochemistry. In：Fink D (ed) Fundamentals of ion-irradiated polymers. Springer series in materials science vol 63, pp 251-307

[2]　Awasti K (2006) Transport through track etched polymeric blend membrane. Bull Mater Sci 29：261-264

[3]　Bethge K (ed) (1990) Ion track and microtechnology；principles and application. F. Vieweg & Sohn Verlagsgesellschaft mbH. , Braunschweig

[4]　Sartowska B (2012) Nanopores with controlled profifiles in track-etched membranes. Nucleonic 57：575-579

[5]　Brink LES, Elbers SJG, Robertsen T, Both P (1993) The anti-fouling action of polymers preadsorbed on ultrafiltration and microfiltration membranes. J Membr Sci 76：281-291

[6] Siwy Z, Fuliski A (2002) Fabrication of a synthetic nanopore ion pump. Phys Rev Lett 89:198103

[7] Fink D, Hernández GM, Cruz SA, Garcia-Arellano H, Vacik J, Hnatowicz V, Kiv A, Alfonta L (2018) Ion track etching revisited: II. Electronic properties of aged tracks in polymers. Radiat Eff Defects Solids 173:148-164

[8] Fink D, Klinkovich I, Bukelman O, Marks RS, Kiv A, Fuks D, Fahrner WR, Alfonta L (2009) Glucose determination using a re-usable enzyme-modified ion track membrane. Biosens Bioelectron 24:2702-2706

[9] Fink D, Hernandez GM, Alfonta L (2011) Ion track-based urea sensing. Sensors Actuators B 156:467-470

[10] Arellano HG, Fink D, Hernández GM, Vacik J, Hnatowicz V, Alfonta L (2014) A nuclear track-based biosensor using the enzyme Laccase. Appl Surf Sci 310:66-76

[11] Shunin Y, Fink D, Kiv A, Alfonta L, Mansharipova A, Muhamediyev R, Zhukovskii Y, Lobanova-Shunina T, Burlutskaya N, Gopeyenko V, Bellucci S (2016) Theory and modelling of real-time physical and bio-nanosensor systems. Comput Model New Technol 20:7-17

[12] Fink D, Hernández GM, Arellano HG, Vacík J, Havranek V, Kiv A, Alfonta L (2016) Nuclear track-based biosensing: an overview. Radiat Eff Defects Solids 171:173-185

[13] Fink D, Vacik J, Hnatowicz V, Hernandez GM, Garcia-Arellano H, Alfonta L, Kiv A (2017) Diffusion kinetics of the glucose/glucose oxidase system in swift heavy ion track-based biosensors. Nucl Instrum Methods Phys Res Sect B Beam Interactions Mater Atoms 398:21-26

[14] Shunin Y, Fink D, Kiv A, Mansharipova A, Muhamediyev R, Zhukovskii Y, Lobanova-Shunina T, Burlutskaya N, Gopeyenko V, Bellucci S (2017) Modelling of real-time physical and bio nanosensors for medical applications and ecological monitoring. In: Borisenko VE, Gopeyenko SV, Gurin VS, Kam CH (eds) Physics, chemistry and application of nanostructures. World Scientifific, Singapore, pp 220-223

[15] García-Arellano H, Muñoz H G, Fink D, Vacik J, Hnatowicz V, Alfonta L, Kiv A (2018) Dependence of yield of nuclear track-biosensors on track radius and analyte concentration. Nucl Inst Methdos B 420:69-75

[16] Ermakov V, Kruchinin S, Fujiwara A (2008) Electronic nanosensors based on nanotransistor with bistability behaviour. In: Bonca J, Kruchinin S (eds) Proceedings NATO ARW "Electron transport in nanosystems". Springer, pp 341-349

[17] Ermakov V, Kruchinin S, Hori H, Fujiwara A (2007) Phenomena in the resonant tunneling through degenarate energy state with electron correlation. Int J Mod Phys B 11: 827-835

[18] Repetsky P, Vyshyvana IG, Nakazawa Y, Kruchinin SP, Bellucci S (2019) Electron transport in carbon nanotubes with adsorbed chromium impurities. Materials 12:524

[19] Fink D, Muñoz H. G, García A. H, Vacik J, Hnatowicz V, Kiv A, Alfonta L (2018) Ion track etching revisited: I. Correlations between track parameters in aged polymers. Nucl Inst Method B 420:57-68

[20] Daub M, Enculescu I, Neumann R, Spohr R (2005) Ni nanowires electrodeposited in single ion track templates. J Optoelectr Adv Mat 7:865-870

[21] Apel PY, Fink D (2004) Ion-track etching. In: Fink D (ed) Transport processes in ion-irradiated polymers. Springer series in materials science, vol 65, pp 147-202

[22] Kolska Z, Reznickova A, Hnatowicz V, Svorcik V (2012) Surface properties of poly (ethylene terephthalate) foils of different thickness. J Mater Sci 47:6429-6435

[23] Fink D (2004) High-flfluence effects, pp 189-190, and: Fink D, Hnatowicz V, Apel PY Microstructural changes: an overview, pp 309-312, and: Hnatowicz V, Fink D Bulk changes, pp 349-350, In: Fink D (ed) Fundamentals of ion-irradiated polymers. Springer series in materials science, vol 63

[24] Fink D, Hnatowicz V, Apel PY (2004) Fluence dependence. In: Fink D (ed) Transport processes in ion-irradiated polymers. Springer series in materials science, vol 65, pp 110-114

[25] Hedler A, Klaumünzer SL, Wesch W (2004) Amorphous silicon exhibits a glass transition. Nat Mater 3:804

[26] Ranade SS, Syeda R, Patapoutian A (2015) Mechanically activated ion channels. Neuron 87:1162-1179

第11章 微米级可控压电复合材料中等离子体金属纳米结构的形成及用于细胞生物颗粒检测和传感

摘要:等离子体金属纳米结构是集成在 MEMS 应用(主要是医学和药学)的传感系统中的基本组成部分。本章介绍了在不同类型纳米复合薄膜中形成的微周期结构的主要设计内容:具有 SPR 效应的金属/聚合物,用于检测和传感目的的金属/聚合物压电复合材料。利用设计的具有可控特性的压电复合材料,建立了系统的数学模型。该模型可以分析系统的力学参数,从而控制生物悬浮液中细胞生物机制的运动,迫使其被金属纳米颗粒所吸引,沉积在设计的微周期结构上的纳米复合层中。

关键词:纳米结构;SPR;压电复合材料;银纳米颗粒;微周期结构;衍射效率;生物颗粒;检测;传感

11.1 简 介

到目前为止,细胞黏附行为背后的分子相互作用和细胞生物学机制尚未得到完全的了解[1]。在过去的几十年中,纳米复合材料的发展以及对细菌/病毒或其他颗粒检测的需求,推动了寻找更合适的材料和方法,如保持颗粒的功能化和在人造表面上检测[2]。在生物活性介质中检测这些粒子的解决方案之一是在聚合物基质中插入金属纳米颗粒[3]。设计的具有微周期结构的金属/聚合物基纳米复合材料类似于基于表面等离子体共振(SPR)的小传感元件,其工作原理就像一张石蕊试纸工作,被研究的生物活性介质覆盖在含有金属纳米颗粒的纳米复合材料表面,在其中出现抗原和抗体相互作用[4]。细菌/病毒或介质中存在的细菌会被金属纳米颗粒自动吸引到纳米复合材料的表面[5],具有压电特性的纳米复合材料由于其科学意义和技术影响而成为重要的研究领域之一[6-9]。从科学和技术的角度来看,最好能将特征尺寸缩小到微米或纳米尺度的压电纳米复合薄膜。此外,设计一种具有压电特性的 SPR 元件可能是流体中接触纳米复合材料表面时粒子运动的一个新的研究领域[10]。

当传感元件(纳米复合材料层中形成的微周期结构)与生物活性介质[液体(即血液)或气体(即 CO_2)]接触时,至关重要的是将该介质中的颗粒吸引到纳米复合物的表面来发现它们。该微周期结构将氦氖激光器的光以给定的共振角度耦合到波导层中[11]。该耦合角度对吸附颗粒的存在以及覆盖在纳米复合材料表面的介质的折射率的变化非常敏感。通过准确测量耦合角,可以超高灵敏度地测定吸附的颗粒。但是,会出现某些局限性,所研究的介质浓度太高或该介质中的颗粒太大。在这种情况下,金属纳米颗粒不能自动将它们吸引到纳米复合材料表面。为此目的,将压电材料掺入纳米复合材料中,即允许微调微结构并控制所研究介质中颗粒的运动。

由于压电复合材料在超高频激发下的微米级可控的特性,因此建立了该系统的数学模型。该模型可以分析系统的机械参数,从而能够控制生物悬浮液中细胞生物学机制的运动,并迫使它们被金属纳米颗粒吸引,并沉积在微周期结构纳米复合层,从而为单分子分析工具做好准备。

本章介绍了在微米级具有可控特性的压电复合材料的光学、电气和机械特性,以及用于单分子分析的纳米复合层微周期结构的设计和功能。

11.2 PMMA 薄膜中 SPR 的理论评估表述

在具有等离子体性质的传感元件的设计过程中,必须选择生物相容性材料来合成纳米复合薄膜,以获得 SPR 效应。在这些研究中,金属——银(Ag)纳米颗粒具有其独特的光学、热和电学性能。当银纳米粒子与特定波长的光产生影响时,它们之间形成强烈的相互作用。这种现象的发生是因为金属纳米粒子表面的传导电子维持着一种集体振荡。各种金属纳米颗粒可以集成到各种光伏、生物和化学传感器中。

本章选择银(Ag)纳米颗粒和聚甲基丙烯酸甲酯(PMMA)聚合物进行 SPR 研究。PMMA-Ag 薄膜的折射率与 Ag 纳米颗粒的大小有关。在对 PMMA 薄膜中的 SPR 进行实验研究之前,使用 MiePLOT 软件对各种尺寸的 Ag 纳米颗粒的消光与波长进行了理论估算(图 11.1)。

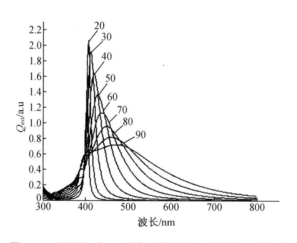

图 11.1 不同尺寸 Ag 纳米颗粒消光与波长的理论计算

根据理论光谱(图 11.1),利用 Mie 电磁理论模拟了嵌入在 PMMA 介电介质中的球形 Ag 纳米颗粒。该理论允许评估部分入射波的消射截面 Q_{ext} 和弹性散射 Q_{sca}。在这种情况下,Ag 纳米颗粒的消光截面随着球形 Ag 纳米颗粒尺寸的增大而减小。因此,基于这些理论计算,选择了直径为 60 nm 的 Ag 纳米颗粒用于实验研究。Ag 纳米颗粒(直径 60 nm)由于具有尖锐和宽峰,因此保证了良好的宽波长间隔。此外,PMMA-Ag 薄膜的折射率取决于 Ag 纳米颗粒的大小,并受其几何形状、表面形貌、力学和光学性能以及合成材料的类型的影响。

11.3 纳米复合材料的合成与形成

SPR 纳米结构的基本原理是将选定的金属(Ag)纳米颗粒加入聚合物 PMMA 基体中。采用旋转涂层技术在玻璃基板上(在丙酮超声浴中清洗 10 min),形成 PMMA 和 PMMA-Ag 薄膜。在 100 ℃ 电炉中干燥 10 min,紫外光照射(1.2 kV H 柱灯)60 s。在铜箔上形成 PZT-PMMA-Ag 层。因此,Ag 纳米颗粒加入聚合物基质后,与光有很强的相互作用,即发生 SPR 现象。将钛酸锆石酸铅(PZT)加入 PMMA-Ag 溶液中形成压电复合材料(表 11.1)。

参考文献[12]中提出的含有 PMMA 的 PZT 复合材料具有最好的压电和疏水性。用聚合物材料合成的 Ag 纳米颗粒可能含有有助于抑制细菌生长的生物活性特性。

其中介绍的具有 PMMA 的 PZT 复合材料展示了最佳的压电和疏水性能。用聚合材料合成的银纳米颗粒可能具有生物活性,可以帮助抑制细菌的生长。

采用低成本和高通量复制技术制备了薄膜上的周期性微结构,这是一种热压花工艺。该工艺允许在各种微结构上同时单步形成光栅。纳米复合材料的材料和合成是将薄膜层和主光栅放置在一起,固定在板之间的金属芯轴中,并在 110 ℃ 的炉中放置 12 min 制备(表 11.1)。在以往的研究中也进行了讨论[13]。

表 11.1 纳米复合材料的材料和合成

材料	共混物的制备
PMMA	5%的 PMMA 溶液[获得的 PMMA(平均分子量 = 15 000)溶解在二甲基甲酰胺中]
PMMA-Ag	PMMA(平均分子量 = 15 000)溶解于二恶烷和二甲基甲酰胺(5 wt. 在溶剂中的%聚合物)。将 100 μL(500 mg 硝酸银溶于 1 ml 水)硝酸银溶液,与 3 ml PMMA 溶液混合。Millipore-Q 去离子水。紫外线暴露时间不同
PZT-PMMA-Ag	在 PMMA-Ag 溶液中加入草酸/水,用于合成锆钛酸铅[$Pb(Zr_x, Ti_{1-x})O_3$]纳米粉末,$x = 0.52$,也称为 PZT(52/48)。其他使用的试剂有草酸、去离子水、乙酸、氨溶液

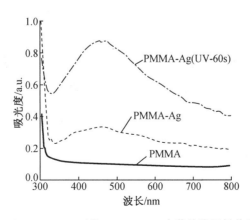

图 11.2 PMMA(MW = 15 000)和 PMMA-Ag 在紫外线照射前后的吸光度光谱

11.4 纳米复合薄膜的性能研究

如11.1节所述,PMMA可用于形成用于检测细胞或其他生物粒子的传感元件。为此,进一步的研究是PMMA-Ag纳米复合材料形成的纳米结构。将PMMA-Ag纳米复合材料的性能与纯PMMA进行了比较。在PMMA-Ag复合材料中引入了PZT,以实现压电特性,从而能够成为可调节的微周期结构。

11.4.1 具有SPR效应的纳米复合材料

使用UV/VIS/NIR Avantes光谱仪研究了PMMA-Ag纳米复合材料和纯PMMA的光学性质。

SPR峰的移动和变窄表明Ag纳米颗粒的团聚。紫外线辐射会引发光引发剂自由基的形成,后者可以与PMMA产生新的交联纳米复合材料。这些自由基还原纳米复合材料中的Ag离子,并促进胶体溶液中Ag的生长。因此,聚合物PMMA的SPR峰并不典型,聚合物在所有可见光的变化中都是清晰的(图11.2中黑线)。当将Ag的纳米颗粒引入聚合物PMMA基质,在450 nm处观察到峰,吸光度为0.34 a.u(图11.2中虚线)。当用紫外线照射PMMA-Ag薄膜60 s时,波长偏移9 nm,吸光度从0.34 a.u增加到0.89 a.u。(图11.2中棕色线)。

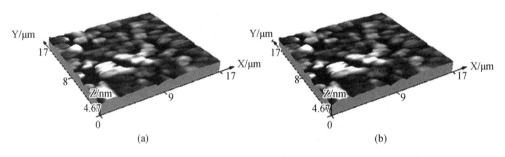

(a)   (b)

图11.3 PMMA(a)和PMMA-Ag纳米复合材料(b)的表面形态

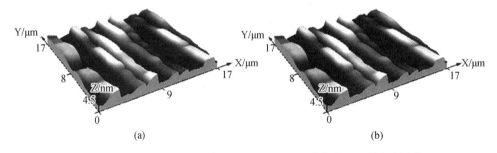

(a)   (b)

图11.4 (a)PMMA层和(b)PMMA-Ag纳米复合层上的衍射光栅

接下来的步骤是在纯的 PMMA 和采用镍母基的 PMMA-Ag 纳米复合材料,以及参考文献[13]中的热压印技术形成同期生微结构的数据(表 11.2)。使用原子力显微镜(AFM)分析形成的微观结构的表面形貌(图 11.4)。

表 11.2　形成周期性微结构的技术数据

主光栅周期性	深度	700 nm
	周期性	4 μm
主光栅尺寸	长	2 mm
	宽	16 mm
光栅线	平行于短边的部分	
金属芯轴压力	12 MPa	

根据原子力显微镜的测量,在 PMMA-Ag 纳米复合层上形成的微结构具有相当光滑的表面(粗糙度 $Rq = 64.6$ nm),其周期性微结构的平均光栅深度为 0.54 μm,周期为 4 μm,相比之下,纯的 PMMA 纳米层具有周期性的微结构。粗糙度 $Rq = 91.0$ nm,平均深度为 0.21 μm,周期为 4 μm。使用 PMMA-Ag 纳米复合材料可获得与主周期微观结构相似的最佳结果。

使用激光($\lambda = 632$ nm)衍射仪测量所形成的周期性微结构的透射衍射效率分布(图 11.5)。衍射效率的分布出现在 0、±1、±2、±3 的最大值衍射值中,因为这些最大值在评价所形成的微结构的光学性质时是最重要的。

图 11.5 显示,对于在 PMMA 中形成的周期性微结构,衍射效率的 51%集中在零级最大值处,而 17%则在±1 级最大值处。在 PMMA-Ag 上形成的周期性微结构的衍射效率分布更好,即零阶极大值的效率小 13%,而第一阶极大值的效率提高 6%。

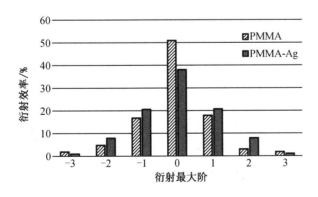

图 11.5　压印 PMMA 和 PMMA-Ag 纳米复合层的光栅的衍射效率

11.4.2　结合 SPR 和 SPR 的纳米复合材料压电效应

研究表明,PMMA-Ag 纳米复合材料可用于周期性微结构的设计和制造。当该元素与生物活性介质接触时,该介质中的粒子必须被吸引到纳米复合材料的表面,以便对其进行分类、过滤和检测。但是,由于浓度太高或太低,所研究介质的密度变化,金属纳米颗粒无法自动将它们吸引到纳米复合材料表面。因此,使用参考文献[12]中描述的技术将Ag纳米颗粒集成到PZT-PMMA压电纳米复合材料中。PZT-PMMA-Ag纳米复合材料的表面如图11.6所示。用UV/VIS/NIR Avantes光谱仪研究了PZT-PMMA和PZT-PMMA-Ag的光学特性(图11.7)。

用PZT纳米粒子合成PMMA会在376 nm波长处产生两个主要峰(图11.7中黑线)。当用银纳米粒子合成PZT-PMMA压电纳米复合材料时,可以观察到显著变化,即在424 nm处出现了明显的主导SPR峰(图11.7中虚线)。在压电纳米复合材料中掺入银纳米颗粒,可将一个主要峰移动到可见光谱区域。

图11.6　PZT-PMMA-Ag纳米复合材料的SEM图　　图11.7　压电纳米复合材料的吸收光谱

此处的PMMA用作提高PZT复合材料的热塑性的材料。这在形成的压电复合材料中形成印记的周期性微结构时是必不可少的。使用参考文献[13]中描述的热压花工艺,在PZT-PMMA和PZT-PMMA-Ag纳米复合材料上印迹了周期性的微结构(图11.8)。纳米复合材料上的印迹结构具有相同的几何性质,即可以说,Ag纳米颗粒对微观结构的复制过程没有影响。

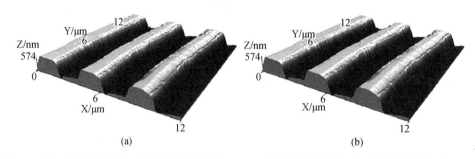

(a)　　　　　　　　　　　　　　　(b)

图11.8　在(a)PZT-PMMA和(b)PZT-PMMA-Ag纳米复合材料上形成的周期性微结构的AFM图

此外,衍射效率测量(图11.9)表明,对于印在PZT-PMMA上的周期性微观结构,13%的衍射能量集中在零级,约10%集中在一级最大值。在PZT纳米复合材料中掺入Ag纳米颗粒增加了衍射作用,即零级效率增加了8%,一级最大效率增加了10%。结果表明,Ag纳米颗粒显著提高了所设计的压电复合材料微观结构的光学响应。

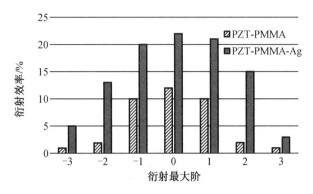

图11.9 压印在压电纳米复合薄膜上的光栅的衍射效率

11.5 PZT-PMMA-Ag 复合材料周期微观结构中压电体声波的模拟

PZT-PMMA-Ag 纳米复合材料在微米水平上表现出压电性能。因此,可用于超高频激发下周期性微结构中生物粒子的选择、分类和操作。首先,建立了在 PZT-PMMA-Ag 复合材料中形成的一个微通道(周期)的数值模型,以研究利用压电体声波进行粒子操纵。

微观结构的几何形状和网格如图11.10所示。用于分析法向加速度为 1.5×106 m/s^2、密度为 500 kg/m^3、直径为 3 μm 的粒子的动力学特性。

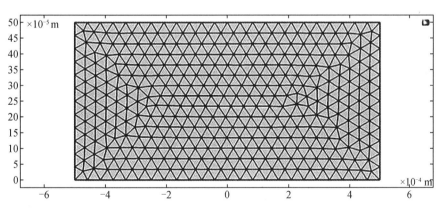

图11.10 微观结构的几何形状和网格

在第一步中,计算了在不同激励频率下微通道横截面上的声压分布。对于粒子运动的动力学研究,我们选择了在 0.43 MHz 下观测到的声压的第一本征模,因为它具有零压力的水平节点线(图11.11)。这意味着,在操作过程中的粒子将沿着这条线聚焦。

采用粒子示踪法研究了流体流动中的粒子运动。激发 20 ms 后的粒子位置如图 11.12

所示。粒子的颜色表示粒子路径的长度。粒子聚焦过程非常快,该技术可用于层流流体动态系统中生物粒子的检测或研究。此外,如果这个过程需要更长的时间,即至少 0.1 s 的微粒将被聚焦到一个点上(图 11.13)。这种现象就能从介质中分离出颗粒。

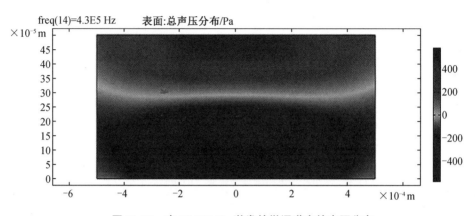

图 11.11 在 10 000 Hz 激发的微通道中的声压分布

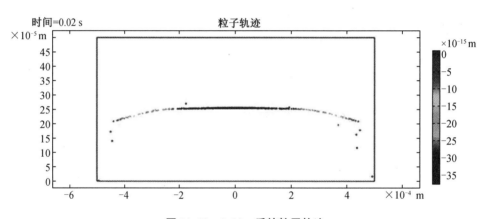

图 11.12 0.02 s 后的粒子轨迹

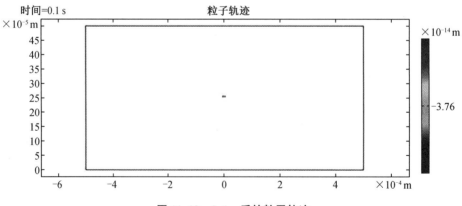

图 11.13 0.1 s 后的粒子轨迹

该系统的数值模型可以分析动力学参数,该动力学参数能够控制生物悬浮液中细胞生物学的运动机制,并迫使它们被纳米复合材料层上设计的微周期结构吸引,从而成为单分子的分析工具。

11.6　结　　论

研究结果表明,SPR效应在压电复合材料中并不是典型的现象。金属(Ag)纳米颗粒提高了设计元件的灵敏度,即压电纳米复合材料中的Ag纳米颗粒将一个主峰转移到可见光光谱区域。基于压电和SPR效应的元件在372~424 nm的波长范围内工作,实现灵敏检测。

因此,PZT-PMMA-Ag纳米复合材料在微米水平上表现出良好的压电性能,并被用于其周期性的微结构形成。设计的传感元件可用于原位监测其中的分析物和颗粒。因此,基于获得的结果并使用超高频激励,创建了微通道(周期)数学模型,用于研究压电体声波的粒子操纵。它可以分析系统的动力学参数,并控制生物悬浮液中细胞生物机制的运动,并迫使它们被吸引到设计的微周期结构的表面。

参 考 文 献

［1］ Bryaskova R, Georgieva N, Andreeva T, Tzoneva R (2013) Cell adhesive behavior of PVA based hybrid materials with silver nanoparticles. Surf Coat Technol 235:186-191

［2］ Mestek O, Loula M, Kaòa A, Vosmanská M (2020) Can ultrafast single-particle analysis using ICP-MS affect the detection limit? Case study: silver nanoparticles. Talanta 210:1-4

［3］ Mansour A, Poncin-Epaillard F, Debarnot D (2020) Distribution of metal nanoparticles in a plasma polymer matrix according to the structure of the polymer and the nature of the metal. Thin Solid Films 699:1-9

［4］ Zeng L, Chen M, Yan W, Li Z, Yang F (2020) Si-grating-assisted SPR sensor with high fifigure of merit based on Fabry-Pérot cavity, Opt Commun 457:1-7

［5］ Li X, Xu H, Chen ZS, Chen G (2011) Biosynthesis of nanoparticles by microorganisms and their applications. J Nanomater 2011: 1 – 1611 Plasmon Metal Nanostructures Formation in Piezocomposite Material... 183

［6］ Orlova T, Chernozem RV, Ivanova AA, Bartasyte A, Mathur S, Surmeneva MA (2019) Hybrid lead-free polymer-based nanocomposites with improved piezoelectric response for biomedical energy-harvesting applications: a review. Nano Energy 62:475-506

［7］ Ermakov V, Kruchinin S, Fujiwara A (2008) Electronic nanosensors based on nanotransistor with bistability behaviour. In: Bonca J, Kruchinin S (eds) Proceedings NATO ARW "Electron transport in nanosystems". Springer, Berlin, pp 341-349

［8］ Filikhin I, Peterson T, Vlahovic B, Kruchinin SP, Kuzmichev YB, Mitic V (2019) Electron transfer from the barrier in InAs/GaAs quantum dot-well structure. Phys E Low-dimensional Syst Nanostruct 114, Article 113629

［9］ Ermakov V, Kruchinin S, Pruschke T, Freericks J (2015) Thermoelectricity in tunneling nanostructures. Phys Rev B 92:115531

［10］ Fernández-Benavides DA, Cervera-Chiner L, Jiménez Y, Arias de Fuentes O, Muñoz-Saldaña J (2019) A novel bismuth-based lead-free piezoelectric transducer immunosensor for carbaryl quantification. Sens Actuators B Chem 285:423-430

［11］ Yaremchuk I, Tamulevičius T, Fitio V, Gražulevičiute I, Bobitski Y, Tamulevičius S (2013) Guide-mode resonance characteristics of periodic structure on base of diamond-like carbon film. Opt Commun 301-302:1-6

［12］ Cekas E, Janusas G, Guobiene A, Palevicius A, Vilkauskas A, Ponelyte Urbaite S (2018) Design of controllable novel piezoelectric components for microfluidic applications. Sensors (Basel) 18(11):1-23

［13］ Sodah A, Gaidys R, Narijauskaite B, Sakalys R, Janusas G, Palevicius A, Palevicius P (2019) Analysis of microstructure replication using vibratory assisted thermal imprint process. Microsyst Technol 25:477-486

第12章　通过三次谐波扫描技术检测 P(VDF-TRFE)薄膜界面 上的 CBRN 剂

摘要:本章旨在研究发展非线性光学方法检测 CBRN 剂,具有无损、表面检测、灵敏,实时(原位)检测的特点。该研究方法采用铁电体聚合物聚偏氟乙烯 PVDF 及其共聚物 P(VDF-TrFe)薄膜作为稳定化学材料和传感元件。检测结果表明,将三次谐波界面扫描技术、二次谐波产生读出技术和空间轮廓分析技术相结合,在无损遥感检测方面具有广阔的应用前景。

关键词:聚偏二氟乙烯(PVDF);三次谐波(THG);二次谐波(SHG);激光束自作用;光学损伤;界面扫描技术

12.1　简　　介

聚偏二氟乙烯(PVDF)($-CH_2-CF_2-$)$_n$ 是半结晶的高纯度的热塑性含氟聚合物,其结晶相分别命名为 α,β,γ 和 δ[1,2]。C-F 键是极性的,通过聚合物的所有偶极子在同一方向上的排列,得到最高的偶极矩(由拉伸和极化后的 α 相),对应于 PVDF 的 β 相,具有铁电性质。

β 相也可以通过添加共聚物得到;在这种情况下,只需要电极化,而不再需要拉伸。常见的 PVDF 共聚物是 VDF 与三氟乙烯(TrFe)共聚合形成[3-6]。这种共聚物的结构与 PVDF 非常相似,在 PVDF 分子链的单体之间插了 TrFe($-CF_2-CFH-$)$_n$ 单元。

铁电聚合物最相关的用途是在机器人技术和医学应用中的传感器的制造中。基于 PVDF 的冲击传感器被广泛应用于传感,如人工敏感皮肤、声波探测器、导管表面集成的压力传感器和血压检测[7-8]。术语"冲击"是指传感器检测在其表面引起的任何机械振动或冲击的能力。其原理是,由 PVDF 基薄膜制成的冲击传感器是一个以压电聚合物为介电材料的双板电容器,其中施加的力在电容器上感应出电荷[9]。当施加压力时,分子的极化减小,因为极化的大小与氢原子和氟原子之间的距离成正比。这时能检测到电信号,即输出电压由于施加压力压缩的响应而显示负的输出。如果去除所施加的压力,原子之间的距离就会发生改变,并产生正电压输出。

与前端 MOSFET 晶体管共轭的压电和热释电聚合物基的传感器也被开发出来[10],与压电陶瓷相比,这种集成传感器提高了信噪比,声阻抗更好,与身体成分(组织和水)的匹配更好并具有高灵敏度。除了压电聚合物薄膜,以 POSFET(压电氧化物半导体场效应晶体管)形式的器件,也用于传感,其目的是模拟人体触摸,它由排列在皮肤层内的各种接受结构组成[10]。该聚合物薄膜的作用是将电荷表现为所施加的力的响应,从而调制晶体管的漏极电流。POSFET器件的矩阵结构适合模拟真实的人触摸[11]。电子皮肤的开发需要识别功能材料,以实现一定的传感能力。选择了PVDF的压电聚合物薄膜,以满足机械灵活性、高灵敏度、动态触摸的可检测性和鲁棒性的要求[12-16]。

最近,研究人员开发出一种灵感来自蝙蝠耳蜗形状的超声波传感器,蝙蝠耳蜗是哺乳动物中最复杂的回声定位系统之一[17-18]。在这种情况下,PVDF用于制造传感器,该传感器是通过根据对数螺旋几何形状折叠一张压电聚合物板来组装的。

由于温度变化,PVDF及其共聚物也表现出自发电极化,这种效应称为热释电效应。这种薄膜压电聚合物材料具有低介电常数和介电损耗、低成本、易于处理和制造、性能稳定的特点。热释电材料在温度传感设备的开发中具有重要意义,因为它们能够对可检测的辐射强度的变化做出反应,如红外(IR)能量。热释电电子管代表热探测器的一个例子:作为刺激源的IR辐射撞击到盘状的热释电靶标上,通过电子束扫描读出所产生的电荷[19]。

研究PVDF非线性光学特性的常规方法是测量二次谐波的产生效率[20]。本章通过界面扫描技术寻找聚合物薄膜应用的新领域。我们报道了铁电聚合物聚偏氟乙烯PVDF及其共聚物P(VDF-TrFe)薄膜沉积在玻璃盖片上的非线性光学性质。二次和三次非线性光学响应的结合在此材料的功能化界面上应用是一个很好的无损遥测的方法。

非线性光学(NLO)方法是用于表面和界面研究的功能强大且用途广泛的工具,甚至在分子水平上也可提供信息和进行对比。由于NLO方法是无损的、非接触的,通常对表面敏感,可以用于实时(现场)监测所研究介质的物理和化学性质的变化。此外,化学稳定的PVDF聚合物是一种有前途的材料,可以在生物医学领域中标本研究或通过NLO方法进行无损检测。

我们利用基于二阶和三阶偏振的光学方法研究了PVDF聚合物的NLO性质,并评估了它们在传感器学中的应用潜力。主要是实验方法构建,其中光学方法提出表征材料提供聚合物的补充信息,特别是光诱导变化和饱和效应。

12.2 实 验 设 置

界面扫描技术的实验设置如图12.1(a)所示。激发是通过具有高斯空间分布的脉冲YAG:Nd激光器(42 ps FWHM,重复频率40 Hz,$\lambda = 1064$ nm)执行的。入射光的峰值激光强度随梯度中性衰减器(A)的变化而变化。激光束由焦距为3.25 cm的聚焦透镜L聚焦在位于高精度平移台上的样品S上。输入的激光功率由光电二极管PD1记录。SH和TH信号由透镜镜头收集,并用光电倍增管PMT(滨松 H10721-210)进行测量。对于传统的界面扫描技术,使用一组滤波器来去除激发光束并提取SH和TH响应。在PMT前放置300~600 nm单色仪扫描光谱响应。

自作用效应的研究是用图12.1(b)和图12.1(c)的实验设置完成的。通常,此设置是基于对图12.1(a)中描述的修改:在透镜L1后放置一组光电二极管来分析光诱导折射率和光吸收系数的变化[图12.1(b)和图12.1(c)]。

实验设置允许测量总的透射率变化[图12.1(b)]和轴上的透射率变化[图12.1(c)]与入射峰值激光强度的变化。对于设置如图12.1(b)所示,样品S直接定位在大孔径(1 cm)光电二极管的表面,以避免散射冲击。然后通过校正功能的光电二极管 PD3 的信号确定所研究聚合物的总透射率。在情况如图 12.1(c) 中,测量了聚合物通过远场中的有限孔的透射率信号与强度的关系。为了解释远场中的轴上透射率,信号由光电二极管 PD2 记录。激光束强度的增加导致了样品中的自透镜效应。它对介质中由自聚焦/散焦现象引起的激光束的收敛/发散非常敏感。

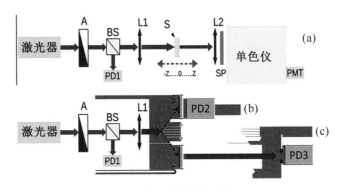

图 12.1 界面扫描技术实验

((a)SHG 和 THG 测量的实验装置示意图;(b)总透射率的变化;(c)激光束自作用技术,用于光诱导分析同轴透射率的变化:衰减器,S 样本,BS 分束器,L 聚焦透镜,D 有限光阑($d=2$ mm),PD1、PD2、PD3 光电二极管,SP 短通滤光片,PMT 光电倍增管)

12.3 样 品 制 备

为了分析基于铁电聚合物聚偏二氟乙烯的薄膜的非线性光学性质,使用了两种类型的材料:垂直取向的 PVDF 及其无取向的共聚物 P(VDF-TrFE)。PVDF 聚合物中偶极子的取向是通过典型的方法,提供了 PVDF 中偶极子的垂直取向。它包括两个步骤:①拉伸;②高压极化。

为了制备聚合物粒料,优选将 P(VDF-TrFE)的粒料形式以 70/30 的摩尔比溶解在甲乙酮(MEK)中。然后将盖玻片在 80 ℃的热板上退火约 10 min,以使溶剂蒸发。对于较厚的膜,可以重复执行上述步骤。但在多层结构的情况下,需要在 170 ℃下进行 1 h 的辅助退火步骤,然后需要冷却至室温以提高薄膜的结晶度。P(VDF-TrFE)晶格的晶胞由两条横向链组成,两条横向链的反平行偶极子成分相互中和,在高温热处理后变得有规律的反平行。需要注意的是,PVDF 中 TrFe 的存在导致了部分偶极子取向,它可以通过应用电场来更有效地调谐响应。

研究了两种类型的样品。类型 1:垂直于表面极化的 40 μm 无 PVDF 薄膜。类型 2:10 μmP(VDF-TrFe)共聚物膜,电极没有初始极化。为了制备样品,首先开发了掩模,将厚度约为 100 nm 的银金属条纹作为电极沉积。然后,聚合物层沉积在顶部(图 12.2)。

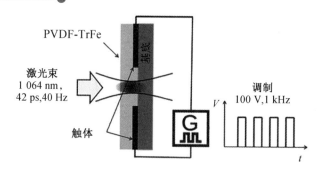

图 12.2 用于分析极化对 NLO 响应的影响的 P(VDF-TrFe) 样品的示意图,G-波形发生器

12.4 结果与讨论

12.4.1 接口扫描技术三次谐波(ISTH)

三次谐波界面扫描技术(ISTH)是分析广泛材料的三次非线性磁化率得非常敏感的方法。在该技术中,紧密聚焦激光束通过在两种不同非线性磁化率的介质的界面上实现测量[21-22]。通常,界面扫描技术允许分析在参比物质和被研究介质之间的界面上的 THG 信号的一个参数–振幅[23-25]。这个值取决于介质和参比物质的立方磁化率之间的比率[22]。这种方法的灵敏度由两个因素定义:THG 信号配准系统的效率和参比物质的立方磁化率值。在实际操作中,配准系统统的灵敏度受到市场上可用的光学组件和传感器以及设计预算的限制。在这种情况下,改变参比物质或使用灵敏非线性光学响应的材料可能更为有效[26]。

改进界面扫描技术的第二步是增加更多的非线性效应,可以从相同的区域进行分析,如 SH 和自作用响应。

这项工作的重点是研究具有不同化学结构修饰和取向的基于 PVDF 的聚合物,这在非线性光学应用中有广阔的前景。众所周知,这种材料可以通过施加电场来改变薄膜的性质。本研究的目的是研究 PVDF 基薄膜作为界面扫描技术和传感应用的性能。

为此,在 1 064 nm 处用皮秒激光激发,在 355 nm 处研究了厚度为 40 μm 的自由垂直极化 PVDF 膜(图 12.3)。与来自空气/玻璃界面处厚度为 1 mm 的玻璃基板的 TH 信号进行了比较。应该注意的是,与薄膜厚度相比,测量是在相对较长的束腰(约 500 μm)下进行的。在这种情况下,对于 40 μm 的薄膜,THG 信号可以表示为来自空气/PVDF 和 PVDF/空气界面的有效信号。应用的方法证明了 THG 在 PVDF 中的最高效率高达 20%,估计 PVDF 的有效三次磁化率约为 $\chi^{(3)}(3\omega) \sim 1.8 \times 10^{-14}$ esu。

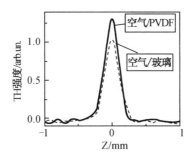

图 12.3 空气/PVDF 和空气/玻璃界面产生的 TH 信号的比较

基于 PVDF 的特性种聚合物取向的可能性,使其有希望在 SHG 中使用[27-29]。通过 SH 信号读出(ISSH)提供界面扫描技术有望实现传感,因为 SHG 对介质的方向,双折射和局部对称特性高度敏感,而 THG 对界面敏感,结合这些技术可以估算一种材料的特性。

测量采用界面扫描技术,采用单色仪和 PMT 进行光谱分析。垂直极化 PVDF 薄膜的所得结果如图 12.4 所示,在 1 064 nm 皮秒激光激发下,TH(355 nm)和 SH(532 nm)的光谱响应同步增长峰值强度高达 1 TW/cm²。需要注意的是,为了提高设置的灵敏度,对影响光谱分辨率的最大信号将单色器的输入和输出缝进行了优化。然而,这种方法可以很容易地识别在宽泵浦强度范围内的 SH 和 TH 的峰值。

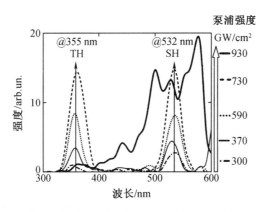

图 12.4　垂直极化 PVD 薄膜的所得结果

(在 1 064 nm 皮秒激光激发下,TH(355 nm)和 SH(532 nm)的光谱响应同步增长峰值强度高达 1 TW/cm²)

二次谐波和三次谐波的产生过程需要很高的激光强度。为了获得用于 PVDF 薄膜中激光辐射频率转换的可靠数据,应该在至少 100 GW/cm² 的激光强度下工作。

通常,对于非线性块状晶体,SHG $I_{2\omega}$ 的强度应表现出随激光泵浦强度 I_ω 的二次增长,如 $I_{2\omega} \sim (I_\omega)^p$,其中 $p=2$。同时 TH 信号 $I_{3\omega}$ 的强度用对激发强度的立方依赖性($p=3$)来描述。在这个例子中,我们观察到 TH 和 SH 同步增长到 800 GW/cm²。这可以通过依赖于激发强度的这两个非线性光学过程之间的竞争来解释[30]。SHG 在低激发强度下占主导地位,而在高激发强度下,非线性响应最终将受到 THG 的控制。为了观察这种竞争,聚合物的损伤阈值需要足够大,以便 THG 的强度才能超过 SHG。从 SH 和 TH 信号获得的数据表明,在系数 $p=1.8$ 范围高达 800 GW/cm²,在系数 $p=2.9$ 范围高达 600 GW/cm²。在泵浦强度

$I>800\ GW/cm^2$ 时,我们观察到在更高的激发水平下产生广泛的超连续体,从而产生光损伤。所得结果证明了取向 PVDF 薄膜作为分析的参比材料的前景。被研究材料的三次谐波(THG)和二次谐波(SHG)响应。这些信息可以作为双参数传感技术,提高灵敏度,提供更多关于所研究介质的信息。

12.4.2 激光束的自作用效应

考虑到通过用电场取向调整聚合物 PVDF 基材料的性能的可能性,我们设计了一种特殊的电池(图12.2)。在我们的案例中,这种电池允许通过施加不同波形的电场来改变聚合物取向,进一步研究非线性光学响应。

为了研究聚合物的 NLO 特性,采用了自作用效应技术,该技术可以分析 NLO 响应中吸收性和折射率的立方值,由于其高灵敏度和耐用性,因此对于此前的材料分析是最佳选择。

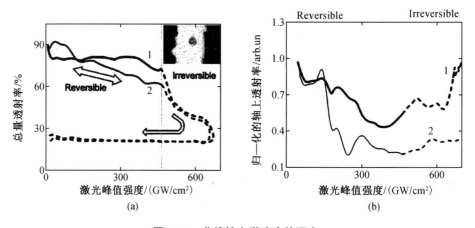

图 12.5 非线性光学响应的研究

(基于 P(VDF-TrFe)聚合物的光诱导变化总量(a)(b)和对轴上透射率与 1 064 nm 处皮秒激光脉冲的峰值激光强度进行了归一化处理(图12.2中初始状态1和调制电场2)。实线对应可逆响应,虚线对应不可逆响应)

图12.5(a)和(b)显示了初始状态1和调制电场2下的光诱导总和轴上透射率随激光峰值强度的变化。

用玻璃衬底响应对样品的总透过率[图12.5(a)]和远场的轴上透过率[图12.5(b)]进行归一化,以补偿仪器函数对折射 NLO 响应的影响。初始样品显示,透射率在高达 $30\ GW/cm^2$ 的范围内急剧下降。该过程的效率可以通过立方磁化率来估计 $Im(\chi^{(3)})=3.0\times10^{-15}$ esu。在较高的强度下,该过程会饱和并保持恒定,直至 $400\ GW/cm^2$。强度的进一步提高,在约 800 nm 处受到光学损伤,导致透射率降低 $Im(\chi^{(3)})=7.7\times10^{-15}$ esu,需要注意的是,自作用测量是用光二极管上的长通滤波器进行的,以切断 SH、TH 和光致发光的信号。

在施加调制电场的情况下,样品的响应会发生显著变化。对于不带极化的初始样品,初始光暗化在高达 $30\ GW/cm^2$ 的范围内变为光漂白,效率为 $Im(\chi^{(3)})=-8.4\times10^{-15}$ esu。强度的进一步提高导致样品的光暗化[$Im(\chi^{(3)})=2.8\times10^{-15}$ esu],直至 $400\ GW/cm^2$。在较高的强度下,响应与初始样品相同。

结果表明,初始样品在低强度(<40 GW/cm²)下表现出自散焦效果,这与正光诱导的折射率变化相对,效率为 $Re(\chi^{(3)}) = -5.8 \times 10^{-11}$esu。$Re(\chi^{(3)}) = -2.0 \times 10^{-11}$ esu 时,激光强度的增加会导致自聚焦,其值为 400 GW/cm²。在更高的强度范围内,样本显示了自聚焦效应,可以对应于激活额外的非线性效应。

对于施加电场的样品,在低强度(<40 GW/cm²)下观察到了类似的折射响应。强度的增加导致的自散焦更有效,$Re(\chi^{(3)}) = -4.7 \times 10^{-11}$esu,其值约为 300 GW/cm²。

所得到的结果表明:①空间轮廓分析技术对可读出 P(VDF-TrFe)参比薄膜的非线性响应的灵敏度的立方值;②通过电场调整三次非线性响应的可能性。

将薄膜的光诱导响应与之前垂直定向 PVDF 的光谱测量结果进行比较,发现 SHG、THG 和自作用效应之间存在高度的联系。P(VDF-TrFe)的光诱导响应在 400 GW/cm² 的强度范围内显著变化,与 THG 快速生长的变化相对应。在较高激发强度下产生超连续谱的阶段(图 12.4),P(VDF-TrFe)的光诱导吸收和折射 NLO 反应变得不可逆。结合 SHG、THG 和自作用效应表现数据处理,由于多种 NLO(二次、三次简并/非简并)响应读出,放大了界面扫描技术的灵敏度。

为了研究在高激光强度下照射 P(VDF-TrFe)材料表现的不可逆非线性响应的辐照效果,测量了 UV-VIS 光学透射光谱。为此,以逐步模式以约 500 GW/cm² 的强度辐照约 2 mm×2 mm 的区域。在这种模式下,首先将所有区域划分为 50 mm×50 μm 的网格,该尺寸对应于聚焦激光束的腰部尺寸,其次是逐个区域进行辐照。曝光时间 2 s。被研究的样品被隔膜覆盖,仅研究来自照射区域的响应。

初始和辐照的 P(VDF-TrFe)聚合物薄膜在 190~1 100 nm 区域的紫外–可见透射光谱如图 12.6 所示。获得的初始薄膜透射光谱显示,聚合物在紫外、近红外光谱响应平坦,透射率略有下降几个百分点。激光辐照的 P(VDF-TrFe)薄膜的光学透射光谱,比初始样品在紫外线范围的透射率,还要低两倍。产生这种现象的原因是高强度激光束可能导致①聚合物结构的损坏或改性;②光诱导的聚合物偶极子的重新取向。

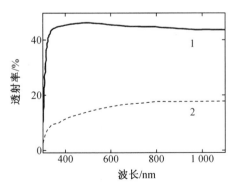

图 12.6　初始和辐照的 P(VDF-TrFe)聚合物薄膜在 190~1 100 nm 区域的紫外–可见透射光谱

(PVDF 薄膜:1 为初始(可逆);2 为在高剂量激光照射后强度范围开始具有不可逆反应(图 12.5))

12.5 应 用

为了开发传感器,聚合物表面应具有高传感响应、生物相容性、成本效益、长期稳定性和简单的制造的特点。为此,P(VDF-TrFe)可用作界面扫描技术的参比物质——以研究材料的非线性性能。对于传感应用,这种方法可以通过引入材料覆盖P(VDF-TrFe)薄膜的表面来改进,如氧化锌纳米颗粒[30]。ZnO与其他基于金属氧化物的气体传感器相比具有一些优势。例如,ZnO纳米颗粒NPs可以制成环保,低成本和无毒的化学电阻传感器。ZnO电阻的变化取决于化学吸附氧离子的存在。存在于大气中的氧分子被吸附在ZnO的表面上。从ZnO的导带中提取电子,这会增加ZnO的电阻。ZnO传感器的气体传感机制依赖于ZnO纳米结构表面上耗尽层的变化[31]。这可能会影响SH和TH信号,并且我们希望进一步的研究可以改善基于ZnO纳米颗粒的高灵敏度、选择性和成本效益的气体传感器。

12.6 结 论

本章内容研究了PVDF及其共聚物P(VDF-TrFe)薄膜的非线性光学性质。由于其各向异性的结构,聚合物表现出较高的非线性响应效率。

在对PVDF基材料中二次谐波产生(SHG)效率的研究中,我们研究了两种立方非线性光学响应:①非简并——三次谐波产生(THG)效应;②在泵浦波长为1 064 nm的皮秒激光激发下,折射率和光吸收的简并光诱导变化。结合二次和三次非线性光学响应,在所研究材料的功能化界面上进行无损检测是很有前途的方法。

所得结果证明了取向PVDF薄膜作为参比材料,可用于分析研究材料的三次(THG)和二次(SHG)响应。该信息可以用作双参数测量技术,以提高所研究物质的灵敏度。

对二次谐波和三次谐波产生效率的测量表明,在高达900 GW/cm^{2}的宽泵浦强度范围内,SHG和THG信号同步增长。这种PVDF薄膜的响应可用于远程分析PVDF薄膜界面上分析物的含量和浓度的变化,由此可设计一种广泛应用的高效传感装置。

参 考 文 献

[1] Lovinger AJ (1983) Ferroelectric polymers. Science 220(4602):1115-1121. https://doi. org/10. 1126/science. 220. 4602. 1115

[2] Lando JB, Doll WW (1968) The polymorphism of poly(vinylidene flfluoride). I. The effect of head-to-head structure. J Macromol Sci Part B 2(2):205-218. https://doi. org/10. 1080/00222346808212449

[3] Jung S-W, Yoon S-M, Kang SY, Yu B-G (2008) Properties of ferroelectric P(VDF-TRFE) 70/30 copolymer films as a gate dielectric. Integr Ferroelectr 100(1):198-205. https://doi. org/10. 1080/10584580802541106

[4] Seo J, Son JY, Kim W-H (2019) Structural and ferroelectric properties of P(VDF-TrFE)

thin films depending on the annealing temperature. Mater Lett 238:294-297. https://doi. org/10. 1016/j. matlet. 2018. 11. 156

[5] Legrand JF (1989) Structure and ferroelectric properties of P (VDF-TrFE) copolymers. Ferro electrics 91(1):303-317. https://doi. org/10. 1080/00150198908015747

[6] Septiyani Arifin DE, Ruan JJ (2018) Study on the curie transition of P (VDF-TrFE) copolymer. IOP Conf Ser Mater Sci Eng 299:012056. https://doi. org/10. 1088/1757-899X/299/1/012056

[7] Marsili R (2000) Measurement of the dynamic normal pressure between tire and ground using PVDF piezoelectric fifilms. IEEE Trans Instrum Meas 49(4):736-740. https://doi. org/10. 1109/TIM. 2000. 863916196 S. G. Ilchenko et al.

[8] Sharma T, Aroom K, Naik S, Gill B, Zhang JXJ (2013) Flexible thin-film PVDF-TrFE based pressure sensor for smart catheter applications. Ann Biomed Eng 41(4):744-751. https://doi. org/10. 1007/s10439-012-0708-z

[9] Wang T, Farajollahi M, Choi YS et al. (2016) Electroactive polymers for sensing. Interface Focus 6(4):20160026. https://doi. org/10. 1098/rsfs. 2016. 0026

[10] Van der Spiegel J, Fiorillo AS (1993) U. S. Patent 5,254,504, 19 Oct 1993

[11] Dahiya RS, Adami A, Collini C, Valle M, Lorenzelli L (2013) POSFET tactile sensing chips using CMOS technology. In: 2013 IEEE SENSORS, Baltimore. IEEE, pp 1-4. https://doi. org/10. 1109/ICSENS. 2013. 6688149

[12] Seminara L, Pinna L, Ibrahim A et al. (2014) Electronic skin: achievements, issues and trends. Procedia Technol 15:549-558. https://doi. org/10. 1016/j. protcy. 2014. 09. 015

[13] Kappassov Z, Corrales J-A, Perdereau V (2015) Tactile sensing in dexterous robot hands-review. Robot Auton Syst 74:195-220. https://doi. org/10. 1016/j. robot. 2015. 07. 015

[14] Hosoda K, Tada Y, Asada M (2006) Anthropomorphic robotic soft fingertip with randomly distributed receptors. Robot Auton Syst 54(2):104-109. https://doi. org/10. 1016/j. robot. 2005. 09. 019

[15] Ermakov V, Kruchinin S, Fujiwara A (2008) Electronic nanosensors based on nanotransistor with bistability behaviour. In: Bonca J, Kruchinin S (eds) Proceedings NATO ARW "Electron transport in nanosystems". Springer, pp 341-349

[16] Ermakov V, Kruchinin S, Hori H, Fujiwara A (2007) Phenomena in the resonant tunneling through degenarate energy state with electron correlation. Int J Mod Phys B 11:827-835

[17] Fiorillo AS, Pullano SA, Bianco MG, Critello CD (2019) Bioinspired US sensor for broadband applications. Sens Actuators Phys 294:148-153. https://doi. org/10. 1016/j. sna. 2019. 05. 019

[18] Fiorillo AS, Pullano SA, Critello CD (2019) Spiral-shaped biologically-inspired

ultrasonic sensor. IEEE Trans Ultrason Ferroelectr Freq Control 1. https://doi. org/10. 1109/TUFFC. 2019. 2948817

[19] Yamaka E (1984) Pyroelectric IR sensor using vinylidene fluoride-trifluoroethylene copolymer film. Ferroelectrics 57(1):337-342. https://doi. org/10. 1080/001501984 08012772

[20] Bergman JG, McFee JH, Crane GR (1971) Pyroelectricity and optical second harmonic generation in polyvinylidene fluoride FILMS. Appl Phys Lett 18(5):203-205. https://doi. org/10. 1063/1. 1653624

[21] Barbano EC, Harrington K, Zilio SC, Misoguti L (2016) Third-harmonic generation at the interfaces of a cuvette filled with selected organic solvents. Appl Opt 55(3):595-602. https://doi. org/10. 1364/AO. 55. 000595

[22] Multian VV, Riporto J, Urbain M et al. (2018) Averaged third-order susceptibility of ZnO nanocrystals from third harmonic generation and third harmonic scattering. Opt Mater 84:579-585. https://doi. org/10. 1016/j. optmat. 2018. 07. 032

[23] Débarre D, Supatto W, Beaurepaire E (2005) Structure sensitivity in third-harmonic generation microscopy. Opt Lett 30 (16): 2134. https://doi. org/10. 1364/OL. 30. 002134

[24] Barbano EC, Harrington K, Zilio SC, Misoguti L (2016) Third-harmonic generation at the interfaces of a cuvette filled with selected organic solvents. Appl Opt 55(3):595. https://doi. org/10. 1364/AO. 55. 000595

[25] Débarre D, Beaurepaire E (2007) Quantitative characterization of biological liquids for thirdharmonic generation microscopy. Biophys J 92(2):603-612. https://doi. org/10. 1529/biophysj. 106. 094946

[26] Gayvoronsky V, Galas A, Shepelyavyy E et al. (2005). Giant nonlinear optical response of nanoporous anatase layers. Appl Phys B 80(1):97-100. https://doi. org/10. 1007/s00340-004-1676-2

[27] Jones J, Zhu L, Tolk N, Mu R (2013) Investigation of ferroelectric properties and structural relaxation dynamics of polyvinylidene fluoride thin film via second harmonic generation. Appl Phys Lett 103(7):072901. https://doi. org/10. 1063/1. 4817519

[28] Lim J, Moon J, Yu K, Lim E, Park G, Lee S-D (1999) Birefringence and second harmonic generation in PVDF/PMMA blends. Ferroelectrics 230(1):257-261. https://doi. org/10. 1080/00150199908214928

[29] Kubono A, Kitoh T, Kajikawa K et al. (1992) Second-harmonic generation in poly (vinylidene fluoride) films prepared by vapor deposition under an electric field. Jpn J Appl Phys 31 (Part 2, No. 8B): L1195 - L1197. https://doi. org/10. 1143/JJAP. 31. L1195

[30] Dai J, Yuan M H, Zeng J H et al. (2014) Controllable color display induced by excitationintensity-dependent competition between second and third harmonic generation

in ZnO nanorods. Appl Opt 53（2）：189. https：//doi. org/10. 1364/AO. 53. 000189

[31] Bhati VS，Hojamberdiev M，Kumar M（2019）Enhanced sensing performance of ZnO nanostructures-based gas sensors：a review. Energy Rep S2352484719304160. https://doi. org/10. 1016/j. egyr. 2019. 08. 070

第 13 章 纳米尺度的分析物:推动出色的 CBRN 快速分析

摘要:纳米材料(Nanomaterials,NM)由于具有尺寸小的独特属性,而在现代科技产品中被广泛应用。为了控制其安全性,使用快速和精确的分析技术对纳米材料进行准确检测是必不可少的。然而,由于纳米级分析物的多样性、复杂性和动态性,分析它们仍然极具挑战性。因此,传统的分析技术,联用技术或"传感器"矩阵技术已经接近极限。需要用新的创新方法来解决这一问题。全面分析对于检测纳米材料至关重要:新方法的功能和可靠性取决于同时控制纳米材料(如几何特征、组成和界面功能)的能力。本章概述了分析化学与纳米世界之间的关系,还讨论了纳米光子学中的传统方法和新技术。等离子体散射干涉法是快速识别纳米材料的有效的分析技术之一,它是基于纳米材料诱导的干涉"并放大",将其转换为微米范围的图像(即纳米的"指波"),使用常规显微镜可以很容易地将其可视化。纳米材料的"指纹"是虚拟标记,类似于条形码。在本章的最后,简要讨论了用于识别和定量分析纳米材料的新分析方法中的多元方法,以及纳米级分析中的关键要点和展望。

关键词:纳米分析;纳米材料;工程纳米颗粒

13.1 简 介

生成、存储和处理由物质结构信息的方法与常规数字技术方法非常相似[1]。复杂的系统(如 DNA 生物聚合物)包含大量结构"模拟"信息,是"自下而上"构建的,有许多结构层次。每个结构层级上,作用力都由一组特定的"规则"(如核苷酸的立体化学互补性等)"调节",在给定的层级范围内保持不变,并且与层级和较高层级的保持一致[2-3]。

组织的"最低"基本级别通常由无结构且难以区分的元素表示——整个结构的唯一"砖"(在二进制代码中为"0"或"1",以及"最基本"的粒子等)。下一层级由给定的一组单元(字母、原子等)形成,它们本身具备对材料进行识别的功能。只有下一个层级("分子""核苷酸"等)上,结构包含标识对象的信息,这些信息可以在组织级上解释和读取。在物理化学或生物系统分类中,定义了较小范围的空间尺寸,在此范围实现的功能,能在宏观水平上表达出来(如颜色、化学反应性等)。这就是为什么前缀"nano"广泛地用于科学和技术各个领域的出版物中,因此需要将检测纳米材料的任务与分析化学问题区分开来。由于纳米材料的性质与纳米材料的大小、形状和组成的有关,因此纳米材料的多样性决定了分析的复杂性。在空间尺度上,形状或大小上的微小变化都可能从根本上改变纳米材料的功能。这些导致对纳米材料"常规"分析中会"隐藏"一些特性,因此需要重新思考纳米分析的方法。

人们一直暴露于各种细小颗粒如自然中(沙尘暴等),我们的身体系统能够保护我们免受这些有害物质的侵害。源自人类活动的颗粒物也已经存在了几千年了,如燃烧产生的烟雾和布料产生的绒,最近的工业发展极大地增加了颗粒物污染。此外技术进步还改变了颗粒物污染的特征,增加了纳米颗粒的比例,并扩大了化学成分的种类。工程纳米颗粒(Engineered naopartides,ENP)正在以商业目的的被开发增加了人体暴露的可能性。针对纳米材料("纳米技术")的新技术创造出许多新材料,这些新材料的性能很难从现有知识中预测出来。在这些材料的各种性质中,有些对生物有毒。因此,需要了解纳米材料对人类和环境潜在相关风险,以确保纳米产品的安全开发。人们对这些技术的需求是迫切的:最近研究表明,颗粒物水平、呼吸系统和心血管疾病、各种癌症和死亡率之间有很强的相关性——这些都将促使工业监管需要有越来越严格的要求[4-5]。理解纳米颗粒毒性的关键在于其不可预测的反应性和微小的尺寸(小于细胞和细胞器),它们能够穿透基本的生物结构,破坏其正常功能[6-12]。

在纳米材料评估工具中提供卓越的分析和表征需要在以下方面进行高水平的准备、理解和成就。

(1)动机和挑战:对安全性的社会需求是纳米级分析技术发展的驱动力。

(2)启用技术:从简单的工具开始,以协助数据获取和分析物跟踪,直至实时数据处理和分析结论。

(3)分析过程:分析方法需要考虑到材料的多样性和纳米材料的动力学。

(4)分析思维:从对试验现象描述开始,进行上下文解释和对机理的解释,以估计未来可能发生的情况;此外,信息必须以人类用户可以处理的方式呈现,因为需要对收集到的数据进行分析和解释。

最后,要认识到纳米尺度的分析,必须超越传统的分析化学。今天的分析不仅是记录和处理各种信息。所获得的信息还用于在技术、环境安全和人类安全方面做出最重要的决策。分析者越来越多地与人工智能结合在一起,并试图找到答案,不仅要"数据在多大限度上产生价值?"还要"如何向特定的决策者揭示选定目标信息的潜在意义?"

13.2 纳米分析物:复杂性和多样性——新常态

纳米颗粒被证明是生态科学和医学中分析科学和安全控制各个领域的全新对象。例如,它们的一些不寻常特性,特别是它们的毒性,这与材料在原子-分子态或固体中的性质无关。纳米材料对病毒和细菌的影响的例子很好地说明了这一点,为此已经收集了大量的试验材料。例如,已经证明柠檬酸盐壳中球形的金纳米颗粒在对 H1N1 流感病毒的抗病毒作用完全取决于其大小:在浓度较低时,直径 7÷10 nm 的纳米颗粒的抑制作用大于 20 nm 的纳米颗粒。而直径大于 30 nm 的纳米颗粒则没有明显的影响[13]。总结各种纳米颗粒,病毒和细菌的研究结果,可以确定以下内容。

(1)纳米颗粒的抗病毒和抗菌作用显示出一定的"多功能性":由不同金属、氧化物和聚合纳米粒子组成的纳米颗粒对不同病毒和细菌的作用基本相同。

(2)纳米颗粒的抗病毒和抗菌作用的有效性主要取决于其大小[14-17]:与相同物质的离子[18-19]或微粒相比,纳米颗粒表现出更好的抗病毒活性。

（3）纳米颗粒的抗病毒和抗微生物作用的有效性还取决于其浓度（与圆顶形的依赖性最大，[13,17,19-22]），化学成分、形状（三角形锥体是比球形[23-24]更好的抗菌药物）和病毒/微生物类型。

上述模式表明了纳米材料和经典的分析化学对象之间最重要的区别之一：纳米颗粒的抗菌和抗病毒作用是由于某些物理现象，而不是一种或其他化学反应。纳米级分析物会引起毒性范式的改变：物理效应是最重要的，而不是化学结构的特征。这意味着需要特殊的方法，不仅要考虑对象的化学成分，还要考虑其几何特征，如大小和形状。需要强调的是，物质的大小本身并不重要——重要的是新的功能特性，它只能在有限的大小范围内实现。因此，物体的大小影响新的功能特性，这取决于纳米材料实现的功能（例如，贵金属吸收等离子体粒子[25]）。

综上所述，我们可以得出结论，由于纳米材料的多样性，它们不应再被简单地视为"小物体"，目前对"常规尺寸"材料特性的认识可能不足以预测其纳米尺度的特性。不可能预测纳米材料的哪个特性是最重要的。需要选择纳米材料的一些"个人身份"类似的主要特性来表征是一项紧迫的挑战。

分析的概念是选择关键的识别描述符，因此，分析方法旨在识别一组特征，这些特征可以将物体（例如，溶液中的纳米颗粒）分离成不同的类别（例如，20 nm 或 30 nm 大小的金或银纳米颗粒）。最小的描述符组包括几何特征，化学成分和界面功能。

13.3　分析化学测量过程的通用工作流程

经典分析化学假定测量的信息含量随着分析物本身浓度的增加而增加（图 13.1）。当分析物浓度低时，检测器响应不能解释为唯一由分析物产生的相应，通常是由于外部原因（测量条件的变化，设备误差等）引起的[26]。在分析纳米尺度分析物的情况下，情况有根本的不同——在大多数情况下，对单个颗粒的分析、跟踪并不是十分困难的，而问题一般是出现在分类阶段（选择性）。为了解决这一问题，有必要确定工程纳米颗粒的某一组特性。这使得分析系统有必要产生一定的非均匀响应空间，这些空间的某种方式与纳米颗粒的特性有关。

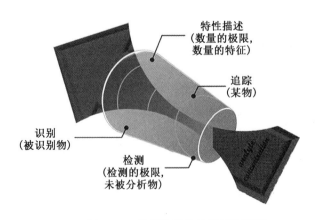

图 13.1　分析化学的典型工作流程

如上所述,为了获得可接受结果,有必要了解纳米颗粒的尺寸、形状和材料,以便对其分类时减少不确定性。检测纳米级分析物需要具有多元性质,可以重新制定纳米物质分析的优先目标:真正需要的是一种快速、准确和可重复的方式,在原位检测和识别复杂基质中的纳米级分析物。

从实用的角度来看,重要的是如何获得这样的信息。分析化学常用的测试探针,测试分析物的尺寸应该有一些限制(图13.2)。事实上,由于工程纳米颗粒的多样性,导致形成响应的平均标准方法不适用于工程纳米颗粒的情况。选择性的概念(其他成分对分析物的干扰程度[27])变得模糊,虽然大小接近,但形状或其他不同工程纳米颗粒可以具有不同功能特性。纳米材料的这种特征需要对其识别方法进行更详细的分析。

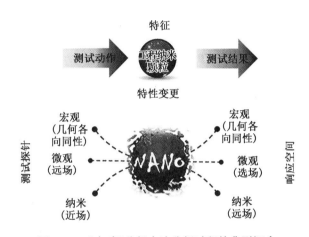

图13.2 "主动"分析方法分析过程的典型概念

图13.2显示了典型的"主动"分析方法的概图。纳米材料受到一些外部影响,而探测器记录了对纳米材料影响的测试结果。例如,纳米材料的吸光能力是由最初落在材料上的光束强度的减小决定的。我们主要对以下问题感兴趣:测试探针和探测器的尺寸与单个纳米颗粒的尺寸如何相关,以获得纳米材料特征的正确的分析结果?

13.4 启用技术:使用传统的分析方法可以节省资金吗?

表13.1总结了纳米尺度分析中常用的传统方法,分类标准是纳米系统的典型描述符——几何参数、表面组成及其性质。表中提出的大多数方法是标准研究工具的改进方法,并不是人员和试验室之外的分析问题[28-29]。

理解与纳米材料的识别和表征的问题的关键是纳米的微小尺寸,比分析科学中通常使用的探针要小。最有前途的分析表达方法是"最快"的分析技术,该技术使用一些与宏观测量中数学变换"验证"算法一致的方法计算纳米尺度的特征。这些技术大多数基于对纳米颗粒布朗运动的分析,包括在外部拉力电场(z势)的影响。最常见的利用动态光散射(Dynamil Light Scattering,DSL)的技术不能分析单个纳米颗粒,而是分析纳米颗粒集合的行为。更先进的纳米颗粒跟踪分析(Nanopartide Tracking Analysis,NTA)可以自动定位并跟踪每个颗粒的中心,并测量每帧移动的平均距离;然而,为了计算纳米材料的特性,使用了相同的宏观扩散方程。因此,利用 DSL 或 NTA 方法的"最快"测试的商业仪器本质上是"积分分析仪"[30]。具有最高空间分辨率的方法(如 TEM 或高速 AFM)对于实时分析而言太慢,无法在复杂的环境中识别纳米材料[31]。这种情况与纳米材料的其他特性(形状、化学成分、界面活性等)相似:每种方法都有其优缺点,仍然没有一种单一的"通用"技术能够完全满足各种需求。此外,由于纳米材料的多样性,为每一类纳米材料开发设备,在经济上是不合适的,而且根本不可能进行实时分析。为了获得更多纳米级分析物的信息,可以将这些方法组织成一个综合筛选方案,实现合理的材料物理化学表征。

表 13.1 表征纳米材料的技术摘要

关键描述	方法	限制
几何特征	电子(TEM、扫描电镜等)和扫描探针显微镜(AFM、STM 等)	耗时,不能在本地环境中原位检测纳米颗粒,非常昂贵
	基于光的静态或动态散射(DLS)、粒子跟踪分析(NTA)	非线性尺寸依赖限制了尺寸范围有的强干扰
	X 射线衍射法(XRD)等	耗时,非常昂贵
	先进的质谱技术,结合各种技术(TG-IR、GC/MS、SP-ICP-ToF-MS、HDC-RC-MS、SIMS 等)。	耗时,样本分解,昂贵的仪器安装
化学成分	光学技术包括表面和尖端增强光谱(紫外–可见、拉曼、SERS、TERS、FTIR 等)	通常昂贵、低空间分辨率,有时与矩阵的强基质干扰;在理论上可以足够快
	特异性高能光谱仪(XPS、AES、ToF-SIMS、EDX 等)	需要复杂的样品预处理,具有特异性,仪器昂贵
	常规色谱法(HPLC)	耗时,样品分解,仪器昂贵
占主导地位的界面功能	梯度场和动力学流场中的分离(盘式离心机 CLS/CPS、AF4、离心 FFF 等)	在减少分离时间的情况下,先进的版本可以有效地用于多次采集
	各种选择性表面传感器(QCM、QCM-D、SPR、SAW、WGLS 等)、在芯片上的反应性测定,电化学方法	由于非选择性吸附/反应,不能用于复杂介质

提高多种单一方法的性能的方案是"联用技术",在一个平台上集成两种或多种技术。这个概念基于具有完全独立的"单变量"数组,将所有数据融合到一个工程纳米颗粒虚拟标记中。换句话说,TEM 会提供有关尺寸和形状,紫外–可见光吸收,EDX-成分分析等。这一概念的主要优点是:对预选性能的高精度分析,使用传统的时间验证的技术和直接测量纳米结构。然而,所有这些平台的特点是测试其结构的方法,可以完整地描述工程纳米颗粒。结果,很难在单一设置中协调不同的分析技术。这些系统的常见问题是分析通量低,分析物范围窄和仪器昂贵。

此外,由于属性列表是硬编码的,因此可以系统分类并标识的对象数量直接取决于"联用"方法的数量("正交"响应空间的维度)及其分辨率(图 13.3)。对要识别的对象类型数量的限制,以及仅通过给定的已测量属性进行分类,大大降低了此方法的实用价值。这种系统最有前途的应用领域是特定性能的高精度表征和二次标准化的验证。所以,在许多情况下,基于联用技术"为了获取更多数据"对 CBRN 进行实时分析的分析平台的投入并不理想。就时间和费用而言,这种评估纳米材料存在的方法是无效的。

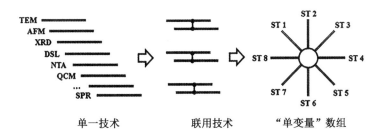

图 13.3　基于硬编码属性列表的分析概念的演变

对纳米材料表征的最新技术的简短概述使我们得出结论,传统方法的应用基于广泛使用的"单变量"概念通过"算术加法"运用于纳米分析仪器的方法是不可靠的。这在工业、环境或现场中是危险,必须开发更复杂的分析概念。

为了找到表达纳米材料的最佳方法,有必要分析各种适用于纳米材料分析的仪器方法的潜在可能性和典型局限性。表13.2 总结了光学检测的主要方法,这些方法可获取纳米物体的信息。

对当前分析方法和关键的纳米尺度的特定方法(表13.1 和表13.2)的系统评估,明确了纳米安全评估工具中的热点:没有分析策略或仪器平台存在于复杂环境中识别未知的纳米材料的实时鉴定。针对安全保障的一般方法,有必要针对纳米材料的"特性"开发新的解释性描述符。使用不同的光散射方法似乎是最有前途的,尤其是在那些情况下,效应本质上是局部的,通过某种程度的放大影响整个系统。

表 13.2　用于纳米级分析物的分析方法

空间尺度		分析方法学	方法组	评论
测试探针	响应空间			
宏观 (非本地)	宏观 (远场)	宏观抽样和测量; 局部过程的统计平均	经典的光学方法,如紫外-可见-红外光谱、胶体溶液中的 DLS、弹性散射等	纳米颗粒分析的传统方法
纳米 (近场)	纳米-宏观 (远近场)	向纳米尺度区域传递和塑造光的局部激发	方法基于给定纳米区域的局部光浓度:SNOM、TERS 等	昂贵和非常灵敏的设备
微宏观	微宏观	纳米颗粒诱导的局部放大/不进行局部放大	传统的光散射技术,有或没有随后的干涉放大	示踪系统(NTA)或带有干涉检测的显微镜(WF-SPRM)

13.5 多元方法:由结果决定方法的有效性

当使用多因素指纹识别概念时,当响应空间中的物体图像("指纹")依赖于不同物体时,只有最大的效率才能识别不同的分类物体的非线性特征(图13.4)。生命有机体的所有"快速反应"(气味、味道、视觉)系统都是根据这一原则构建的[32-33]:即使咖啡味包含成千上万种不同成分,我们也可以轻松识别。纳米材料的情况也是相同的:多功能纳米材料不仅可以通过它们各自特征(大小、形状、质量等)的总和来描述,也可以通过某种抽象的方法来描述——一种虚拟指纹,其形式特定于可视化系统(如人类指纹或虹膜扫描仪)[33-34]。这些虚拟指纹可用于进一步基于图像识别技术分类(多变量"校准"程序)和识别(分析筛选)。与"单变量"数组相比,多变量概念具有一些优势。例如,对更广泛的工程纳米材料敏感,提高的选择性以及识别"简单"和"复杂"工程纳米材料的能力。工程纳米材料及其虚拟指纹之间的关系经过解析,分类和校准的各个阶段,这对于使用数据识别程序作为基本算法的任何系统来说都是典型的[33]。为了阐述"多元"阵列的概念,需要一种通过多功能成像对纳米物体的"个性"进行编码的设备,并因此将物体与特定的指纹相关联,即"虚拟标记"(使用经验证的参考标准数据库的识别方法)。从实用的角度来看,最有希望的设备将是在硬件级别形成某些工程纳米颗粒表示或图形的设备。因为此技术已广泛用于使用 QR码或条形码等产品标签,所以有必要建立一个可以创建并读取这些代码的扫描仪,这将解决在现代分析化学范式框架内,将检测和鉴定阶段结合起来的问题(图13.1)。为了避免执行 DLS 典型的数学转换时的不确定性,必须特别关注粒子计数技术的前瞻性。

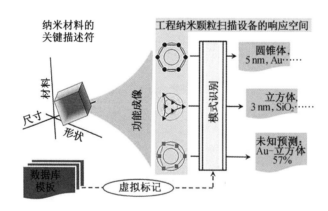

图13.4 没有单一"标记"的纳米系统的指纹技术

13.6 成像技术:看到看不见的东西

成功进行纳米材料筛选和表征的方法的核心必须是"通用灵敏度",它要考虑到工程纳米材料成分的极端多样性。众所周知,可用于测量的物质最"普遍"的特性是质量(大致来说,质子的总和)和折射率(反映了整个电子子系统的特性)。直接测量质量最容易使用的是机械振荡系统(悬臂梁、石英微天平 QCM、声表面波 SAW 等)来实现,一方面,这会使测量系统的设计复杂化并降低其可靠性[35-36];另一方面,能够测量材料折射率的光学转换器没有这个缺点[37-38]。考虑到纳米物体的亚波特性,为了对其进行校准,需要使用光电校准方法,其物理机理在数十至数百纳米的范围内。

众所周知,考虑到技术、工艺、经济和操作要求,表面等离振子共振效应的非常适合进行纳米级材料表征[39-40]。市场上由许多公司集成各种表面共振光谱仪[41],还开发了各种版本的 SPR 显微镜。但是,由于在表面上的等离子体–极化子的传播长度"非常大",甚至达到数十微米和数百微米。因此,在表面上获取物体的前景并不乐观[42,43]。

等离子体散射干涉仪的主要特征是该技术可以可视化纳米物体,而由于衍射极限,传统光学显微镜的分辨率约为波长的一半(即 200～300 nm)[44]。导致这些空前功能的物理机制如下,在 SPR 换能器中激发的表面波(surface wave,SW)的传播可以用经典的物理光学方法来粗略描述[45](更准确地理论描述见[46-47],用于宽视场表面等离子体共振显微镜和在中进行了干涉等离子成像[48-49])。当大小比 SW 波长小得多的物体出现在表面波的传播路径上时,该波的一部分被反射回去,而另一部分则被散射,这取决于对象的大小、形状和材料。由于表面平面中的所有波都是相干的,因此会导致反射波、散射波和入射波对物体产生干扰。产生的干扰图案具有微观尺寸(因为所有"参与"的波的移动速度仅略低于光速),可以通过常规光学显微镜检测到。可以想象水面上的雨滴来说明这一点:即使看不见单个雨滴,也很容易看到次圆波。当能量和周围介质的组织用于局部"放大"或形成微观尺寸的物体时,在威尔逊室、生物传感器[50]等中用到了类似的"触发"效应。使用普通显微镜就可以实现可视化。

WF-SPRM 可以检测和表征约 1.3 mm² 的传感器表面上的单个纳米颗粒,该表面可扩展至约 3～5 mm²。所开发的设备具备的大视野对于分析应用至关重要,因为它可以实时检测悬浮液中浓度非常低的单个纳米颗粒。它还允许实现高动态范围(从单个纳米颗粒到一百万个纳米颗粒)。开发的设备不仅能够检测水性悬浮液中的各种纳米颗粒,还能够检测葡萄酒或果汁等复杂介质中的各种纳米颗粒[51]。实现了检测浓度低于约 2 pg/mL(质量)和 106/mL(数量)的单个纳米颗粒的检测[52],还能够实时监测纳米物体与表面的相互作用,在此过程中记录的图像会含有物体在表面上的大小、形状和材料的信息。

WF-SPRM 的响应空间(呈条纹图案的指纹[46,47,51-52])代表了工程纳米材料与"测试探针"之间相互作用的结果——传播的表面等离子体–极化波(图 13.5)。与一组单个标记相比,评估工程纳米材料对由工程纳米材料触发的表面等离子体传播的影响似乎更具启发性和通用性。因此,能够创建一个多变量检测单个纳米颗粒的方法。

目前,最实用的等离子散射干涉测量法是基于 WF-SPRM 的改进[44]。同时,散射到物体上半球表面的完整 3D 辐射指标可以提供有关该物体的更多信息。如参考文献[39]和参考文献[53]至[56]所示,等离子体的辐射散射包含许多纳米范围内物体散射的信息。

这种新型显微镜的主要优点是通过使用多变量模式进行快速和高通量识别,对工程纳米颗粒材料具有的"通用"灵敏度以及无限的分析物范围。需要进一步开发的问题包括分析物化学图像的形成,参比图像数据库的形成以及高性能计算的发展,从而可以在线识别对象。

干涉等离子体光谱学的典型分析应用是实时分析、快速识别未知组分和警报信号。

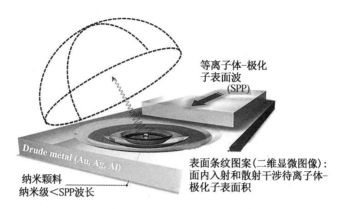

等离子体-极化子表面波（SPP）

表面条纹图案(二维显微图像)：面内入射和散射干涉待离子体-极化子表面积

Drude metal (Au, Ag, Al)

纳米颗料纳米级<SPP波长

图13.5 纳米颗粒诱导角相关辐射等离子体-极化子表面波散射(三维宏观图)

（等离子体散射干涉法特有的放大机制的简化示意图：(1)工程纳米材料干扰SPP共振条件(反射光的强度取决于角度)；(2)诱导形成工程纳米材料特异性二维条纹图案("指纹")；(3)产生远场SPP辐射散射的三维图)

13.7 结　束　语

很显然，我们需要进一步开发、标准化和验证的是实时分析系统，以提供关于纳米材料的数据，也有必要为纳米系统开发新的解释性描述符。由于纳米材料的尺寸、形状和化学组成的高度可变性，需要使用集成的全球知识图谱来完全确定复杂环境中的未知纳米材料。

通过将具有硬编码特性的单个化合物的"正交"表征，转换为复杂分析物的多变量成像和纳米分析中的模式识别，可以出色地实现纳米级的分析和表征。等离子散射干涉法可能是最好的解决方案，它连接了纳米世界和宏观世界，并为表达纳米尺度分析物的快速分析提供了机会。

SPR设备的开发逻辑很好地证明了这种分析方法的发展。事实上，历史上第一批SPR仪器开发用于折射测量——在传感器上方监测折射率[57]。后来出现了基于SPR的(生物)化学传感器和传感器阵列，用于检测表面受体中心捕获的物质的微小变化[37-38,58-59]。目前，基于宽视场表面等离子显微镜的方法，利用平面等离子散射干涉法来识别物理传感器表面上的纳米结构[44,46-47,51-52]。

纳米级分析中关键要点总结如下：

(1)纳米级分析物不应再简单地被视为"小物体"，需要根据纳米材料的"特征信息"来选择至少几个主要的解释性描述符，这是一个非常紧迫的挑战；

(2)关键描述符有几何特征(大小、形状、分布)，化学成分和占主导地位的界面功能；

(3)纳米级分析物引起毒性范式的变化中，物理效应成为前沿，而不是化学结构的特征；

(4)分析平台必须基于直接纳米颗粒计数和实时局部分别表征每个单一颗粒；

(5)可以使用多元方法QR码或条形码等"虚拟标记"方法来识别工程纳米颗粒的"特

征信息";

(6)实现工程纳米颗粒"多元"编码最有前途的技术之一是 WF-SPRM,它通过工程纳米颗粒诱导干涉"放大"由纳米物体引起的干扰,并将其转化为微米范围的图像;

(7)数据量的扩大及其系统要求对其进行现场处理;

(8)高效在线数据处理需求以及过程的复杂性表明,人工智能在纳米尺度分析中是战略上的当务之急。

现代分析越来越成为一种决策的哲学,而不是一套技术。这一趋势清楚地表明,在硬件层面上,单项测量的需要日益整合,人工智能技术在解决这一问题的作用越来越增加。

参 考 文 献

[1] Frenkel SV, Tsygelny IM, Kolupaev BS (1990) Molecular cybernetics. Svit, Lviv

[2] Snopok BA, Snopok OB (2018) Information processing in chemical sensing: unified evolution coding by stretched exponential. In: Nanostructured materials for the detection of CBRN. Springer, New York

[3] Snopok BA (2014) Nonexponential kinetics of surface chemical reactions (review). Theor Exp Chem 50(2):67-95

[4] Statement on emerging health and environmental issues (2018) Emerging issues and the role of the SCHEER, Position Paper (2018), EC scientific committee on health, environmental and emerging risks SCHEER, 14 Jan 2019. https://doi.org/10.2875/33037. ISBN: 978-92-76-00232-1

[5] Valcárcel M, Simonet BM, Cárdenas S (2008) Analytical nanoscience and nanotechnology today and tomorrow. Anal Bioanal Chem 391:1881-1887

[6] Revel M, Châtel A, Mouneyrac C (2018) Micro(nano)plastics: a threat to human health? Curr Opin Environ Sci Health 1:17-23

[7] Dolez PI (ed) (2015) Nanoengineering: global approaches to health and safety issues. Elsevier, Amsterdam

[8] Oliveira M, Almeida M, Miguel I (2019) A micro(nano)plastic boomerang tale: a never ending story? TrAC Trends Anal Chem 112:196-200214 B. A. Snopok and O. B. Snopok

[9] Ermakov V, Kruchinin S, Fujiwara A (2008) Electronic nanosensors based on nanotransistor with bistability behaviour. In: Bonca J, Kruchinin S (eds) Proceedings NATO ARW "Electron transport in nanosystems". Springer, Berlin, pp 341-349

[10] Ermakov V, Kruchinin S, Hori H, Fujiwara A (2007) Phenomena in the resonant tunneling through degenarate energy state with electron correlation. Int J Mod Phys B 11:827-835

[11] Kruchinin S, Pruschke T (2014) Thermopower for a molecule with vibrational degrees of freedom. Phys Lett A 378:157-161

［12］ Ermakov V, Kruchinin S, Pruschke T, Freericks J（2015）Thermoelectricity in tunneling nanostructures. Phys Rev B 92：115531

［13］ Lozovski V, Lysenko V, Piatnitsia V, Scherbakov O, Zholobak N, Spivak M（2012）Physical point of view for antiviral effect caused by the interaction between the viruses and nanoparticles. Bionanosci J 6：109

［14］ Lysenko V, Lozovski V, Lokshyn M, Gomeniuk YV, Dorovskih A, Rusinchuk N, Pankivska Y, Povnitsa O, Zagorodnya S, Tertykh V, Bolbukh Y（2018）Nanoparticles as antiviral agents against adenoviruses. Adv Nat Sci Nanosci Nanotechnol 9：025021

［15］ Azam A, Ahmed AS, Oves M, Khan MS, Memic A（2012）Size-dependent antimicrobial properties of CuO nanoparticles against Gram-positive and-negative bacterial strains. Int J Nanomed 7：3527

［16］ Khylko O, Rusinchuk N, Shydlovska O, Lokshyn M, Lozovski V, Lysenko V, Marynin A, Shcherbakov A, Spivak M, Zholobak N（2016）Influence of the virus-nanoparticles system illumination on the virus infectivity. J Bionanoscience 10（5）：1-7

［17］ Raghupathi KR, Koodali RT, Manna AC（2011）Size-dependent bacterial growth inhibition and mechanism of antibacterial activity of zinc oxide nanoparticles. Langmuir 27：4020

［18］ Lu L, Sun RW, Chen R, Hui CK, Ho CM, Luk JM, Lau GK, Che CM（2008）Silver nanoparticles inhibit hepatitis B virus replication. Antivir Ther 13：253

［19］ Shionoiri N, Sato T, Fujimori Y, Nakayama T, Nemoto M, Matsunaga T, Tanaka T（2012）Investigation of the antiviral properties of copper iodide nanoparticles against feline calicivirus. J Biosci Bioeng 113：580

［20］ Siddiqi KS, ur Rahman A, Tajuddin, Husen A（2018）Properties of zinc oxide nanoparticles and their activity against microbes. Nanoscale Res Lett 13：141

［21］ Lysenko V, Lozovski V, Spivak M（2018）Nanophysics and antiviral therapy. Ukr J Phys 58：77

［22］ Morones JR, Elechiguerra JL, Camacho A, Holt K, Kouri JB, Ramirez JT, Yacaman MJ（2005）The bactericidal effect of silver nanoparticles. Nanotechnology 16：2346

［23］ Pal S, Tak YK, Song JM（2007）Does the antibacterial activity of silver nanoparticles depend on the shape of the nanoparticle? A study of the Gram-negative bacterium Escherichia coli. Appl Environ Microbiol 73：1712

［24］ Dong PV, Ha CH, Binh LT, Kasbohm J（2012）Chemical synthesis and antibacterial activity of novel-shaped silver nanoparticles. Int Nano Lett 2：9

［25］ Klimov V（2014）Nanoplasmonics. Jenny Stanford Publishing, Singapore

［26］ Boltovets PM, Snopok BA（2009）Measurement uncertainty in analytical studies based on surface plasmon resonance. Talanta 80：466-472

［27］ Vessman J, Stefan R, van Staden J, Danzer K, Lindner W, Burns D, Fajgelj A, Muller H（2001）Selectivity in analytical chemistry（IUPAC Recommendations 2001）. Pure

Appl Chem 73(8):1381

[28] Sattler KD (ed) (2020) 21st century nanoscience: a handbook (10-volume set). CRC Press, Boca Raton

[29] Soriano ML, Zougagh M, Valcárcel M, Ríos Á (2018) Analytical nanoscience and nanotechnology: where we are and where we are heading. Talanta 177:104−121

[30] Berne BJ, Pecora R (2000) Dynamic light scattering: with applications to chemistry, biology, and physics (Dover Books on Physics). Dover Publications, Mineola

[31] Sattler KD (ed) (2020) 21st century nanoscience-a handbook: advanced analytic methods and instrumentation 3. CRC Press, Boca Raton

[32] Nakamoto T (ed) (2016) Essentials of machine olfaction and taste. Wiley, Singapore13 Nanoscale-Specific Analytics: How to Push the Analytic Excellence in... 215

[33] Snopok BA, Kruglenko IV (2002) Multisensor systems for chemical analysis: state-of-the art in electronic nose technology and new trends in machine olfaction. Thin Solid Films 418(1):21−41

[34] Burlachenko J, Kruglenko I, Snopok B, Persaud K (2016) Sample handling for electronic nose technology: state of the art and future trends. Trends Anal Chem 82:222−236

[35] Kravchenko S, Snopok B (2020) "Vanishing mass" in the Sauerbrey world: quartz crystal microbalance study of self-assembled monolayers based on tripod-branched structure with tuneable molecular flexibility. Analyst 145:656−666

[36] Johannsmann D (2015) The quartz crystal microbalance in soft matter research: fundamentals and modeling. Springer International Publishing, Heidelberg

[37] Snopok B (2020) Biosensing under surface plasmon resonance conditions 19. In: Sattler KD (ed) 21st century nanoscience-a handbook: nanophotonics, nanoelectronics, and nanoplasmonics, vol 6. CRC Press, Boca Raton

[38] Snopok BA (2012) Theory and practical use of surface plasmon resonance for analytical purposes (rev.). Theor Exp Chem 48(5):265−284

[39] Raether H (1985) Surface plasmons on smooth and rough surfaces and on gratings. Springer, Berlin

[40] Maier SA (2007) Plasmonics: fundamentals and applications. Springer Science + Business Media LLC, Berlin

[41] Lindon J, Tranter GE, Koppenaal D (eds) (2016) Encyclopedia of spectroscopy and spectrometry. Academic, San Diego

[42] Schasfoort RBM, Tudos AJ (eds) (2008) Handbook of surface plasmon resonance. The Royal Society of Chemistry, Cambridge

[43] Knoll W (1997) Thin fifilms for optical coating 13. In: Hummel RE, Guenther KH (eds) Handbook of optical properties, vol 1. CRC Press, Boca Raton

[44] Nizamov S, Mirsky VM (2018) Wide-field surface plasmon resonance microscopy for in-situ characterization of nanoparticle suspensions. In: Kumar CSSR (ed) In-situ

characterization techniques for nanomaterials. Springer, Berlin/Heidelberg

[45] Nikitin PI, Grigorenko AN, Beloglazov AA, Valeiko MV, Savchuk AI, Savchuk OA, Steiner G, Kuhne C, Huebner A, Salzer R (2000) Surface plasmon resonance interferometry for microarray biosensing. Sensors Actuators A Phys 85(1-3):189-193

[46] Nizamov S, Scherbahn V, Mirsky VM (2017) Wide-field surface plasmon microscopy of nano and microparticles: features, benchmarking, limitations, and bioanalytical applications. SPIE Opt Sens 10231:1023108

[47] Nizamov S, Kasian O, Mirsky VM (2016) Individual detection and electrochemically assisted identification of adsorbed nanoparticles by using surface plasmon microscopy. Angew Chemie Int Ed 55(25):7247-7251

[48] Qian C, Wu G, Jiang D, Zhao X, Chen HÂ, Yang Y, Liu XW (2019) Identification of nanoparticles via plasmonic scattering interferometry. Angew Chem 58(13):4217-4220

[49] Yang Y, Shen G, Wang H, Li H, Zhang T, Tao N, Ding X, Yu H (2018) Interferometric plas monic imaging and detection of single exosomes. Proc Natl Acad Sci 115(41):10275-10280

[50] Snopok B, Kruglenko I (2015) Analyte induced water adsorbability in gas phase biosensors: the influence of ethinylestradiol on the water binding protein capacity. Analyst 140:3225-3232

[51] Nizamov S, Scherbahn V, Mirsky VM (2016) Detection and quantification of single engineered nanoparticles in complex samples using template matching in wide-field surface plasmon microscopy. Anal Chem 88(20):10206-10214

[52] Scherbahn V, Nizamov S, Mirsky VM (2016) Plasmonic detection and visualization of directed adsorption of charged single nanoparticles to patterned surfaces. Microchim Acta 183(11):2837-2845

[53] Lysenko SI, Snopok BA, Sterligov VA, Kostyukevich EV, Shirshov YM (2001) Light scattering by molecular-organized films on the surface of polycrystalline gold. Opt Spectrosc 90(4):606-616

[54] Lysenko SI, Snopok BA, Sterligov VA (2010) Scattering of surface plasmons and normal waves by thin gold films. Opt Spectrosc 188(4):618-628216 B. A. Snopok and O. B. Snopok

[55] Savchenko A, Kashuba E, Kashuba V, Snopok B (2007) A novel imaging technique for the screening of protein-protein interactions using scattered light under surface plasmon resonance conditions. Anal Chem 79:1349-1355

[56] Savchenko A, Kashuba E, Kashuba V, Snopok B (2008) Imaging of plasmid DNA microarrays by scattering light under SPR conditions. Sens Lett 6:705-713

[57] Manilo M, Boltovets PM, Snopok B, Barany S, Lebovka NI (2017) Anomalous interfacial architecture in laponite aqueous suspensions on a gold surface. Colloids Surf A Physicochem Eng Asp 520:883-891

［58］ Boltovets P, Shinkaruk S, Vellutini L, Snopok B （2017） Self-tuning interfacial architecture for Estradiol detection by surface plasmon resonance biosensor. Biosens Bioelectron 90:91-95

［59］ Nguyen HH, Park J, Kang S, Kim M （2015） Surface plasmon resonance:a versatile technique for biosensor applications. Sensors （Basel） 15(5):10481-10510

第14章 光致发光免疫传感器中 TiO_2 纳米结构与牛白血病蛋白 相互作用模型

摘要:本章研究内容建立了光致发光免疫传感器中 TiO_2 纳米结构与牛白血病蛋白 gp51 相互作用的模型,用于测定 gp51 抗体。牛白血病蛋白吸附在 TiO_2 薄膜表面上导致光致发光(PL)光谱发生变化(即 PL 最大位移和 PL 强度变化),主要原因是 TiO_2 表面电荷与 gp51 蛋白的部分未补偿电荷之间的静电相互作用。

关键词: TiO_2 纳米颗粒;光致发光;牛白血病;免疫传感器

14.1 简　　介

纳米结构的二氧化钛(TiO_2)具有良好的生物相容性和较高的化学稳定性,是一种广泛用于生物传感器的材料。 TiO_2 是一种在室温下具有强光致发光(photoluminescence,PL)的宽带隙半导体,被广泛应用于光学生物和免疫传感器[1-2]。免疫传感器属于一类基于抗体和抗原之间的反应,形成免疫复合物[3]的生物传感器,其中抗原-抗体对之间的相互作用是具有高度特异性和选择性的。近年来,基于利用光致发光、吸光度、反射率或荧光信号的光传感器的免疫传感器因其测定目标分析物[4]的简单、快速、准确而引起了极大的关注。光学系统的主要优点是光信号可以非接触地检测生物分子相互作用,不受污染生物样品或伤害[1,3-4]。另外,不需要目标分析物的其他标记(例如,染料或量子点),也不需要用于电测量的触点。

本章的研究开发了一种基于 TiO_2 纳米颗粒(锐钛矿晶相)的 TiO_2 薄膜的光学免疫传感器,用于测定牛白血病抗体。在本章中,测定了由于牛白血病蛋白的吸附而导致的 TiO_2 纳米颗粒光致发光特性的变化。开发了基于纳米结构半导体光致发光光谱变化的生物传感器,得到了 PL-最大位移和 PL-信号强度的变化[4-10]。然而,蛋白质和半导体的相互作用以及光致发光光谱变化的原因还未讨论。虽然半导体和蛋白质之间相互作用的机制是解决许多问题的关键,在基于 TiO_2 的免疫传感器的开发过程中仍然会出现这些问题,如灵敏度和选择性的提高[4]。本研究旨在解释在生物敏感层形成过程中蛋白质在其表面吸附,以及与目标分析物相互作用之后,引起光致发光光谱变化的起源。

14.2 实　　验

TiO_2 薄膜由 TiO_2 纳米颗粒(购自 Sigma Aldrich)组成,是在玻璃基板上通过溶胶-凝胶合成而成的。 TiO_2 薄膜的沉积过程和结构表征的细节在参考文献[5]和参考文献[11]中有所描述。TiO₂ 纳米颗粒的 PL 光谱,如图 14.1(a)所示,其特征在于约 500 nm 处存在宽的非对称最大值,该最大值可分裂(使用 Origin 8.0 Pro)成两个峰,这与自捕获激子(STE)的发射和氧空位($V_{[O]}$)引起的发光有关[12]。

使用参考文献[5]和参考文献[11]中描述的方法,通过直接吸附将牛白血病病原抗原 gp51 吸附在纳米结构 TiO2 薄膜的表面上。这种光学免疫传感器的方案如图 14.2 所示。发现将 gp51 白血病抗原固定在 TiO₂ 表面还伴随着样品光致发光信号的增加。用吸附的 gp51 抗原修饰 TiO₂ 后,观察到了光致发光峰从 517 nm 到 499 nm 的移动[图 14.1(b)]。固定化的 gp51 抗原与 gp51 抗体的进一步相互作用导致 TiO₂ 光致发光光谱发生反向变化,即 PL 强度降低,PL 峰从 499 nm 移至 516 nm。免疫传感器的灵敏度在 2~8 mg/mL[5,11]。

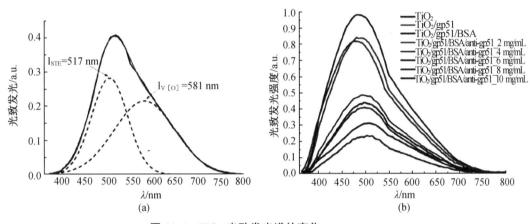

图 14.1 TiO₂ 光致发光谱的变化

((a)玻璃基板上的 TiO₂ 薄膜的 PL 光谱;(b)TiO₂/gp51 的免疫传感器 P 与抗 gp51 抗体 L 相互作用后的 PL 光谱)

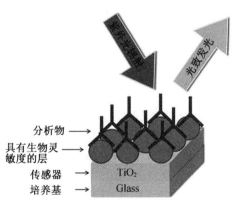

图 14.2 基于光致发光的免疫传感器方案

14.3　结果与讨论

考虑到蛋白质与半导体纳米结构的相互作用,可能会发生一些主要的相互作用机制:电荷转移、静电相互作用、共振能量转移等。牛白血病蛋白 gp51 不是一种氧化还原蛋白,即它不能参与还原-氧化反应。因此,gp51 抗原和 TiO_2 纳米颗粒之间的电荷转移是不可能的[13]。

TiO_2(锐钛矿)被称为 n 型半导体,当关闭 TiO_2 表面时,其能级通常会"向上"弯曲,这表明其表面上存在负电荷(在表面上结合)的积累[14]。大多数分子的吸附都会在固态表面上引入额外的电荷,它可以改变现有的表面能级,或改变与材料进行电荷交换所涉及的其他表面能级[15]。

蛋白质由可能包含带正电和/或负电基团的氨基酸组成,这些基团决定了不同蛋白质结构的电荷[16]。大量带负电荷的基团,如醛(-CHO),羟基(-OH),羧基(-COOH)和伯胺(-NH$_2$)以及其他一些基团,带有蛋白质结构域的部分($\delta+$ 和 $\delta-$)电荷。因此,蛋白质具有静电特性,有时甚至具有显著的静电"蛋白质分子不对称性",因为形成蛋白质分子的原子和官能团在符号和绝对电荷值上都有不同的电荷。自然来讲,这些电荷至少部分相互补偿,但是由于蛋白质的三元结构相对刚性,并且带电基团在蛋白质小球内移动的自由度有限,因此在蛋白质的某些部分中,蛋白质的表面和内部仍然保留一些未补偿的电荷。应该考虑的是,大多数蛋白质的结构在某种程度上都是"刚性"的并有一定程度的灵活性,这是因为蛋白质的二级和三级结构均由大量氢键构成,许多都不很牢固[13]。基于相反电荷之间库仑力的静电键,范德华力和二硫键在蛋白质二级和三级结构的形成中也起着重要作用。

14.3.1　TiO_2 和 gp51 蛋白之间的相互作用

gp51 蛋白分子的分子量为 51 KDa,其特征几何尺寸为直径约 6 nm。研究者发表了关于基于 gp51 病毒的 BLV 衣壳形成的研究[17],通过 X 射线晶体学数据构建了 gp51 病毒结构的图像。据报道,这种蛋白质具有超柔韧性,并有很高的功能性,以及将 BLV 衣壳与 BLV 感染的细胞膜结合/或解离的能力。因此,可以预测 gp51 在 TiO_2 的表面上形成了有序的单层。通过椭圆偏振光谱法能证实存在这种层[18-20]。尽管 gp51 蛋白不是氧化还原蛋白,但是与许多其他蛋白一样,它包含许多带电荷的基团,表示为部分电荷"$\delta-$"和"$\delta+$",其值大多低于带电荷的原子或基团的总电荷(1.6×10^{-19} 库仑)。这些部分电荷的存在表明,位于二氧化钛表面的 gp51 蛋白中未补偿电荷与二氧化钛表面电荷的静电影响,导致了该蛋白在二氧化钛表面的吸附。库仑相互作用发生在 gp51 蛋白中的带电基团与 TiO_2 的带负电荷的表面之间,这种静电相互作用在几埃到几纳米的距离内都非常强。因此,在氢键、二硫键、范德华相互作用等相互作用中,在蛋白质吸附过程中也起着重要作用,其中静电相互作用在蛋白质向二氧化钛等带电表面吸附过程中起着最重要的作用之一。此外,吸附了蛋白的局部电场影响了二氧化钛的 PL 中心,导致 TiO_2 纳米颗粒的光致发光光谱发生变化。因此,由 STE 偏移引起的最大光致发光的最大值从 517 nm 至 499 nm(即 18 nm),相当于约

0.086 eV,小于 0.1 eV,这是 gp51 基于静电相互作用的物理吸附的证据之一[15,21]。

将实验各阶段的光致发光光谱分解成高斯曲线表明,gp51 蛋白分子吸附在 TiO₂ 表面上后,激发能级的能量值与发光有关,且与氧空位 $I_{V[o]}$ 有关,但光致发光值在 605±2 nm 时几乎没有变化。同时,自捕获激子(STE)重组引起的光致发光最大值向短波长转移,其位置从 517(STE1＝2.39 eV)nm 改变到 499(STE2＝2.48 eV)nm(图 14.3)。由于 STE 水平在辐射复合过程中的参与是由表面调节的,这表明 STE 含量位于 TiO₂ 的表面或不在其表面很深。发光复合峰的位移表明 STE 的能级是复杂,具有基态和激发态。499 nm 区域的发光现象表明从激发的 STE 能级发生了辐射跃迁。由于 gp51 蛋白的吸附,光致发光蓝移的最大值为 18 nm,对应于 $\Delta E_{STE}=STE_2-STE_1=0.086$ eV,也表明 TiO₂ 表面上势垒 φ1 的初始值已降低数值为 0.086 eV($\Delta\phi$)(图 14.3)。势垒的变化意味着 TiO₂ 表面的负电荷的值也发生了变化,这是由于吸附的蛋白质 gp51 的电荷相互作用引起的。由 gp51 蛋白提供的带正电的原子和基团,部分补偿了 TiO₂ 的表面电荷,因此减少了位于表面能级的电子能量,这是产生 PL 信号的最主要因素(图 14.4)。考虑到总的负电荷在 TiO₂ 表面上占主导地位的情况,gp51 蛋白的带正电荷的部分与带负电荷的 TiO₂ 表面发生静电相互作用。结果,表面电荷的部分减少会降低 TiO₂ 表面区域中的电场[图 14.4(a)]。

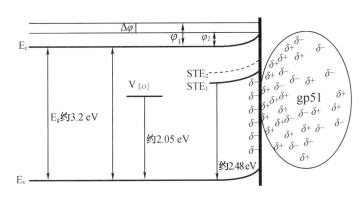

图 14.3　TiO₂/gp51 的能级

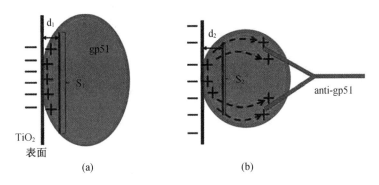

图 14.4　基于平面电容器的 TiO₂ 表面与 gp51 蛋白之间的电荷相互作用模型

((a)固定化蛋白质 gp51 的未补偿电荷与位于 TiO₂ 表面的电荷的静电相互作用;(b)gp51 抗原和 anti-gp51 抗体中电荷的静电相互作用)

14.3.2　TiO₂/gp51 免疫传感结构与抗 gp51 蛋白的相互作用

TiO₂/gp51 结构与蛋白质 anti-gp51 蛋白的进一步相互作用,导致光致发光光谱的逆变化,即光谱的紫外偏移[图 14.1(b)],将光致发光强度降低到纯二氧化钛对应的值。后一种效应是基于固定化抗原 gp51 和 anti-gp51 抗体之间形成免疫复合物的等份存在。除范德华相互作用和其他相互作用外,这种免疫复合物的形成在很大程度上是基于相反电荷域之间的相互作用,gp51 和抗 gp51 分子中的官能团与原子之间的相互作用(包括氢键)。可以假设两种蛋白质的未补偿电荷(δ+ 和 δ-)都参与了免疫复合物形成过程中的静电相互作用。因此,一些最初参与 gp51 和 TiO₂ 之间相互作用的带电基,至少部分被 anti-gp51 蛋白基团相反的电荷所补偿,从而减少了固定化 gp51 蛋白到 TiO₂ 带电表面和发光中心的直接静电作用[图 14.4(b)]。上述效应对 TiO₂ 和 gp51 之间的电荷相互作用和 gp51 上 TiO₂/gp51 界面势垒的降低都有影响。与 TiO₂/gp51/anti-gp51 相比,在 TiO₂/gp51 结构中 TiO₂ 和 gp51 界面处的势垒更大,这是由于部分补偿电荷的离域作用所引起的。在 TiO₂/gp51 结构形成后,参与了相互作用[21]。

TiO₂/gp51 结构中的电荷分布也可以解释为基于"假想平面电容器"的模型(图 14.4),该模型是由带相反电荷的蛋白质 gp51 层和 TiO₂ 表面之间的静电相互作用形成的[21]。该电容器是由于 gp51 蛋白吸附在 TiO₂ 表面上而形成的,此后电荷以最有利的方式(能量上)分布,彼此部分相互补偿。因此,正的"假想电容器极板"基于正电荷,这些电荷主要存在于蛋白质 gp51 区域,该区域在吸附后出现在靠近 TiO₂/gp51 界面,或由于 TiO₂ 的负静电效应被吸引到更近的负电荷表面。这些 gp51 的带电原子(基团)位于 TiO₂ 表面附近,静电影响 TiO₂ 发射中心和表面势垒的能量值。因此,TiO₂ 发射最大能级的位置取决于 TiO₂ 表面修饰阶段(TiO₂ 或 TiO₂/gp51),并从分界能级的初始位置向后移动。图 14.4(a)表示一个假想平面电容器,它由 TiO₂ 表面的带负电荷的极板,和 TiO₂/gp51 中间一个 gp51 蛋白中的"假想的正电荷板"构成。因此,TiO₂/gp51 与 anti-gp51 抗体的相互作用以及 gp51/anti-gp51 的免疫复合物的形成,导致了在"正虚拟电容板"上存储的电荷减少了[图 14.4(b)]。这主要是由于 gp51/anti-gp51 免疫复合物形成过程中电荷的再分配和部分补偿,从而减少了基于 gp51($q2<q1$)的"虚电容器板"的电荷。这种电荷的减少,解释为基于 gp51 和 TiO₂ 钛的同一板(S_2)面积的减小或两个假想电容器板之间的距离(d_2)的增加,从而根据式(14.1)导致电容的减小:

$$C = \frac{\varepsilon\varepsilon_0 S}{d} \tag{14.1}$$

观察到这种效果的原因是,gp51 蛋白的电荷从 TiO₂/gp51 界面移动到相互作用的抗 gp51 蛋白上,并部分被 anti-gp51 中存在的电荷所补偿,因此,假想的电容器基于 gp51 的正电容器板在表面积中减小并且相应地远离负二氧化钛板移动。这种效应导致该假想电容器的电容减小,由 gp51 感应的电场减小。因此,TiO₂/gp51 与 anti-gp51 抗体相互作用,形成 gp51/anti-gp51 复合物后,gp51 表面吸附在 TiO₂ 上的静电作用明显减少。PL 的变化归因于自捕获激子能级的变化,这是由吸附的 gp51 蛋白和 TiO₂ 表面带负电荷的基团之间,的静电相互作用的变化引起的。

14.4 结 论

本章建立了纳米结构 TiO₂ 层与牛白血病病毒蛋白 gp51 的相互作用机制模型,研制了基于 PL 的免疫传感器。gp51 抗原吸附导致 TiO₂ 光致发光光谱发生变化的主要原因是,TiO₂ 表面电荷与 gp51 蛋白部分未补偿电荷之间的静电相互作用。随后,TiO₂/gp51 的免疫传感结构与目标分析物 anti-gp51 的相互作用,由于免疫复合物的形成影响电荷分布,导致光致发光光谱的反向变化。双电荷层 gp51/TiO₂ 中基于电荷的相互作用,也可以解释为基于"虚拟电容"的模型,这是电荷相反的蛋白 gp51 层与 TiO₂ 表面静电相互作用的结果。提出的相互作用机理描述了 TiO₂ 与蛋白质之间的相互作用,这是提高免疫传感器性能的关键问题,即能提升传感器的灵敏度和选择性。

参 考 文 献

[1] Tereshchenko A, Bechelany M, Viter R, Khranovskyy V, Smyntyna V, Starodub N, Yakimova R (2016) Optical biosensors based on ZnO nanostructures: advantages and perspectives. A review. Sensors Actuators B Chem 229:664

[2] Preclíková J, Galáø P, Trojánek F, Daniš S, Rezek B, Gregora I, Nìmcová Y, Malý P (2010) Nanocrystalline titanium dioxide films: influuence of ambient conditions on surface-and volume-related photoluminescence. J Appl Phys 108:113502

[3] Tereshchenko A, Fedorenko V, Smyntyna V, Konup I, Konup A, Eriksson M, Yakimova R, Ramanavicius A, Balme S, Bechelany M (2017) ZnO films formed by atomic layer deposition as an optical biosensor platform for the detection of Grapevine virus A-type proteins. Biosens Bioelectron 92:763

[4] Tereshchenko A, Smyntyna V, Konup I, Geveliuk SA, Starodub MF (2016) Metal oxide based biosensors for the detection of dangerous biological compounds. In: NATO science for peace and security series a: chemistry and biology "nanomaterials for security" 2016. https://doi.org/10.1007/978-94-017-7593-9_22

[5] Viter R, Tereshchenko A, Smyntyna V, Ogorodniichuk J, Starodub N, Yakimova R, Khranovskyy V, Ramanavicius A (2017) Toward development of optical biosensors based on photoluminescence of TiO₂ nanoparticles for the detection of Salmonella. Sensors Actuators B Chem 252:95

[6] Tereshchenko A, Viter R, Konup I, Ivanitsa V, Geveliuk SA, Ishkov Y, Smyntyna V (2013) Proceedings of SPIE, the international society for optical engineering 9032, Nov 2013. https://doi.org/10.1117/12.2044464

[7] Viter R, Savchuk M, Iatsunskyi I, Pietralik Z, Starodub N, Shpyrka N, Ramanaviciene

A, Ramanavicius A (2018) Analytical, thermodynamical and kinetic characteristics of photoluminescence immunosensor for the determination of Ochratoxin A. Biosens Bioelectron 99:237-243

[8]   Ermakov V, Kruchinin S, Fujiwara A (2008) Electronic nanosensors based on nanotransistor with bistability behaviour. In: Bonca J, Kruchinin S (eds) Proceedings NATO ARW "Electron transport in nanosystems". Springer, Dordrecht, pp 341-349

[9]   Ermakov V, Kruchinin S, Hori H, Fujiwara A (2007) Phenomena in the resonant tunneling through degenarate energy state with electron correlation. Int J Mod Phys B 11: 827-835

[10]   Kruchinin S, Pruschke T (2014) Thermopower for a molecule with vibrational degrees of freedom. Phys Lett A 378:157-161

[11]   Viter R, Smyntyna V, Starodub N, Tereshchenko A, Kusevitch A, Doycho I, Geveluk S, Slishik N, Buk J, Duchoslav J, Lubchuk J, Konup I, Ubelis A, Spigulis J (2012) Novel immune TiO_2 photoluminescence biosensors for leucosis detection. Procedia Eng 47:338-341

[12]   Sildos I, Suisalu A, Kiisk V, Schuisky M, Mändar H, Uustare T, Aarik J (2000) Effect of structure development on self-trapped exciton emission of TiO_2 thin films. Proc SPIE 4086:427-430

[13]   Ogawa T (ed) (2013) Protein engineering-technology and application. IntechOpen. ISBN:978-953-51-1138-2

[14]   Gupta SM, Tripathi M (2011) A review of TiO_2 nanoparticles. Chin Sci Bull 56:1639

[15]   Smyntyna V (2013) Electron and molecular phenomena on the surface of semiconductors. Nova Publishers, New York

[16]   D. Nelson L, Cox MM, Lehninger AL (2000) Principles of biochemistry. Worth Publishtrs Inc., New York

[17]   Obal G, Trajtenberg F, Carrión F, Tomé L, Larrieux N, Zhang X, Pritsch O, Buschiazzo A (2015) Conformational plasticity of a native retroviral capsid revealed by X-ray crystallogra phy. Science 5182:1-7

[18]   Balevicius Z, Baleviciute I, Tumenas S, Tamosaitis L, Stirke A, Makaraviciute A, Ramanavi ciene A, Ramanavicius A (2014) In situ study of ligand-receptor interaction by total internal reflection ellipsometry. Thin Solid Films 571:744226 A. Tereshchenko et al.

[19]   Balevicius Z, Makaraviciute A, Babonas GJ, Tumenas S, Bukauskas V, Ramanaviciene A, Ramanavicius A (2013) Study of optical anisotropy in thin molecular layers by total internal reflection ellipsometry. Sensors Actuators B Chem 181:119-124

[20]   Baleviciute I, Balevicius Z, Makaraviciute A, Ramanaviciene A, Ramanavicius A (2013) Study of antibody/antigen binding kinetics by total internal refection ellipsometry. Biosens Bioelectron 39:170

［21］ Tereshchenko A，Smyntyna V，Ramanavicius A（2018）Interaction mechanism between TiO₂ nanostructures and bovine leukemia virus proteins in photoluminescence-based immunosen sors. RSC Adv 8：37740-37748

第15章 基于先进纳米材料和量子神经网络技术的超导重力仪

摘要:本章主要介绍了一种新方法,即用于引力扰动估计的超导传感器、光学干涉仪以及能够在噪声影响下实现该方法的应用软件。本章的研究目的是开发一种精度约为 10^{-10}g 的低温敏感元件。该传感器对地球动力学过程的分析和对各种条件下试验数据的积累,以及未来的发展具有重要意义。

关键词:低温敏感元件;磁悬浮;纳米结构材料;量子计算;量子神经网络

15.1 简 介

今天,遥感是世界上发展最快的技术之一。这也是一个价值数十亿美元的产业,越来越多的领域经常使用远程专题图像。解决许多重要的实际问题,取决于测量系统的大规模使用和基本物理原理的运用。这些问题包括基于重力异常分析的自然资源监测、全球地球动力学过程研究、地球重力场的过程和演化、地球两极运动的分析等。有关地球重力场的详细信息对于应用科学的许多分支(地质学、导航、地形学等)是必要的。重力计是一种用于测量重力(g)的精密仪器。最好的地表重力仪的精度约为 10^{-8}g。最好的结果为移动板上的测量值对于海洋重力仪不超过 10^{-7}g,对于空气重力仪不超过 10^{-6}g。乌克兰在 1962 年底开发了被称为磁势井(Magnetic Potential Well,MPW)的超导磁悬浮技术,这是应用低温超导技术、机电能量转换理论和控制理论方法发展的结果。这个悬浮通常被定义为一个超导环或另一个零电阻环的稳定平衡,在使用磁力的基础上不与其他物体接触。

15.2 磁 势 阱

1975 年发现的磁势阱现象意味着只有这些磁体之间的间距减小[1],两个间隔磁体之间的磁悬浮才能改变为磁排斥力。在此发现之前,两个间隔开的磁铁之间的磁引力被认为是一种力,随着间隔的减小而增加。MPW 指的是磁势能与距离之间的最小值,但在 MPW 发现之前,磁相互作用被认为是除了边界点外,没有磁势能的最小值。

为了更好地理解 MPW 和 MPW 悬浮,需要对磁力和弹性力进行简单的比较。众所周知,机械弹簧(图 15.2)是如果间距 x 增大,吸引力 P 则增加,如图 15.1 所示。从经验中还可以知道,由这种弹簧平衡的重力 G 物体的某些位置 x_0 在重力场中是稳定的。

相反,如果间距增加,两个磁体的吸引力会减小,如图 15.3 所示。因此,由磁引力平衡的平衡位置是不稳定的。自然,在后一种情况下,为了获得稳定性,必须将图 15.3 中的 P 力定律转换为图 15.2 中的 P 定律。

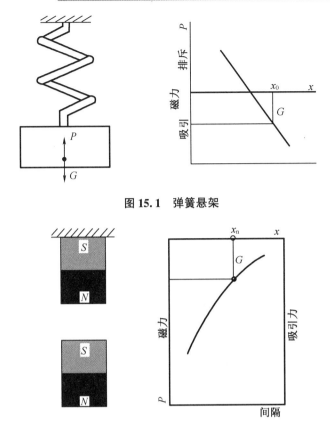

图 15.1　弹簧悬架

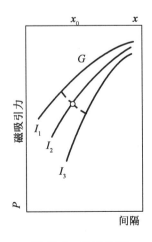

图 15.2　两磁体非稳定悬挂

如图 15.3 所示,这可以通过电磁铁在不同的电流 I_1、I_2、I_3 值下服从不稳定的力定律,通过根据间距对 I 值的反馈控制来实现,如图 15.3 中的虚线所示。这是用电磁控制悬浮的解决方案。最后,图 15.4 显示了 MPW 力行为。在很小的间距下,两个磁铁之间的磁力在本质上保持排斥,直到间距 x_0,它为零。随着间距 x_0 的增加,磁排斥力自发地变为磁引力,直到间距 x_2,并随着 $x>x_2$ 的增加而减小。

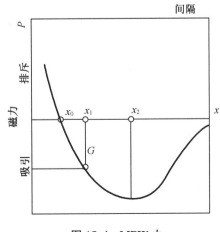

图 15.3　自动悬浮

图 15.4　MPW 力

在第一阶段的研究过程中,基于在零电流模式下工作的两个闭环之间的磁相互作用,得到了分析获得稳定自由质量悬浮可能性的必要条件。提出了推导出悬浮数学模型的工作的新方法。它被表述为具有自由体的非线性保守动力系统平衡稳定性的充分必要条件问题。最后一种是受由零阻回路和隶属于自由体的回路中静止电流所产生的质量、磁力和力矩,以及其他很小作用的力。

力相互作用的关键因素是磁体,它是一个没有电阻的闭环。一个无电阻的短路回路具有众所周知的特性,可以保持与该回路结合的总磁通量(磁连接)。他们还说整个通量都被冻结了。在超导体中可以实现理想的电导率。如果超导体电阻不为零,则测试的超导状态和正常状态下的电阻差将大于铜与普通绝缘子之间的电阻差。

然而,超导体不仅是具有零电阻 $\rho=0$ 的理想导体,它还表现出理想的抗磁性 $\mu=0$。这两种性质取决于超导体体的形状,并受到临界温度和临界磁场的限制。如果工作磁场的水平低于临界水平,并且超导体样品是一个简单连通的区域(具有非零体积且没有磁场穿透的"孔"的扩展体),则它仅表现出理想的抗磁性。如果超导体是一个闭环,且厚度与纵向延伸的比率为零,则闭环的性质完全由条件 $\rho=0$ 决定[2-5]。

我们选择的磁体模型仅取决于理想的电导率及其在薄闭环样品中的表现。超导体的抗磁性并不能达到自由位置的稳定性。这是因为闭环厚度为零。如果这样的一个回路处于超导状态,但有一部分转移到电阻状态,它就不表现出抗磁性。此外,这个回路一般是非磁性的。如果随后理想导电状态恢复,则闭环继续表现出不抗磁性,因为这些特性取决于在我们的近似中为零的体积。因此,我们必须得出结论,根据恩肖-布劳恩贝克(Earnshaw-Braunbeck)原理,即磁悬浮的单一科学原理,不可能为这种环提供稳定的自由体平衡。

但是作为电阻为零的闭环,所考虑的回路表现出磁连接(全通量)的特性。无论环的位置如何变化,连接都保持有效,并且是法拉第定律在 $\rho=0$ 的闭环情况下的结果。最后一个条件可以由于超导性而实现。在闭环中,零电阻的可用性只是连接磁体模型与超导性的一个桥梁。

Kunzler 在 Nb_3Sn 中发现了异常高的临界电流(1961 年),因此大量采用零电阻的薄闭环形式制成的超导体。这种材料的临界磁场在 $T=0$ K 时为 24.5 T,NbTi 在 $T=0$ K 时为 14 T。这些水平的磁场是产生大量不同形状和尺寸的超导磁体的基础,这些磁体在 10~20 T 的磁场中产生和运行。因此,理想的闭合导电回路模型适用于在恒流模式下工作的低温超导磁体。该模型也适用于在磁场穿透条件下运行的高温超导体(HTS),如果这种材料可以表示为一组零电阻闭环。

最后,最近发现的碳纳米管(富勒烯)及其传导恒电流和在高磁场中冻结磁通量的特性,表明我们的模型适用于这种物质。

应该注意的是,我们的磁体模型并未考虑电子超导电路中磁通量的量化,因为我们主要考虑大电流应用,并且还简化了磁场穿透样品的闭环图片。在传统的载流模型中,其交叉点的电流密度通常是相同的。我们认为磁场和电流集中在环路的低深度处。假定穿透深度 λ 对应于 London 磁场的深度,即它的数量级为 $(4\div6)\times10^{-8}$ m。这种情况导致了负责导线内部场的电感的不同公式。理想的导电环的磁场和超导环的磁场是由环导线内的磁场来区分的。如果参数 $\tau=da^{-1}$(d 和 a 分别是环的厚度和纵向尺寸)趋于零,则这种差异将消失。我们研究了 τ 非常小的的情况。然后,矢量势的一般公式可以表示为线性积分,为了方便起见,环自感和互感起作用。

15.3　构　　想

我们提出了一种基于竞争自适应敏感元件并适用于重力计传感器的低温光学传感器的概念。传感器元件基于新的磁悬浮现象、悬浮体机械坐标的高精度光学配准和稳定的信号处理工具。本章的重点是通过磁力平衡作用在自由体上的重力,使自由体的所有 6 个自由度都稳定。自由体的机械坐标的配准是基于光学系统。

15.4　方　　法

我们已经使用了多种研究方法和途径用来调查主要问题:
(1)协同方法;
(2)超导探针悬浮方法;
(3)动态信息方法论;
(4)动态稳定性理论;
(5)混沌动力学方法;
(6)全局优化方法[6];
(7)风险分析[7];
(8)量子神经网络。

15.5　通过生物或量子神经芯片估算引力摄动

在过去几年中,深度人工神经网络(deep artificial neural networks,DNN)已成为机器学习(Mackine learning,ML)、语音识别、计算机视觉、自然语言处理和许多其他任务中最先进的算法。这得益于大数据、深度学习(deep learning,DL)的进步以及芯片处理能力的大幅提升,特别是通用图形处理单元(GPG-PU)的进步。所有这些都使人们对充分利用 DNN 在几乎每个领域所提供的潜力越来越感兴趣。我们建议使用生物或量子神经芯片用于超导重力计。其特征应用有:信号处理、引力扰动检测等其他数据挖掘。深度人工神经元-星形胶质细胞网络(The Deep Artificial Neuron-Astrocyte Networks,DANAN)可以克服当前 ML 方法在架构设计、学习过程和可扩展性方面的困难。我们还建议使用 Hopfield 网络、概率神经网络和 Boltzmann 机。

15.6　结　　论

本章提出了一种基于先进纳米材料、磁悬浮现象、悬浮探针机械坐标的高精度光学测量和量子信号处理方法的新型自适应低温空间应用传感器。本章综述了这些仪器的构造和操作特性,以及它可以应用的研究问题的范围。该仪器的一个实验版本现在已经被实现。

参 考 文 献

[1] Pardalos P, Yatsenko V (2008) Optimization and control of bilinear systems: theory, algorithms, and applicants. Springer, Berlin

[2] Kruchinin S, Nagao H, Aono S (2010) Modern aspect of superconductivity: theory of supercon ductivity. World Scientifific, Singapore, p 232

[3] Kruchinin S, Nagao H (2012) Nanoscale superconductivity. Int J Mod Phys B 26:1230013

[4] Kruchinin S, Klepikov V, Novikov VE (2005) Nonlinear current oscillations in a fractal josephson junction. Mater Sci 23(4):1009–1013

[5] Dzhezherya Y, Novak IY, Kruchinin S (2010) Orientational phase transitions of lattice of magnetic dots embedded in a London type superconductors. Supercond Sci Technol 23: 1050111–105015

[6] Pardalos P, Yatsenko V, Butenko S (2002) Robust recursive estimation and quantum minimax strategies. In: Pardalos P, Murphey R (eds) Cooperative control and optimization. Kluwer Academic Publish, Dordrecht/Boston/London, pp 213–230

[7] Yatsenko V et al. (2010) Space weather inflfluence on power systems: prediction, risk analysis, and modeling. Energy Syst 1(2):197–207

第16章　计算机生成的微结构复制于压电纳米复合材料和纳米多孔氧化铝膜在微流控中的应用

摘要:本章主要研究目的是在具有 PZT(压电陶瓷)和 PMMA(聚甲基丙烯酸甲酯)的压电纳米复合材料上复制计算机生成的微观结构,并制备具有纳米孔的纳米多孔氧化铝膜。本章利用微通道的热复制过程,在压电纳米复合材料上复制制作了计算机生成的全息图。使用定制的试验装置和直径为 80 nm 和孔间距为 110 nm 的六边形孔,通过两步阳极氧化法制备纳米多孔氧化铝膜。

关键词:微流体;压电纳米复合材料;氧化铝膜;计算机生成的微结构

16.1　简　　介

本章主要研究利用微加工技术使分析仪器的小型化增加了分析化学的更广泛应用,重点是对能够以高度自动化和精确度分析极少量化合物的低成本仪器的需求不断增长。术语"微全分析系统"(μTAS)和"芯片实验室"旨在开发集成微分析系统[1],可以在同一个微型设备上完成全部分析流程(如样品预处理、化学反应、分析分离、检测和数据处理[2])。起初,微通道结构建立在固体材料基底,如硅、玻璃等[3-7]。但随着创新塑料材料及其开发方法的发展,聚甲基丙烯酸甲酯(PMMA)、聚苯乙烯(PS)、聚碳酸酯(PC)和环烯烃共聚物(COC)变得越来越流行,并且和生物具有兼容性[8-14]。本章将计算机生成的微结构的复制到压电复合材料,以实现母体结构的复制。压电纳米复合材料的优点是能提供更好的结构复制能力。而且压电材料在通道中有通过调整微通道的内部形状来移动液体的功能。声电泳是一种依赖于使用声辐射力来精确控制微米级粒子的技术。表面声波是可以使用的。由于原位声波的影响,粒子在微通道上形成,而由于表面声波效应,可以获得粒子的扩散[15-18]。之前的研究是单独进行的,一方面,在这种情况下,微通道分别形成在 PZT 上[15, 18]或直接在非活性玻璃或硅上[17-18]形成;另一方面,纳米多孔氧化铝膜在微流体分离微米和作为过滤等领域具有吸引力。微系统在生物医学研究领域有很多研究[19],实时跟踪光学常数、物理、化学和有机反应过程[20-21],有机二维和三维微尺度发展[22-23],直接激光记录、多光子聚合[24-26]或 3D 打印[27]。这将能使内部较小尺度结构的直接成型,且体积逐渐减小。不同的技术,如粒子滤波[28]、相分离[29]或气体发泡[30]能够非常快速和大量地形成小型化模块结构,但这些方法铸造的微观结构内部几何形状较差。因此,在铝金属片中形成纳米孔,并通过在流体动力系统中将氧化铝膜与 PZT 圆柱体集成在一起,可以有效地控制微通道内的流体流动。因此,在本章提出了预设尺寸和几何形状的纳米多孔氧化铝膜,可用作微流体中的振动活性纳米过滤器。

16.2 计算机生成的微观结构和复制

在确定工艺参数后,我们对计算机生成的微观结构进行复制。带有 FFT 的 Gerchberg-Saxton 算法应用于 CGH 计算。当涉及离散数据时,采用 DFT 进行数字信号处理。将基于空间/时间的数据转换为基于频率的数据,使用以下公式描述:

$$F(u,\nu) = \frac{1}{NM} \sum_{x=0}^{M-1} \sum_{y=0}^{M-1} f(x,y) e^{-i2\pi\left(\frac{xu}{M}+\frac{yn}{M}\right)} \tag{16.1}$$

式中,u 和 v-离散空间频率,M 和 N-空间和频率域的 x 和 y 方向上的截面量,$F(u,v)$-二维离散 $f(x,y)$ 谱。最初,任意数发生器创建相位散射 $\phi[-\pi,\pi]$ 或它可以等于零。Gerchberg-Saxton 算法的步骤如下:

$$\varphi_0^H = 0 \tag{16.2}$$

以下等式描述了算法的一次迭代,计算了全息平面上改进的相位分布

$$u_n^H = A(I_H) \exp\left[i\varphi_{n-1}^H\right]$$
$$\varphi_n^T = P\left[FFT(u_n^H)\right]$$
$$u_n^T = A(I_T) \exp(i\varphi_n^T)$$
$$\varphi_n^H = P\left[FFT^{-1}(u_n^T)\right] \tag{16.3}$$

式中 u_n^H 和 u_n^T 是在二维复平面中描绘的光场,I_H-全息图平面中的光分布,φ_n^T-相位分布,I_T-物体强度,φ_n^H-全息图相位分布。重复迭代算法的求解,直到目标平面中估计强度和预测强度之间的差异低于定义的极限[31-32]。

采用 Raith e-LiNEplus 高分辨率电子束光刻系统用于计算机生成全息图。将硅晶片暴露于氧等离子体中 5 min,然后在 150 ℃热板上,加热 30 min。然后将分子量为 35 K 的 PMMA 抗蚀剂以 2 000 rpm 的转速旋涂,并在 200 ℃热板上干燥。电子束图案化是在 10 kV 的加速电压下制备的,使用了 30 μm 孔径。PMMA 抗蚀剂在 1:3 甲基异丁基酮(MIBK)和异丙醇(IPA)溶剂中显影。在 IPA 中最终完成显影,全息图用水洗涤并用压缩空气流干燥。利用电子束蒸发法,用镍膜对 PMMA 的三维微观结构进行金属化。计算机生成的微观结构和 SEM 图像的轮廓图如图 16.1 所示。

将计算机生成的微结构复制到压电纳米复合材料样品上,该样品使用 80% 的 PZT 纳米粉末和 20% 的黏结材料 PMMA 制成。根据开发的技术完成多层纳米复合材料的合成和制备[10]。为了复制计算机生成的微观结构,开发了热压印技术[33],该技术可以在制造的压电纳米复合材料中复制 CGM。复制过程在光学显微镜图像中的结果如图 16.2 所示。

在压电纳米复合材料上制备的具有周期为 4 μm 的微流体通道;深度为 0.56 μm。如参考文献中讨论的,利用表面声波现象可以在微通道中传输流体;即驻声波和行声波。图 16.3 给出了微通道中粒子传输的例子。

如图 16.3 所示,蒸馏水滴通过箭头所示的微通道。因此,通过使用压电纳米复合材料,可以控制微通道内部的几何形状。

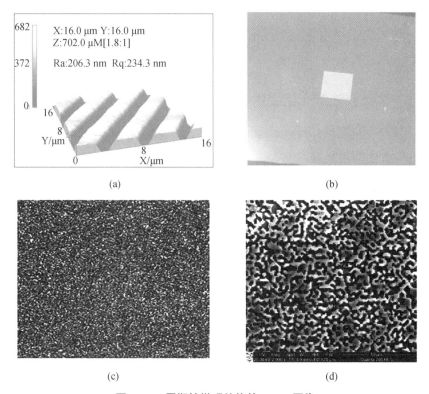

图 16.1 周期性微观结构的 CGH 图像

(三维(a)轮廓图生成的微结构;(b)照片;(c)(d)CGH 的扫描电镜图像)

图 16.2 不同放大倍数下压电纳米复合材料的微观结构复制图

图 16.3 流体通过微通道传输的例子

16.3 纳米多孔氧化铝膜

16.3.1 纳米多孔氧化铝膜的制备

纳米多孔氧化铝膜的阳极氧化过程分两步进行。第一步是,用于阳极氧化工艺的是天然的光滑铝板,在阳极氧化过程之前,将铝片分别用丙酮和磷酸超声清洗 5 min 和 3 min。在此过程中,观察到了非有序的孔。该层被铬酸在 55 ℃ 的温度下处理 30 min 去除。第二步是,在草酸中阳极氧化需要 24 h,然后在 55 ℃ 的温度下用盐酸处理 10 min 去除未反应的铝。孔隙之间的距离和直径取决于用于阳极氧化的电解液,利用草酸获得直径 40 ~ 100 nm,孔隙间距为 80~200 nm[34],的纳米多孔氧化铝膜。

阳极氧化工艺的实验装置如图 16.4 所示,包括:(1)直流电源装置,(2)珀帖尔元件的电源装置,(3)支架,(4)电解液槽玻璃罐,(5)珀帖尔元件的冷却装置,(6)电磁搅拌器,(7)罐内冷却用的珀帖尔元件,(8)温度计。

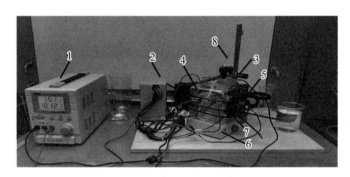

图 16.4 阳极氧化过程的实验装置

在阳极化过程中,施加了恒定的 60 V 直流功率。在电解期间,使用珀帖尔元件(TEC-112715)保持玻璃罐内的温度,使用珀帖尔元件元件保持主液体冷却系统(MLW-D24M)的温度。使用两步阳极氧化法制成的纳米多孔氧化铝膜的照片如图 16.5 所示。

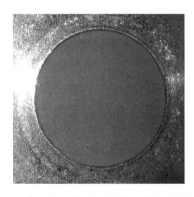

图 16.5 使用两步阳极氧化法制成的纳米多孔氧化铝膜的照片

使用原子力显微镜研究了该纳米膜的表面形貌。所选区域 1.4×1.4 μm 的二维和三维视图如图 16.6(a)和图 16.6(b)所示。

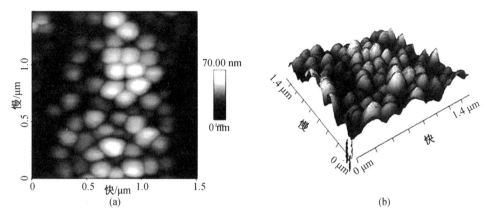

图 16.6　纳米氧化铝膜的(a)二维视图和(b)三维视图

利用草酸两步阳极氧化法制备纳米多孔氧化铝膜的孔径为 70±20 nm,孔间距 110±10 nm,形成六边形结构。所得到的结果在参考文献[34]中的理论值范围内,结果的变化不超过 10%。

16.3.2　珀尔帖元件和纳米多孔氧化铝膜的模拟

为了了解玻璃瓶内使用珀尔帖元件的温度分布效果,采用 COMSOL 多物理方法进行了模拟。玻璃瓶内使用珀尔帖元件仿真过程的模型如图 16.7 所示。

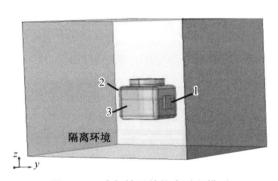

图 16.7　珀尔帖元件仿真过程模型

(1 为珀尔帖元件;2 为玻璃罐;3 为罐内的水)

仿真是在温度为 20 ℃的隔离环境中进行的。在图 16.7 中珀尔帖元件(1)的外表面温度为 70 ℃,内表面为 5 ℃。进行了时间相关性的研究,模拟结果和温度与时间的关系图如图 16.8 和图 16.9 所示。

从模拟中观察到,30 s 后罐内的温度为 11 ℃,10 min 后,温度下降到 9 ℃。仿真图如图 16.9 所示。

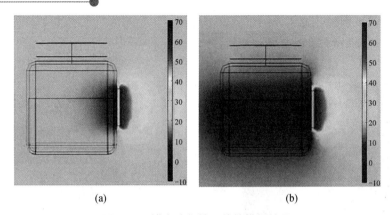

图 16.8　罐内珀尔帖元件的模拟结果

((a) 30 s 后 ; (b) 10 min 后)

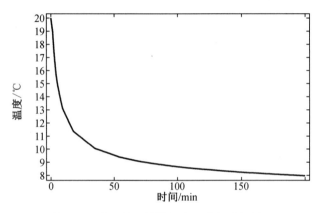

图 16.9　珀耳帖元件的温度下降与时间图

　　利用声压模拟了纳米多孔氧化铝膜的单管,管的尺寸为直径 40 nm,高 200 nm。作为液体介质的水被假定在管子内,施加 1 Pa 的声压。通道内的压力分布见图 16.10。从纳米管的模拟结果可以清楚地看出,频率为 7.62 MHz[图 16.10(a)]的管子启动处的压力分布要比低处的高。

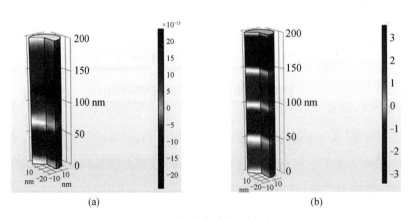

图 16.10　纳米管内部压力分布

((a) 频率 7.62 MHz ; (b) 频率 15.1 GHz)

另一侧的频率增加到 15.1 GHz[图 16.10(b)] 显示出该管具有更变形的形状,在整个纳米管中压力分布更稳定。这可以降低分离或过滤过程中机械损伤的风险。

图 16.11 展示了使用纳米多孔氧化铝纳米膜进行过滤油的例子。它由刚性体和纳米膜组成,用于油的过滤和纳米颗粒的分离。

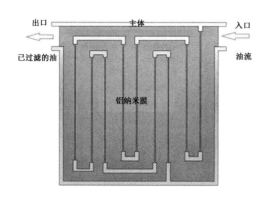

图 16.11 使用纳米膜过滤油的例子

16.4 结 论

在硅上使用计算机生成的微结构,通过使用热复制工艺,将微结构复制到压电纳米复合材料上。所使用的复制技术能够形成微结构(微通道),在压电纳米复合材料中通过精确的几何形状产生声波。此外,例子表明,复制的微结构能够控制微通道内的流体流动。

以草酸为电解质,采用两步阳极氧化法,开发的纳米多孔氧化铝膜,孔径为 70±20 nm,孔间距为 110 nm。根据 COMSOL Multiphysics 多物质的温度模拟,在阳极氧化过程中,玻璃瓶内的温度使用珀尔帖元件应该为 9 ℃。此外,当频率为 15.1 GHz 时,纳米管内的声压分布更加稳定。通过利用这一现象,有可能在过滤过程中减少物质的机械损伤。

参 考 文 献

[1] Hardt S, Schönfeld F (2007) Microfluidic technologies for miniaturized analysis systems. https://doi. org/10. 1007/978-0-387-68424-6

[2] Manz A, Graber N, Widmer HM (1990) Miniaturized total chemical analysis systems: a novel concept for chemical sensing. Sensors Actuators B Chem 1(1-6):244-248. https://doi. org/10. 1016/0925-4005(90)80209-i

[3] Ding X, Lin SCS, Lapsley MI, Li S, Guo X, Chan CYK, Chiang IK, L. Wang, McCoy JP, Huang TJ (2012) Standing surface acoustic wave (SSAW) based multichannel cell sorting. Lab Chip 12:4228-4231

[4] Reichert P, Deshmukh D, Lebovitz L, Dual J (2018) Thin film piezoelectrics for bulk acoustic wave (BAW) acoustophoresis. Lab Chip 18:3655-366716 Replicated Computer

Generated Microstructure onto Piezoelectric. . . 245

[5] Nava G, Bragheri F, Yang T, Minzioni P, Osellame R, Cristiani I, Berg-Sørensen K (2015) Allsilicamicrofluidic optical stretcher with acoustophoretic prefocusing. Microfluid Nanofluid 19:837−844

[6] Ermakov V, Kruchinin S, Fujiwara A (2008) Electronic nanosensors based on nanotransistor with bistability behaviour. In: Bonca J, Kruchinin S (eds) Proceedings NATO ARW "Electron transport in nanosystems". Springer, Berlin, pp 341−349

[7] Ermakov V, Kruchinin S, Hori H, Fujiwara A (2007) Phenomena in the resonant tunneling through degenarate energy state with electron correlation. Int J Mod Phys B 11: 827−835

[8] Nama N, Barnkob R, Mao Z, Kähler CJ, Costanzo F, Huang TJ (2015) Numerical study of acoustophoretic motion of particles in a PDMS microchannel driven by surface acoustic waves. Lab Chip 15:2700−2709

[9] Belovickis J, Ivanov M, Samulionis V, Banys J, Solnyshkin A, Gavrilov SA, Nekludov KN, Shvartsman VV, Silibin MV (2018) Dielectric, ferroelectric, and piezoelectric investigation of polymer-based P (VDF-TrFE) composites. Phys Status Solidi (b) 255:1700196

[10] Janusas G, Ponelyte S, Brunius A, Guobiene A, Vilkauskas A, Palevicius A (2016) Influence of PZT coating thickness and electrical pole alignment on microresonator properties. Sensors 16:1893

[11] Baek C, Yun JH, Wang JE, Jeong CK, Lee KJ, Park KI, Kim DK (2016) A flflexible energy harvester based on a lead-free and piezoelectric BCTZ nanoparticle-polymer composite. Nanoscale 8:17632−17638

[12] Repetsky P, Vyshyvana IG, Nakazawa Y, Kruchinin SP, Bellucci S (2019) Electron transport in carbon nanotubes with adsorbed chromium impurities. Materials 12:524

[13] Ermakov V, Kruchinin S, Pruschke T, Freericks J (2015) Thermoelectricity in tunneling nanostructures. Phys Rev B 92:115531

[14] Filikhin I, Peterson T, Vlahovic B, Kruchinin SP, Kuzmichev YB, Mitic V (2019) Electron transfer from the barrier in InAs/GaAs quantum dot-well structure. Phys E Low Dimens Syst Nanostruct 114, Article 113629

[15] Darinskii AN, Weihnacht M, Schmidt H (2017) Acoustomicrofluidic application of quasi-shear surface waves. Ultrasonics 78:10−17

[16] Guo J, Kang Y, Ai Y (2015) Radiation dominated acoustophoresis driven by surface acoustic waves. J Colloid Interface Sci 455:203−211

[17] Sazan H, Piperno S, Layani M, Magdassi S, Shpaisman H (2019) Directed assembly of nanoparticles into continuous microstructures by standing surface acoustic waves. J Colloid Interface Sci 536:701−709

[18] Zheng T, Wang C, Xu C, Hu Q, Wei S (2018) Patterning microparticles into a two-

dimensional pattern using onecolumn standing surface acoustic waves. Sensors Actuators A 284:168-171

[19] Ostasevicius V, Janusas G, Palevicius A, Gaidys R, Jurenas V (2017) Biomechanical microsys tems-design, processing and applications. Springer, Switzerland

[20] Juknius T, Ružauskas M, Tamulevicius T, Šiugždinieté R, Jukniené I, Vasiliauskas A, Jurkevičiuté A, Tamulevičius S (2016) Antimicrobial properties of diamond-like carbon/silver nanocomposite thin films deposited on textiles: towards smart bandages. Materials 9 (5):1-15

[21] Bružauskaitė I, Bironaitė D, Bagdonas E, Skeberdis VA, Denkovskij J, Tamulevičius T, Uvarovas V, Bernotien ė E (2016) Relevance of HCN2-expressing human mesenchymal stem cells for the generation of biological pacemakers. Stem Cell Res Ther 7:1-15

[22] Danilevicius P, Rekstyte S, Balciunas E, Kraniauskas A (2012) Micro-structured polymer scaffolds fabricated by direct laser writing for tissue engineering. J Biomed Opt 17(8):81405

[23] Stankevičius E, Gedvilas M, Voisiat B, Malinauskas M, Račiukaitis G (2013) Fabrication of periodic micro-structures by holographic lithography. Lith J Phys 53(4): 227-237

[24] Sun HB, Kawata S (2004) Two-photon photopolymerization and 3D lithographic microfabrication. Adv Polym Sci 170:169-273

[25] Wu S, Serbin J, Gu M (2006) Two-photon polymerisation for three-dimensional micro fabrication. J. Photochem Photobiol A 181:1-11

[26] Malinauskas M, Gilbergs H, Žukauskas A, Purlys V, Paipulas D, Gadonas R (2010) A fem tosecond laser-induced two-photon photopolymerization technique for structuring microlenses. J Opt 12(3):1-8246 Y. Patel et al.

[27] Silva DN, De Oliveira MG, Meurer E, Meurer MI, Da Silva JV, Santa Bárbara A (2008) Dimensional error in selective laser sintering and 3D printing of models for craniomaxillary anatomy reconstruction. J Cranio-Maxillofac Surg 36:443-449

[28] Sin D, Miao X, Liu G, Wei F, Chadwick G, Yan C, Friis T (2010) Polyurethane (PU) scaffolds prepared by solvent casting/particulate leaching (SCPL) combined with centrifugation. Mater Sci Eng C 30:78-85

[29] Liu X, Ma PX (2009) Phase separation, pore structure, and properties of nanofibrous gelatin scaffolds. Biomaterials 30:4094-4103

[30] Salerno A, Oliviero M, Di Maio E, Iannace S, Netti P (2009) Design of porous polymeric scaffolds by gas foaming of heterogeneous blends. J Mater Sci Mater Med 20: 2043-2051

[31] Palevicius A, Janusas G, Ragulskis M, Palevicius P, Sodah A (2018) Design, analysis and application of dynamic visual cryptography for visual inspection of biomedical

systems. In：Nanostructured materials for the detection of CBRN. Springer, Dordrecht, pp 223-232

[32] Kruchinin SP, Klepikov VF, Novikov VE, Kruchinin DS (2005) Nonlinear current oscillations in a fractal josephson junction. Mater Sci 23(4):1009-1013

[33] Sodah A, Palevicius A, Janusas G, Jurenas V, Patel YR (2018) Sonotrode for formation of piezocomposite functional elements. In：Mechanika 2018：proceedings of the 23rd interna tional scientifific conference, pp 150-153

[34] Cazorla PH, Fuchs O, Coschet M, Maubert S, Le Rhun G, Foullet Y, Defay E (2014) Integration of PZT thin films on a microfluidic complex system. In：IEEE international ultrasonics symposium proceedings, pp 491-494

第17章　靶标的纳米孔穿透传感效应:通过测量具有扭曲单链或双链 DNA 的有机金属复合物修饰碳纳米管的阻抗差异进行 DNA 测序

摘要:本章内容提供了一种高灵敏度且可重现的脱氧核糖核酸(deoxyribonudeic acid, DNA)序列介电光谱分析方法,建立在排列在纳米孔氧化铝上的量子石墨烯结构平台上,以识别天然双链(double-stranded, ds)DNA 中的病毒。在传感器敏感层中,互补的目标 DNA 与探针 DNA 杂交,导致形成的单链(single-stranded, ss)目标 DNA 通过有机金属配合物 LB 膜的纳米腔渗透到底层的纳米多孔阳极氧化铝中。这导致 MWCNT 末端的连接,屏蔽了亥姆霍兹双层和随后传感器的电容减小。新型电化学阻抗 DNA 传感器采用自组织多壁碳纳米管(multi-walled carbon nanotube, MWCNT)有机金属复合物,检测生物样本中的病毒 DNA,病毒感染患者 DNA 浓度低至 $1.0 \sim 1.3 \ ng/\mu L$。

关键词:多壁碳纳米管;纳米孔渗透感应效应;双链 DNA;单链 DNA

17.1　简　介

近几十年来,分子生物学的进步与利用第三代无标记 DNA-纳米测序方法有关[1]。但是,这些方法的灵敏度似乎不足以识别人体细胞少部分病变较弱的阶段(所谓的窗口期或血清学窗口期)的病毒感染。另外,现代 DNA 测序方法花费大量时间用于鉴定目标病毒基因组。人类细小病毒感染会导致严重的并发症,包括暂时的再生障碍性危机、慢性贫血和胎儿死亡。在这种情况下,传染病治疗的有效性往往取决于正确识别传染病病原体,即医学诊断方法的表现。采用高灵敏度的方法来检测病毒感染是一个挑战。

为了揭示医学上人类细小病毒的感染情况,我们提供了一种基于非共价互补单链 ss-DNA 分子的高选择性杂交相互作用的介电光谱方法。所研究样品的相互作用探针 ss-DNA 和目标基因组线性 ss-DNA 在传感器表面形成同双链体的 ds-DNA 螺旋,用于检测细小病毒感染。这种新型的高灵敏度方法能可靠地检测出样品中的细小病毒,而且不需要昂贵的消耗品。

本章的研究目的是研究电化学 DNA 传感中 DNA 穿透对纳米孔表面沉积的有机金属复合物修饰的多壁碳纳米管的影响。我们将利用基于碳纳米管的新型无标记电化学 DNA 纳米传感器,通过具有扭曲 ss-或 ds-DNA 的金属修饰材料之间的阻抗差异来识别天然基因组 DNA 的病毒状态。

17.2　材料与方法

17.2.1　试剂

我们利用两种类型的 ss-DNA 探针识别细小病毒序列:直接引物序列为 $3'→5'$-ss-DNA 链并将其反转为 $5'→3'$-ss-DNA 链。直接和反向引物通过 B19V F4 和 B19V R4 表达,ds-DNA 样品来自细小病毒感染患者的血清中获得 $[DNA_{pvi}, i=(1,2,3)]$ 和几乎健康的供体 $[DNA_{hi}, i=(1,2,3)]$ 作为阴性对照。感染 DNA 样品的分光光度数据列于表 17.1。荧光光谱法也用于测量 DNA_{hi} 的浓度,$i=(1,2,3)$。DNA 的浓度约为 $4.5 \sim 5.0$ ng/μL。

表 17.1　细小病毒感染 DNA 样本不同波长 λ 和浓度 C 的光密度 OD_λ 及其差异

样品类型	$(OD_{260}-OD_{320})(OD280-OD320)$	OD320	$C/(\mu g/mL)$
DNA_{pv1}	1.8	0.05	4.5
DNA_{pv2}	1.9	0.32	3.8

为了校准癌基因 KRAS 的无标记序列,我们利用从结肠癌肿瘤中分离出的天然 DNA 和胎盘 DNA 作为标记基因。采用结肠癌第二个外显子、密码子 12、GGT>GAT 存在突变单核苷酸多态性(single nucleotide polymorphism,SNP)的结肠癌患者的肿瘤组织。探针 DNA $KRAS_m$ 是一个具有 SNP 的无标记探针寡核苷酸序列。从健康供体胎盘组织中分离的高纯度 ds-DNA(1.03 mg/mL 在 10^{-5} M 碳酸钠缓冲液培养基中)的 RNA 和蛋白质含量低于 0.1%(光密度比分别为 $D_{260}/D_{230}=2.378$ 和 $D_{260}/D_{280}=1.866$)。

所有的 DNA 探针均购自"Primetech ALC"(白俄罗斯明斯克)。寡核苷酸的长度不超过 20 个核苷酸。

要构建电化学换能器,选择 MWCNT,其直径为 $2 \sim 5$ nm,长度约为 2.5 μm。采用化学气相沉积法(CVD 法)[2] 获得了原始的多壁碳纳米管 MWCNTs 和单壁碳纳米管(SWCNTs)。MWCNT 引入羧基进行了羧基修饰,并被硬脂酸分子进行了非共价官能化。用 $Fe(NO_3)_3 \cdot 9H_2O$,$Ce_2(SO_4)_3$(Sigma,USA),盐酸,去离子水等盐制备亚相。含铁薄膜由噻吩衍生物的两亲性低聚物组成,具有化学结合的疏水性 16 链烃链:3-十六烷基 2,5-二(噻吩 2-烷基)-1H-吡咯(H-DTP,H-二噻吩吡咯)。采用参考文献[3]方法合成了 h-二硫吡咯-二硫吡咯。通过将精确称量的物质溶解在己烷中,制备了 1.0 mM 的 H-二硫代吡咯工作溶液。所有盐溶液均用电阻率为 18.2 M·cm 的去离子水制备。所有使用过的材料都属于分析纯试剂类。

17.2.2　方法

1. 阻抗测量

利用热陶瓷载体上的平面数字间电极结构进行了电物理研究。N 对,$N=20$ 的铝电极呈阿基米德型螺旋结构排列。每一对这样的容器都是"开放型"电容器。电极的介电涂层本身是一种孔径为 10 nm 的纳米多孔阳极氧化铝层(anodic alumina layer,AOA)。为了激发电流的谐波自激振荡(电容器中的充放电过程),传感器以电容 C 的形式连接到弛豫电阻(R)-电容(C)振荡器(自激 RC 振荡器)[1,4]中。这种 RC 发电机的运行基于对准共振频率有正反馈的放大器的自励原理。进入测量 RC 振荡电路的传感器的电容 C 用公式 $C = 1/(2\pi Rf)$ 计算,其中 R 为测量电阻,f 为准谐振频率。

可以通过 Langmuir-Blodgett(LB)技术制造出可转换杂交信号的生物敏感性纳米结构层。生物敏感涂层由 5 个单分子 LB 层(LB 单层)组成,由高自旋八面体铁的纳米环配合物与二硫代吡咯(DTP)配体制成[5]。羧基化亲水性 MWCNT 与不同 DNA 探针的配合物已沉积在含金属的导电二硫代吡咯聚合物 LB 膜上[4]。合成的 LB-纳米异质结构悬浮在叉指电极体系上。制造的电容型 DNA 纳米传感器是非法拉第类型的传感器。

以直接引物作为 DNA 探针的纳米传感器 F14、F24、F32 和带有反向引物作为 DNA 探针的纳米传感器 R0、R4、R18 上已经检测到了对 DNA 样品与病毒 DNA 探针之间相互作用的响应。一个具有突变 DNA 探针 $KRAS_m$ 的 DNA-纳米传感器 K11 识别了结肠癌组织 DNA 样本中的 SNP。所有的电化学测量都是在去离子水中进行的。

所有结果均通过 Sanger 的测序方法证实。我们在 20 个样本中有 100% 区分了突变和野生型。

2. Langmuir-Blodgett 技术

LB 单层的制备是在自动化的手工 Langmuir 槽中进行的,在基材上进行受控沉积,计算机用户界面在微软 Windows 操作系统下工作。表面张力的控制已由高灵敏度的共振感应传感器完成。单分子层在支架上的 Y 型置换是通过垂直倾斜来进行的。Fe(Ⅱ)DTP₃ 的配合物用三价铁盐在亚相表面压缩 H-二硫代吡咯分子,通过 LB 法合成了具有 DTP 配体的高自旋 Fe(Ⅱ)[5]。水平和垂直排列的 LB-MWCNT 束可以由羧基化的 MWCNTs 制成[6-11]。

我们使用 LB 技术将含有 DNA/MWCNT 复合物的两层单层硬脂酸胶束沉积在有机金属 Ce 含 Fe(Ⅱ)DTP 复合物的 5 单层 LB 膜上。

3. 胶束 DNA/MWCNT 复合物的制备

用 MWCNT[6]对 ds-DNA 或寡核苷酸进行超声处理,获得胶束复合物 ds-DNA/MWCNT 和寡核苷酸/MWCNT。然后,将配合物与硬脂酸溶液在去离子水或正己烷中混合。所得到的混合物通过超声处理,形成亲水或疏水(反向)硬脂酸胶束,其中带有复合物 ds-DNA/MWCNT 或寡核苷酸/MWCNT 的[12]。

4. 拉曼光谱研究

在可见光范围内进行光谱研究,使用共聚焦显微拉曼光谱仪 Nanofinder HE("LOTIS-TⅡ",东京,日本-白俄罗斯)通过功率分别为 355 mm、473 mm 和 532 nm 的激光激发在室温(RT)和低温下的功率为 0.000 1~20 mW。

17.3 结　　果

17.3.1 传感器特性

电化学 DNA 传感器传感器是一种层状纳米异质结构,由配合物 MWCNT/DNA 探针的两层组成,沉积在五层八面体高自旋 Fe(Ⅱ)的纳米环配合物上。导电聚合物的吡咯环能够可逆地氧化和还原[13]。阳离子活性(阳离子)氧化吡咯环可固定 ds-DNA 分子[14]。这种自氧化还原活性提供了在足够的时间内的 DNA 固定,以进行互补杂交,非特异性结合的靶 DNA 分子的静电排斥,并在吡咯还原阶段从传感器表面离开。

以硬脂酸胶束和 LB 薄膜排列的碳纳米管、DNA、复合物 DNA/MWCNT 和 MWCNT 束的拉曼光散射特征频率见表 17.2、表 17.3 和表 17.4。对比表 17.2 中所示的 SWCNTs、原始 MWCNTs 和胶束 MWCNTs 的拉曼光谱,表明敏感层含有一定壁面数量(约两壁面)的碳纳米管。已被选作换能器的 MWCNT 实际上不含杂质,因为在胶束 MWCNT 的拉曼光谱中不存在特征振动模式 D。由于一部分 MWCNT 电荷载流子位于支撑缺陷上,因此峰 D 出现在拉曼光谱中。但是,在振幅为 $\lambda = 355$ nm 的激光激发下,峰值 D 振幅减小,并移至低频(表 17.2)。波长为 $\lambda = 532$ nm 的激光激发 LB-MWCNT 膜(表 17.2)。由于 π-π 相互作用,它们存在于较低激发的杂质 DNA 水平上,猝灭了 ds-DNA 和寡核苷酸中波长 $\lambda = 532$ nm 的光散射(表 17.3 和表 17.4)。

醌可以通过与 DNA 碱基(如甲萘醌、对苯醌和丝裂霉素 C)形成共价键来直接与 DNA 相互作用[23-25]或插入蒽环类化合物的 DNA 螺旋中[26]。由于 π-π 堆积在纳米管的多芳族表面上,醌也可以与碳纳米管相互作用[27]。我们利用这些百里醌作为醌来证明在传感器覆盖层中存在已识别的互补靶点 ss-DNA。根据图 17.1(a)中的数据,百里醌与 DNA 官能化的 MWCNT 相互作用,因为添加 1~50 μmol/L 的百里醌会引起传感器容量的降低。由于 MWCNT 被 ss-DNA 探针 KRAS$_m$ 的致密层覆盖,这一筛选证明醌能穿透 DNA/MWCNT 复合物。因此,KRASm 与结肠癌的 SNP 肿瘤的互补靶点 ss-DNA 在传感器表面 K11 上形成了同源双链体。

表 17.2　在不同温度 T、不同波长 λ 的激光激发下,在天然 DNA
和天然 DNA/MWCNT 复合物的拉曼光谱中观察到的特征分子振动

样品	谱带/(cm⁻¹)	相似分子的振动峰基团/(cm⁻¹; λ)
干燥的 SWCNTs *	179(RBM), 1 343(D), 1 592(G), 2 444(D″+D), 2 680(2D), 2 930(D″D), 3 184(2G). 176.6(RBM), 1 352(D), 1 567, 1 591(G), 2 446 (D″D), 2 704(2D), 2 930(D″D), 3 182(2G)	$\lambda = 532$ nm $\lambda = 473$ nm

表 17.2(续)

样品	谱带/(cm^{-1})	相似分子的振动峰 基团/$(cm^{-1}; \lambda)$
干燥的 MWCNTs	1 328(D), 1 566(G), 2 450 (D″+D), 2 660(2D), 2 890 (D′+D)	参考文献[15];$\lambda = 532$ nm
SA 胶束	1 064.5, 1 180, 1 298.6, 1 440.2, 1 459.3, 2 847, 2 882	纯 SA:863.2, 885.3, 1065.8, 1079.1, 1121.4, 1180.5, 1299.0, 1422.9, 1440, 1459, 1664.6, 2852.4, 2873.9, 2898.3, 2925.4[16-17];$\lambda = 532$ nm
SA 胶束中的 MWCNTs	163(RBM), 1 575(G), 2 430(D″+D), 2 648(2D), 3 152(2G)	CNT 直径 2-2.5nm 选择 D[18];$\lambda = 532$ nm
来自 MWCNTs 和 SA 中的 LB 膜	1 350(D), 1 573(G), 2 406.68(D″+D), 2 683(2D), 2 923(D′+D). 1 403(D), 1 586(G), 2 450 (D″+D), 2 810(2D), 2 983(D′+D)	两层 LB 单层膜 $\lambda = 473$ nm 三层 LB 单层膜 $\lambda = 355$ nm

* CNT 的振动模式以下方式标记:RBM 是径向呼吸模式;峰 D、2D、D+D、D+D 和 D,D 是石石墨烯布里渊区 K(K)点附近的振动;峰值 G、2G 是该区域中 Γ 点附近的振动。

表 17.3 在不同温度 T、不同波长 λ 的激光激发下,在天然 DNA
和天然 DNA/MWCNT 复合物的拉曼光谱中观察到的特征分子振动

样品	谱带/(cm^{-1})	相似分子的分配或振动峰 基团/$(cm^{-1}; \lambda; T)$
干燥胎盘的 DNA	663.6(T,Gu,A), 728.2(A), 783(C), 802, 881.6, 963.6, 1 014(d), 1 060.64[d(CO)], 1 100(DP), 1 141.25, 1 181.3(T,C), 1 208.9, 1 245.67(T), 1 303.53(A), 1 334(A), 1 373.1(T,A,Gu), 1 418.2[T,d(CH2)], 1 442, 1 460[d(CH2)], 1 484(A,Gu), 1 504.8(A), 1 528.6(C), 1 573(A,T), 1 661[T,Gu(C=O)], 2 747[d(CH)], 2 894[d(CH)], 2 955.36[d(CH)]	a 型 DNA $\lambda = 473$ nm, RT

表 17.3(续)

样品	谱带/(cm^{-1})	相似分子的分配或振动峰基团/(cm^{-1};λ;T)
干燥牛的 DNA	663(T,Gu,A)，682(G)，727(A)，743(T,d)，783(C)，1 012(d)，1 060[d(CO)]，1 100(DP)，1 181(T,C)，1 243(T)，1 308(A)，1 335(A)，1 372(T,A,Gu)，1 418[T, d(CH2)]，1 460[d(CH2)]，1 484(A,Gu)，1508(A)，1 528(C)，1 574(A,T)，1 664[T,Gu(C=O)]，2 894[d(CH)]，2 950[d(CH)]，2 957[d(CH)]	a 型 DNA[19-20]
胎盘的 DNA 中的 SA 胶束	835，880，920，1 020，1 050[d(CO)]，1 100(DP)，1 140，1 185(T,C)，1 245(T)，1 270(C,A)，1 300(A)，1 340(A)，1 370(Gu,T,A)，1 420(A,Gu)，1 438(Gu)，1 480(A,C)，1 490(A,Gu)，1 520(A)，1 580(Gu,A)，1 607(A)，1 641(Gu,T)，2 721[d(CH)]，2 845.6，2 880.7[d(CH)]，2 921[d(CH)]	RT 条件下去质子化的 DNA λ = 532。1 605 和 1 609 nm 是 DNA 腺嘌呤中 C=N 键和 ds-DNA 中的特征振动[12, 18, 21-22]；2845.6 是硬脂酸的特征频率
胎盘的 DNA 包裹 MWCNTs 中的 SA 胶束	1 343(D)，1 573(G)，2 460(D″+D)，2 686(2D)，2 930(D′+D) 1 358(D)，1 582(G)，2 446(D″+D)，2 710(2D)，2 927(D′+D) 1 400(D)，1 581(G)，2 361(D″+D)，2 810(2D)，2 970(D′+D) 1 350(D)，1 587(G)，2 467(D″+D)，2 698(2D)，1 091.1(DP)，1 124.5，1 175(T,C)，1 621[Gu(C=0),T] 1 400(D)，1 583(G)，2 415(D″+D)，2 800(2D)，3 190(2G)，1 049[d(CO)]，1 100(DP)，1 294(A)，1 327(A)，1 747，2 090[d(CH)]，2 701[d(CH)]，2 949[d(CH)]	λ = 532 nm, RT λ = 473 nm, RT λ = 355 nm, RT 鸟嘌呤冷却后的红移频率[20] λ = 532 nm, 30 K 腺嘌呤冷却后的红移频率[20] λ = 532 nm, 30 K 波段 d(CO)的红移； λ = 355 nm, 26 K

* DNA 的分子基团通过以下方式标记。A、Gu、C 和 T 是核碱基腺嘌呤、鸟嘌呤、胞嘧啶和胸腺嘧啶；d 是脱氧核糖；DP 是磷酸二酯键。

表17.4 在波长为 $\lambda = 532$ nm 和 RT 的激光激发下,在复合物寡核苷酸/MWCNT 的
拉曼光谱中观察到的特征分子振动

样品	谱带/(cm^{-1})	成分
寡核苷酸 包裹在 SA 胶束内的 MWCNTs	1 340(D),1 572(G); 1 605(A)	MWCNTs. 腺嘌呤
LB 膜来自寡核苷酸包裹的 MWCNTs 和 SA	1 340(D),1 571(G); 1 605(A)	MWCNTs. 腺嘌呤

17.3.2 电化学阻抗谱分析

将 DNA 纳米传感器放入去离子水中,在界面上形成电双亥姆霍兹(Helmholtz)层。传感器容量的典型频率依赖性在图 17.1(b)(c)中给出。目标 DNA 序列检测的原理是基于屏蔽近电极亥姆霍兹层,在互补靶标的情况下会导致双层电容降低。和探针 ss-DNA 一样,如从细小病毒感染患者的血液中分离的 ds-DNA(ds-DNA$_{pv1}$)一样[图 17.1(b)]。DNA 探针分子与目标 DNA 分子在变性时 ss-DNA 释放的 DNA 杂交作用在传感器表面进行。与传感器的 ss-DNA 探针 B19V R4 结合的互补靶点 ss-DNA 通过 lb-dtp 薄膜的纳米腔穿透传感器的敏感层,进入 AOA 的纳米孔,随后与 MWCNTs 末端结合,产生屏蔽效应。在个别情况下,仅在 DNA 浓度为 3 ng/μL 时,含有细小病毒的 DNA 样本的电容就出现了下降。传感器电容的降低表明逆转录–引物探针 DNA 与患者 DNA 样本中的病毒 DNA 存在互补的相互作用。

一个与 ss-DNA 探针不互补的目标 ss-DNA 与另一个互补的 ss-DNA 反应很快,形成原始目标 ds-DNA。由于该 ds-DNA 的直径大于纳米腔,因此没有屏蔽效应,传感器的电容增加[图 17.1(c)]。

介电损耗以传感器的逆容量 C^{-1} 来测量。Cole-Cole 图的光谱是介电损耗与信号功率 W 的依赖关系。这些依赖性对应于介电损耗常数对应于复杂的介电磁导率(介电色散)的实部的依赖性。从图 17.2 中可以看出,没有敏感涂层的纯传感器的 Cole-Cole 图的特征在信号功率值 W 为 2~25V * V,是存在 3 个特征频率为 λ_0、λ_1、λ_2 的偶极子弛豫的 Cole-Cole 图。除了带电的亥姆霍兹双层电容外,还有一个信号功率大于 40 V * V 的扩散层的 Warburg 阻抗元件。

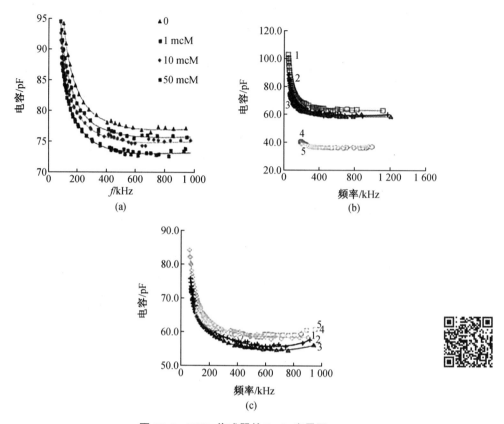

图 17.1　DNA 传感器的 Bode 容量图

((a)DNA 传感器 K11,在不同浓度的胸腺嘧啶暴露 30 min 后,探针 DNA KRASm 与公认的结直肠癌肿瘤 DNA 之间具有双链体;(b)DNA 传感器 R18;(c)F32:1—纯传感器,2—带有电极的传感器被纳米环有机金属配合物的 LB 膜覆盖,3—带传感器的电极被 DNA 的 LB 膜覆盖的电极分配在用金属原子修饰的 MWCNT 上的探针,4—沉积 1.3 ng/μLDNApv1(b)或 0.7 ng/μLDNAhv1(c),5—沉积 2.6 ng/μLDNApv1(b)或 1.4 ng/μLDNAh1(C))

传感器涂层的沉积导致在 LB-DTP 薄膜和寡核苷酸 mwcnt-lb 薄膜中出现偶极子弛豫振荡的额外频率 λ_p 和 λ_{ON},如图 17.2 所示。在图 17.2 中(c)和(d)展示了探针寡核苷酸与从细小病毒感染患者血液中分离的 DNA 杂交时传感器的电化学反应数据。可以看出,寡核苷酸与互补病毒 DNA 杂交导致在信号功率 17～19V * V 时出现额外的频率 λ_{DNA}。对于逆转录引物 B19V R4,随着出现的 Cole-Cole 图表明,λ_{DNA} 的介电损耗增加(筛选效应)。

在所有健康供体样本的目标 DNA 与 DNA 探针 B19V R4 和 B19V F4 进行非互补杂交时,特征 Cole-Cole 图中 λ_{DNA} 缺失[图 17.2(a)和图 17.2(b)]。由于介电损耗降低,因此没有屏蔽效果,因此非互补杂交后容量增加。

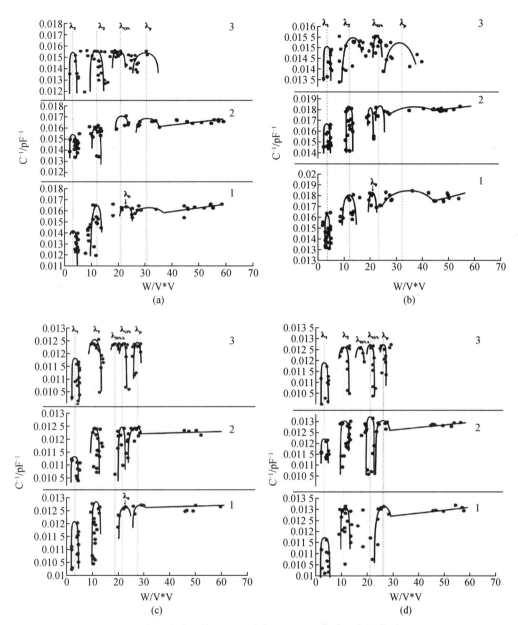

图 17.2　传感器涂层的沉积导致在 LB-DTP 薄膜和寡核苷酸 mwcnt-lb 薄膜中出现偶极子弛豫振荡的额外频率 λ_p 和 λ_{ON}

(带有 LB-DTP 膜的传感器(曲线 1),在与 DNA 杂交之前(曲线 2)和与 DNA 杂交后(曲线 3)涂有寡核苷酸的 LB-CNT 膜的传感器的带科尔图的介电谱。(a)(b)从健康供体中分离的 DNA:(a)传感器 R0 上的对照 DNAh2 和(b)传感器 F24 上的对照 DNAh3;沉积 0.7 ng/μL。(c)(d)从细小病毒感染患者的血液中分离的 DNA,在(c)传感器 R4 和传感器 F14 上沉积了 1.0 ng/μLDNApv2。对于 AOA,曲线的特征最大值为 $\lambda_0 \backslash \lambda_1 \backslash \lambda_2$。$\lambda_p$ 代表 LB-DTP 膜,λ_{ON} 代表 DNA 探针,λDNA 代表靶 DNA)

17.4　讨论与结论

拉曼光谱和阻抗光谱分析表明,电荷CNT载流子被限制在CNT表面上。醌插入到ds-DNA螺旋,在空间上保持其核苷远离cnt表面。由于碳纳米管载流子不能在远端杂质缺陷上传输(定位),一些自由的碳纳米管载流子随着之前定位的载流子的数量而增加。同时,核苷之间的π-π键和CNT表面断裂。由于π-π相互作用的减弱,DNA的构象迁移率增加,DNA分子附着在CNT末端的构象增加,MWCNTs与DNA连接形成网络是一种节能的DNA构型。掺杂在DNA分子与端基之间的接触位点后,出现DNA的跳跃传导。接触次数随着百里醌浓度的增加而增加[图17.1(a)]。电荷的传输沿着两个系统发生,由于这两个系统都是高导电性的,因此DNA-CNT网络对亥姆霍兹层的筛选比MWCNT-LB束更有效。在本章中进行和展示的原生DNA测序是基于对外部电场的这种双重屏蔽。传感器表面掺杂的DNA是由于互补的ss-DNA在纳米环AOA中穿透纳米环化合物Fe(Ⅱ)DTP的纳米腔。

因此,所提出的介电光谱学方法可以检测DNA样本中是否存在目标病毒感染,并可作为另一种实验室诊断方法。

参 考 文 献

[1]　Grushevskaya HV et al (2019) Single-molecule EIS-sequencing of DNA on composite nanoporous structures: advances and perspectives. Sci Innov 4(194):23 (in Russian)

[2]　Labunov V, Shulitski B, Prudnikava A, Shaman YP, Basaev AS (2010) Composite nanostructure of vertically aligned carbon nanotube array and planar graphite layer obtained by the injection CVD method. Quantum Electron Optoelectron 13:137

[3]　Kel'in A, Kulinkovich O (1995) A new synthetic approach to the conjugated five numbered heterocycles with long-chain substituents. Folia Pharm Univ Carol (supplementum) 18:96

[4]　Grushevskaya HV, Krylova NG, Lipnevich IV, Babenka AS, Egorova VP, Chakukov RF (2018) CNT-based label-free electrochemical sensing of native DNA with allele single nucleotide polymorphism. Semiconductors 52(14):1836

[5]　Grushevskaya HV, Lipnevich IV, Orekhovskaya TI (2013) Coordination interaction between rare earth and/or transition metal centers and thiophene series oligomer derivatives in ultrathin Langmuir-Blodgett films. J Mod Phys 4:7

[6]　Egorov AS, Krylova HV, Lipnevich IV, Shulitsky BG, Baran LV, Gusakova SV, Govorov MI (2012) Structure of modified multi-walled carbon nanotube clusters on conducting organometallic Langmuir-Blodgett fifilms. J Nonlin Phenom Complex Syst 15:121

[7]　Repetsky SP, Vyshyvana IG, Nakazawa Y, Kruchinin SP, Bellucci S (2019) Electron transport in carbon nanotubes with adsorbed chromium impurities. Materials 12:524

[8]　Repetsky SP, Vyshyvana IG, Kruchinin SP, Bellucci S (2018) Influence of the ordering

of impurities on the appearance of an energy gap and on the electrical conductance of graphene. Sci Rep 8:9123

[9] Filikhin I, Peterson TH, Vlahovic B, Kruchinin SP, Kuzmichev YuB, Mitic V (2019) Electron transfer from the barrier in InAs/GaAs quantum dot-well structure. Phys E Low-dimensional Syst Nanostruct 114:113629

[10] Ermakov V, Kruchinin S, Pruschke T, Freericks J (2015) Thermoelectricity in tunneling nanostructures. Phys Rev B 92:115531

[11] Kruchinin S, Pruschke T (2014) Thermopower for a molecule with vibrational degrees of freedom. Phys Lett A 378:157−161

[12] Egorov AS, Egorova VP, Grushevskaya GV, Krylova NG, Lipnevich IV, Orekhovskaya TI, Shulitsky BG (2016) CNTenhanced Raman spectroscopy and its application: DNA detection and cell visualization. Lett Appl NanoBioSci 5:343

[13] Tsai YT, Choi CH, Gao N, Yang EH (2011) Tunable wetting mechanism of polypyrrole surfaces and low-voltage droplet manipulation via redox. Langmuir 27:4249

[14] Jeon SH, Lee HJ, Bae K, Yoon K-A, Lee ES, Cho Y (2016) Efficient capture and isolation of tumor-related circulating cell-free DNA from cancer patients using electroactive conducting polymer nanowire platforms. Theranostics 6:828

[15] Cooper DR et al. (2012) Experimental review of graphene. ISRN Condens Matter Phys 2012:501686

[16] Potcoava MC, Futia GL, Aughenbaugh J, Schlaepfer IR, Gibson EA (2014) Raman and coherent anti-Stokes Raman scattering microscopy studies of changes in lipid content and composition in hormone-treated breast and prostate cancer cells. J Biomed Opt 19 (11):111605

[17] Deepika, Hait SK, Chen Y (2014) Optimization of milling parameters on the synthesis of stearic acid coated $CaCO_3$ nanoparticles. J Coat Technol Res 11(2):273

[18] Grushevskaya HV, Krylova NG, Lipnevich IV, Egorova VP, Babenka AS (2018) Single nucleotide polymorphism genotyping using DNA sequencing on multiwalled carbon nanotubes monolayer by CNT-plasmon resonance. Int J Mod Phys B 32(17):1840033

[19] Prescott B, Steinmetz W, Thomas GJ Jr (1984) Characterization of DNA structures by laser Raman spectroscopy. Biopolymers 23(2):235

[20] Anokhin AS, Gorelik VS, Dovbeshko GI, Pyatyshev AYu, Yuzyuk YuI (2015) Difference Raman spectroscopy of DNA molecules. J Phys Conf Ser 584:012022

[21] Zhizina GP, Oleinik EF (1972) Infrared spectroscopy of nucleic acids. Russ Chem Rev 41(3):474

[22] Grushevskaya HV, Krylova NG, Lipnevich IV, Orekhovskaja TI, Egorova VP, Shulitski BG (2016) Enhancement of Raman light scattering in dye-labeled cell membrane on metal containing conducting polymer fifilm. Int J Mod Phys B 30:1642018

[23] Gutierrez PL (2000) The metabolism of quinone-containing alkylating agents: free radical

production and measurement. Front Biosci 5:d629

[24] Esteves-Souza A et al. (2007) Cytotoxic and DNA-topoisomerase effects of lapachol amine derivatives and interactions with DNA. Braz J Med Biol Res 40:1399

[25] Hasinoff BB et al. (2006) Structure-activity study of the interaction of bioreductive benzoquinone alkylating agents with DNA topoisomerase II. Cancer Chemother Pharmacol 57:221

[26] Martinez R, Chacon-Garcia L (2005) The search of DNA-intercalators as antitumoral drugs: what it worked and what did not work. Curr Med Chem 12:127

[27] Grushevskaya HV, Krylova NG (2018) Carbon nanotubes as a high-performance platform for target delivery of anticancer quinones. Curr Pharm Des 24(43):5207

第18章　基于量子点的功能纳米复合材料

摘要：本章研究了基于硫化镉量子点(admium sulfide quantum dot,cas QDs)和亚甲基蓝(methylene blue,MB)及吖啶黄(acridine yellow,AY)染料的复合材料的光学和发光性能。在低染料浓度下,量子点复合材料中 MB 染料的发光强度增加,这可以用量子点 QD(供体)到染料(受体)的能量转移机制来解释。MB 和 AY 染料在高浓度下的发光猝灭可以解释为一些染料分子向不发光的聚集物的转变。

关键词：纳米复合材料;能量转移;硫化镉量子点;亚甲蓝染料;吖啶黄染料;发光;染料聚集体

18.1　简　　介

近年来,纳米技术的相关领域之一是功能性纳米材料的创造和研究,其为信息技术、能源、电子、传感器、纳米医学的发展开辟了新的机遇[1-9]。新功能材料的一个关键元素是纳米材料,其功能性质是由 1~100 nm 大小的纳米颗粒组成的纳米结构决定的。创造功能性纳米材料的目的是获得特定实际应用性质的新型纳米材料。因此,杂化纳米系统研究既是由于人们对组分间相互作用机制问题的兴趣,也是由于实际应用的前景的驱动。

基于胶体半导体量子点和有机分子的复合材料是最常见的杂化结构,其中量子点作为该结构的第二种组分的光激发能的供体。实现有效能量转换的最佳条件取决于许多因素。这些因素包括供体的发光光谱与受体的吸收的重叠程度、它们之间的距离、量子点发光的亮度和稳定性、量子点的形状和大小。为了实现纳米结构在生物介质中的功能,我们需要在水溶液中合成复合物以获得亲水性量子点[10-13]。

本章研究了基于硫化镉(硫化镉量子点)和染料亚甲基蓝(MB)和吖啶黄(AY)的半导体量子点复合材料,每个组件都具有独特的属性。硫化镉量子点由于其与维度效应的相关独特性而引起了研究人员的相当大的兴趣。硫化镉发光量子点是一种可以应用在制造生物医学标记和光学传感器的理想材料[14]。

MB 染料是最有前途的制备杂化结构的材料之一,这种染料的性质使它可以有多种用途,包括用于化学指示剂、标记物和光谱光电敏化系统、元素的光催化[15-19]。

AY 染料在医学、生物学、微生物学和制药学中被用作指示剂。在微生物学中,它在处理染色体时被用作诱变剂。同时,AY 染料也被用作荧光染料和抗炎剂[20]。

18.2 实　　验

实验采用胶体化学法,在5%明胶水溶液中以镉和硫盐为溶剂,生长硫化镉纳米晶体。镉盐$(CdNO_3)_2$和Na_2S的浓度分别为0.5 M和0.25 M。硫化镉量子点是在40 ℃下发生交换化学反应生成的。根据带间吸收理论[21],通过光学吸收光谱计算硫化镉纳米颗粒的平均半径为3.1 ± 0.3 nm。加入不同浓度的染料将得到的胶体溶液与硫化镉量子点相结合。

使用SF-26分光光度计,在320 nm~600 nm的波长区域测量了光吸收光谱。采用UVLF-2光滤光片,以减少与短波区域(320 nm~360 nm)的光散射影响相关的误差。测量误差不超过±1%。发光由脉冲LCS-DTL-374QT激光器激发,光波长为355 nm(功率为35 mW)。

18.3 结果与讨论

根据化学合成反应的热力学和动力学的研究结果,合成了具有可控发射光谱的硫化镉量子点[21-22]。本研究合成了硫化镉量子点,在400 nm~800 nm区域有较宽的发光带,最大$\lambda_{max} = 600$ nm(图18.1中的曲线1)。图18.1显示了不同浓度MB染料的硫化镉量子点的发光光谱。复合材料的发光光谱与其单个组分的发光光谱有显著差异。图18.1中的曲线1对应于硫化镉纳米晶体的光谱。结果发现,在引入染料后,硫化镉纳米晶体在600~650 nm波长发光被猝灭,在700 nm区域出现最大值(曲线3~7)。

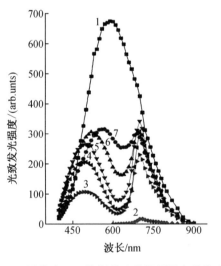

图18.1　不同浓度MB染料的硫化镉量子点的发光光谱

(1—硫化镉量子点的发光光谱;2—浓度$5×10^{-6}$ M的MB染料的光谱;3—含染料MB的QD CdS,浓度为$27×10^{-6}$M的光谱;4—浓度为$21×10^{-6}$M;5—$16×10^{-6}$M;6—$11×10^{-6}$M;7—$5×10^{-6}$M)

所观察到的现象可以用硫化镉量子点在染料吸收光谱区域对染料的发光能量转移来解释。该复合材料的吸收光谱如图18.2所示。曲线1对应硫化镉量子点的吸收,曲线2~5

对应硫化镉量子点与 MB 染料复合材料的吸收。在特定浓度下,染料本身在 450 nm ~ 650 nm 内被吸收,发光在较长的波长区域($\lambda_{max} = 700$ nm)。其特点是硫化镉量子点和 MB 染料的吸收光谱不重叠,因此来自硫化镉吸收区波长(在我们的例子中,激光波长 $\lambda = 355$ nm)的光不会激发染料的发光。

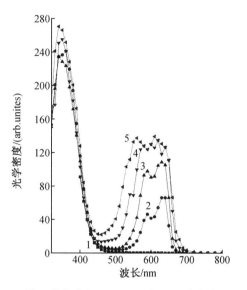

图18.2　QDs CdS 的吸收光谱和 QDs CdS 与不同浓度的 MB 染料的吸收光谱

(1—QDs 的吸收光谱;2—5×10⁻⁶ M;3—11×10⁻⁶ M;4—16×10⁻⁶ M;5—27×10⁻⁶ M)

染料的激发光是量子点的辐射能量,它的光谱与染料的吸收光谱一致。事实上,量子点的发光强度降低了(曲线 1 和曲线 7),染料增加了近 2 个数量级(曲线 2 和曲线 7)。然而,值得注意的是,随着染料浓度的增加,染料发光度的微量增加被淬灭所取代(曲线 3 和曲线 4)。这一事实可以在 MS 染料分子的结构中得到解释,上述吸收光谱(图18.2)很好地证实了这一点,其中包含分子(630 nm)的带和聚合(580 nm)的染料带。随着染料浓度的增加,分子的数量不断聚集(曲线 3~曲线 5),在这种状态下,它们不发光,导致了染料发光的淬灭。从图18.2 中可以看出,染料的吸收光谱由于分子聚集体的吸收而扩大。这增加了作为供体的硫化镉量子点和染料作为受体的吸收的发光带的重叠。其结果是发光强度的降低,吸收光谱最大波段向短波长区域的偏移。

AY 染料在 300 ~ 500 nm 区域有较宽的吸收带。量子点和 AY 染料的吸收带重叠(图18.3)。染料以分子形式存在的最大吸收峰位于 $\lambda = 430$ nm(图18.3 中的曲线 1)。随着染料浓度的增加,光谱中出现了分子聚集形式的特征带,光谱向较短的波长区域转移,与量子点吸收光谱的重叠面积增加。

与 MB 染料复合材料相比,AY 染料复合材料在较短的波长区域应出现发光。这一点如图18.4 所示。图中的曲线 2 和曲线 3 是指没有量子点的染料的发光光谱。值得注意的是,在高染料浓度下,没有观察到其发光的增强,这可以解释为一些分子向非发光聚集形式的转变。

谱 2 和谱 3 与谱 6 和谱 7 的比较表明,在相同浓度下,硫化镉量子点的复合材料发生发光猝灭。发光带的最大值由红色变为绿色。

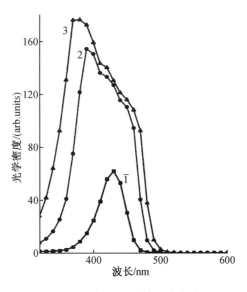

图18.3 染料 AY 的吸收光谱

（浓度：1—7×10^{-6}M；2—37×10^{-6}M；3—183×10^{-6}M）

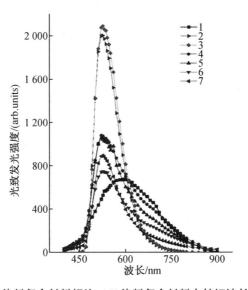

图18.4 与 MB 染料复合材料相比，AY 染料复合材料在较短波长区域应出现发光

（1—硫化镉量子点的发光光谱；2—不同浓度 AY 染料的发光光谱，37×10^{-6}M；3—183×10^{-6}M；4—有 AY 染料的 QD CdS 的发光光谱，7×10^{-6}M；5—22×10^{-6}M；6—37×10^{-6}M；7—183×10^{-6}M）

18.4 结　　论

亲水性硫化镉量子点在具有强宽发光带的胶状胶体中合成，可以形成具有不同吸收光谱的硫化镉量子点复合材料-染料。在低染料浓度下，含量子点的复合材料中 MB 染料的发光强度增加,可以解释为量子点(供体)的能量转移到染料(受体)的能量转移机制。MB 和 AY 染料在高浓度下的发光猝灭可以解释为一些染料分子向不发光的聚集物的转变。研究制备的复合材料是稳定的,也可以是很有前景的生物发光标记材料。

参 考 文 献

[1] Mansur H, Ancelmo A, Mansur P (2012) Fluorescent nanohybrids: quantum dots coupled to polymer recombinant protein conjugates for the recognition of biological hazards. J Mater Chem 22:9006-9018. https://doi. org/10. 1039/C2JM31168B

[2] Ramanery F, Mansur A, Mansur H (2013) One-step colloidal synthesis of biocompatible water soluble ZnS quantum dot/chitosan nanoconjugates. Nanoscale Res Lett 8(1):512. https://doi. org/10. 1186/1556-276X-8-512

[3] Moulick A, Milosavljevic V, Vlachova J, Podgajny R, Hynek D, Kopel P, Adam V (2017) Using CdTe/ZnSe core/shell quantum dots to detect DNA and damage to DNA. Int J Nanomed 12:1277-1291. https://doi. org/10. 2147/IJN. S121840

[4] Reyes-Esparza J, Martínez-Mena A, Gutiérrez-Sancha I, Rodríguez-Fragoso P, Gonzalez de la Cruz G, Mondragón R, Rodríguez-Fragoso L (2015) Synthesis, characterization and biocompatibility of cadmium sulfide nanoparticles capped with dextrin for in vivo and in vitro imaging application. J Nanobiotechnol 13:83. https://doi. org/10. 1186/s12951-015-0145-x

[5] Wang N, Zhang H, Yang X (2016) A facile hydrothermal route for synthesis of ZnS hollow spheres with photocatalytic degradation of dyes under visible light. J Appl Spectrosc 83(6):1007-1011. https://doi. org/10. 1007/s10812-017-0398-2

[6] Ermakov V, Kruchinin S, Fujiwara A (2008) Electronic nanosensors based on nanotransistor with bistability behaviour. In: Bonca J, Kruchinin S (eds) Proceedings NATO ARW "Electron transport in nanosystems". Springer, pp 341-349, Dordrecht, Netherland

[7] Ermakov V, Kruchinin S, Hori H, Fujiwara A (2007) Phenomena in the resonant tunneling through degenarate energy state with electron correlation. Int J Mod Phys B 11:827-835

[8] Kruchinin S, Pruschke T (2014) Thermopower for a molecule with vibrational degrees of freedom. Phys Lett A 378:157-161

[9] Ermakov V, Kruchinin S, Pruschke T, Freericks J (2015) Thermoelectricity in tunneling nanostructures. Phys Rev B 92:115531

[10] Musikhin S, Alexandrova O, Luchinin V, Maksimov A, Moshnikov V (2012) Semiconductor colloidal nanoparticles in biology and medicine. Biotechnosphere 5-6(23-24):40-48. https://www. researchgate. net/publication/280247418

[11] Alison, Funston M, Jasieniak J, Mulvaney P (2008) Complete quenching of CdSe

nanocrystal photoluminescence by single dye molecules. Adv Mater 20:4274-4280. https://doi. org/10. 1002/adma. 200703186

[12] Sekhar M, Santhosh K, Kumar J, Mondal N, Soumya S, Samanta A (2014) CdTe quantum dots in ionic liquid: stability and hole scavenging in the presence of a sulfide salt. J Phys Chem C 118(32):18481-18487. https://doi. org/10. 1021/jp507271t

[13] Smirnov M, Ovchinnikov O, Dedikova A, Shapiro B, Vitukhnovsky A (2016) Luminescence properties of hybrid associates of colloidal CdS quantum dots with J-aggregates of thiatrime thine cyanine dye. J Lumin 176:77-85. https://doi. org/10. 1016/j. jlumin. 2016. 03. 015

[14] Michalet X, Pinaud F, Bentolila L, Tsay J, Doose S, Li J, Sundaresan G, Wu A, Gambhir S, Weiss S (2005) Quantum dots for live cells, in vivo imaging, and diagnostics. Scince 307(5709):538-544. https://doi. org/10. 1126/science. 1104274

[15] Jockusch S, Lee D, Turro NJ, Leonard EF (1996) Photo-induced inactivation of viruses: adsorption of methyleneblue, thionine, and thiopyronine on Qf3 bacteriophage. Proc Natl Acad Sci U S A 93:7446-7451266 V. Smyntyna et al.

[16] Gabrielli D, Belisle E, Severino D, Kowaltowski AJ, Baptista MS (2004) Binding, aggregation and photochemical properties of methylene blue in mitochondrial suspensions. Photochem Photobiol 79(3):227-232. https://doi. org/10. 1111/j. 1751-1097. 2004. tb00389. x

[17] Tardivo J, Giglio A, Oliveira C, Gabrielli D, Junqueira H, Tada D, Severino D, Turchiello R, Baptista M (2005) Methylene blue in photodynamic therapy: from basic mechanisms to clinical applications. Photodiagn Photodyn Ther 2 (3): 175 - 191. https://doi. org/10. 1016/S1572-1000(05)00097-9

[18] Tuite EM, Kelly JM (1993) Photochemical interactions of methylene blue and analogues with DNA and other biological substrates. J Photochem Photobiol B 21(2-3):103-124, PMID: 8301408

[19] Filikhin I, Peterson TH, Vlahovic B, Kruchinin SP, Kuzmichev YuB, Mitic V (2019) Electron transfer from the barrier in InAs/GaAs quantum dot-well structure. Phys E Low-dimensional Syst Nanostruct 114:113629

[20] Yurre T, Rudaya L, Klimova I, Shamanin V (2003) Organic materials for photovoltaic and light-emitting devices. Phys Technol Semicond 37:835-842

[21] Smyntyna V, Skobeeva V, Verheles K, Malushin N (2019) Influence of technology on the formation of luminescence centers in QDs CdS. J Nano Electron Phys 11(5):05031-05034. https://doi. org/10. 21272/jnep. 11(5). 05031

[22] Verheles K, Smyntyna V, Skobeeva V, Malushin N (2019) The dependence of photolumines cence spectra of CdS QDs on stoichiometry. Visnyk Lviv Univ Ser Phys 56:3 - 10. https://doi. org/10. 30970/vph. 56. 2019. 3

第19章　利用聚合物晶格和轨道纳米结构来创建新型的生物传感器

摘要:持续的环境监测和人体健康诊断是现代科学的重要任务,我们正在开发多功能生物传感器用于解决这些问题。传感器设备必须多功能、高灵敏和便于在日常生活和工业条件中实际使用,我们将其作为一个例子,展示了高灵敏度的新一代生物传感器的开发结果,用于分析废水中的一些异种生物和人类体液中的功能健康标志物。本章将讨论关于实验室构建电流式酶生物传感器的最新进展,将金纳米颗粒与不同的聚合物结合作为基质,提出了使用轨道结构聚合物来创建新型生物传感器。所开发的基于离子轨道的纳米传感器具有高灵敏度、低功耗和低成本的特点,可以进一步改进用于空间和地面应用的便携式现场化学分析工具。基于轨道结构的纳米传感器平台适用于在气相和液相中检测和分析气体、挥发性有机化合物,以及生物分子。

关键词:酶生物传感器;金纳米颗粒;聚合物;轨道纳米结构;人类健康;环境监测

19.1　简　　介

技术环境的压力以及不合理、不健康饮食,已严重影响人类健康。为了消除这些负面影响,创造新的、高效的方法来分析水体的污染水平、食物质量和人血中的生理标志物是非常重要的。水资源中最危险的污染物是化学和制药工业中产物以及异源生物,它们会对生物体的生理状态产生负面影响,即使污染物浓度很低也具有致癌性。另外,L-乳酸被用作食品技术、临床诊断和运动医学中的重要标记物。本章报道了基于新型聚合物基质和纳米复合材料的两种电流型酶生物传感器的样机的最新进展,该传感器用于废水中的异种生物分析和生物流体中的 L-乳酸测定,还报道了利用轨道聚合物结构制造新型生物传感器的结果。基于轨道结构的纳米传感器适用于气相和液相中检测和分析气体、挥发性有机化合物,特别是生物分子。

19.2　材料与方法

合成了具有微米/纳米颗粒[硫族化合物簇和金纳米颗粒(AuNPs)的微球]的有机(光敏聚合物等)和有机-无机杂化(脲醛复合材料等)聚合物基体,并用于固定化商业酶(Trametes versicolor 的漆酶),以及重组 L-乳酸:来自基因工程的甲基营养性酵母菌多态性菌株"tr 1"(gcr1 catX/prAOX_CYB2)的细胞色素 c 氧化还原酶(flavocytochrome b_2)。

为了评估生物传感器的性能,采用信息丰富的实验技术,如正电子湮灭光谱、膨胀、紫外可见光谱、扫描电子显微镜、原子力显微镜等。获得了纳米载体及用于固定化酶的聚合物的结构和物理化学性质。

基于轨道的生物传感器的情况下,了解离子流通过纳米孔的特性是非常重要的。为了揭示物质通过聚合物中纳米轨道的机制,我们对这些过程进行了计算机模拟[2]。

使用经典的分子动力学方法,创建了圆柱形纳米孔模型,并模拟了离子流通过该孔隙的通道。结果表明,纳米颗粒内表面吸附中心(AC)的密度及其直径是决定离子通量大小的重要因素。

19.3 结果与讨论

19.3.1 电流酶生物传感器

我们首次报道了创新的"第三代"型电流生物传感器,基于固定在AuNPs上的黄素细胞色素 b_2(FC b_2)[3],用于人体液体中的L-乳酸分析,和基于有机-无机脲酸酯(简称"脲酸酯")复合材料和商业漆酶的水样中的异种生物样品测定[4]。图19.1显示了所构建生物传感器的生物识别层中电子转移的主要工作原理。

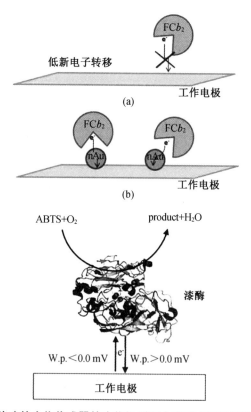

图19.1 构建的生物传感器的生物识别层中直接电子转移的主要原理

((a)从还原的黄细胞色素 b_2(FC b_2)到AuNPs到工作电极;(b)基于漆酶的生物传感器的工作电极表面的电化学过程[3-4])

将开发的基于高灵敏度和选择性的FC b_2-aunps的生物电极集成到一个基于自动电流计的分析仪器系统中,并对人类汗液和唾液样本中的L-乳酸进行了无创分析。通过直接的无创分析和参比分析获得的获得的真实人体液的分析结果显示了高度的相关性。基于固定化金纳米颗粒(AuNPs)的第三代无创电化学生物传感器有望应用于临床诊断和运动医学中 L-乳酸的测定。

利用脲代硅酸酯(ureasil)/AS$_2$S$_3$复合材料构建的漆酶生物传感器具有非常高的灵敏度,但该生物传感器的一个不足是在计时电流测量中有非常强的意外电化学噪声。同时进一步发现了基于脲代硅酸酯(ureasil)的聚合物构建安培酶生物传感器的新前景[5-10]。特别是,生物传感器传感层的网络特性[例如,在玻璃化转变温度 T_g 下的自由体积 V_h 与热系数之间的相关性,自由体积空隙 αF_1、αF_2 的膨胀以及它们的差异($\alpha F_2-\alpha F_1$)和膨胀性或交联密度]基于不同时间的纯脲代硅酸酯和脲代硅酸酯/AS$_2$S$_3$复合材料(新的和长时间的)和建立了生物传感器特性[例如,基底饱和时 Imax 的最大电流,表观米凯尔斯-门滕 Michaelis-Menten 常数 Kapp M 对选择 ABTS 作为基底,校准曲线的斜率,以及通过计时电流分析获得的生物电极的灵敏度]。进一步的研究表明,利用酶固定化的 AuNPs 结合脲代硅酸酯/AS$_2$S$_3$ 聚合物作为宿主基质,可以提高漆酶基生物电极的敏感性[11]。

上述相关性首先在脲代硅酸酯基质的情况下观察到,在光敏交联聚合物[12]的情况下也得到了证实。有人认为,所发现的相关性可能更为普遍。可以得出结论,通过检测温度依赖的正电子湮灭寿命光谱实验中的($\alpha F2-\alpha F1$)大小,来控制构建电流酶生物传感器的聚合物基质的网络性质,可用于改进这些传感器的操作参数[13]。

19.3.2　基于轨道结构的生物传感器

参考文献[14]给出了两个基于轨道的生物传感器的概念(图 19.2)。图 19.2 的(a)是 Siwy 的堵孔概念[15],说明了生物素-抗反转录病毒素系统。图 19.2 的(b)是的产品富集的概念[16],说明了系统的葡萄糖氧化酶-(GOx)-葡萄糖。而在左边的部分,测量信号是通过纳米孔的测试电流的中断,在右边的部分,测试电流的增加。在后一种情况下,EDC+SNHS 层仅用于结合酶到聚合物壁。一旦它完成了这个任务,它就不再存在了。

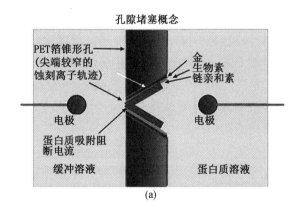

图 19.2　基于轨道结构的生物传感器的两个概念[14]

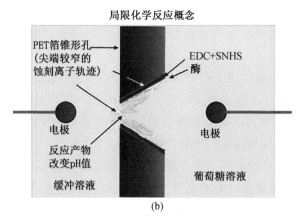

图 19.2(续)

计算机仿真表明,离子通量的大小受交流电的密度和交流电中离子的结合能的影响很大。离子电流与圆柱形孔隙直径存在相关关系,这与实验数据相一致[14]。模拟结果表明,随着孔径(从 50 nm 到 25 nm)的减小,通量(以及扩散系数)逐渐减小。这是粒子在内部孔壁上急剧增加的多次散射的贡献。

另一个结果是通过将一些"外来"粒子加入通过孔隙的气体的组成中而获得的。这些粒子不同于主流的粒子。计算机程序根据通过孔隙的粒子通量密度的变化生成"外来"粒子的百分比。

此外,还证明了这种依赖性是如何受到管半径的大小的影响的。模拟结果表明,尽管纳米尺度区域的粒子通量随着孔径半径的减小而减小,但传感器的灵敏度提高,这可以解释为颗粒与孔壁相互作用逐渐增加(即外来颗粒在孔内壁的多次散射增加的贡献)。

19.4 结 论

基于有机–无机脲代硅酸酯和脲代硅酸酯/AS_2S_3 复合材料用于测试构建的固定化商业漆酶和电流生物传感器,具有脲代硅酸酯/AS_2S_3 复合材料的生物传感器具有很高的灵敏度,硫系化合物微粒对生物传感器的积极作用。聚合物基质的网络特性对安培酶生物传感器的改进具有重要作用,但需要进一步的研究。利用酵母黄素细胞色素 b_2 引导电子转移到金电极表面的能力,构建了第三代用于人体液的 L-乳酸无创分析的电化学生物传感器。结果表明,在工作电极上额外沉积 AuNPs 层增强了酶活性中心与电极表面之间的直接电子交换。进一步的研究表明,利用酶固定化金纳米颗粒 AuNPs 与脲代硅酸酯/AS_2S_3 聚合物作为宿主基质,可以提高漆酶基生物电极的敏感性。目前开发的基于离子轨道的纳米传感器具有高灵敏度、低功耗和低成本。将进一步改进成为便携式现场化学分析工具用于空间和地面分析应用。

参 考 文 献

［1］ Dmitruk K et al.（2008）Construction of flavocytochrome b_2-overproducing strains of the thermotolerant methylotrophic yeast. Hansenula polymorpha（Pichia angusta）. Microbiology 77：213

［2］ Bondaruk YU et al.（2020）Simulation of the passage of ion flows through nanotracks. Intern J Adv Comp Techn 9：1

［3］ Smutok O et al.（2017）Development of a new mediatorless biosensor based on flavocytochrome b_2 immobilized onto gold nanolayer for non-invasive L-lactate analysis of human liquids. Sens Actuators B 250：469

［4］ Kavetskyy T et al.（2017）Laccase-containing ureasil-polymer composite as the sensing layer of an amperometric biosensor. J Appl Polym Sci 134：45278

［5］ Kavetskyy T et al.（2017）Network properties of ureasil-based polymer matrixes for construction of amperometric biosensors as probed by PALS and swelling experiments. Acta Phys Pol A 132：1515

［6］ Kavetskyy TS et al.（2018）Ureasil-based polymer matrixes as sensitive layers for the construction of amperometric biosensors. NATO SPS B Phys Biophys 30：309

［7］ Kavetskyy TS et al.（2018）Swelling behavior of organic-inorganic ureasil-based polymers. NATO SPS B Phys Biophys 32：333

［8］ Ermakov V, Kruchinin S, Fujiwara A（2008）Electronic nanosensors based on nanotransistor with bistability behaviour. In：Bonca J, Kruchinin S（eds）Proceedings NATO ARW "Electron transport in nanosystems". Springer, Dordrecht, pp 341–349

［9］ Ermakov V, Kruchinin S, Hori H, Fujiwara A（2007）Phenomena in the resonant tunneling through degenarate energy state with electron correlation. Int J Mod Phys B 11：827–835

［10］ Ermakov V, Kruchinin S, Pruschke T, Freericks J（2015）Thermoelectricity in tunneling nanostructures. Phys Rev B 92：115531

［11］ Kavetskyy T et al.（2019）Improvement of amperometric laccase biosensor using enzymeimmobilized gold nanoparticles coupling with ureasil polymer as a host matrix. Gold Bull 52：79

［12］ Kavetskyy T et al.（2019）Dependence of operational parameters of laccase-based biosensors on structure of photocross-linked polymers as holding matrixes. Eur Polym J 115：391

［13］ Kavetskyy T et al.（2020）Controlling the network properties of polymer matrixes for improvement of amperometric enzyme biosensors：contribution of positron annihilation. Acta Phys Pol A 137：246

[14] Fink D et al. (2016) Nuclear track-based biosensing：an overview. Radiat Eff Defects Solids 171：173

[15] Acar ET et al. (2018) Concentration-polarization-induced precipitation and ionic current oscillations with tunable frequency. J Phys Chem C 122：3648

[16] Fink D et al. (2009) Glucose determination using a re-usable enzyme-modified ion track membrane. Biosens Bioelectron 24：2702

第20章　纳米二氧化锡薄膜对醇类的灵敏度特征

摘要:本章研究了使用聚合物获得的纳米二氧化锡(SnO_2)薄膜在室温下接触醇类物质的电物理和动力学特性。在室温下,在含有乙醇和异丙醇蒸汽的环境中,SnO_2薄膜的电导率发生了可逆变化。灵敏度和吸附/解吸常数值也存在差异,这说明SnO_2薄膜对醇类(乙醇和异丙醇)具有选择性,可以成为室温空气中检测乙醇和异丙醇的气体传感器中的敏感薄膜。

关键词:纳米二氧化锡;薄膜;对乙醇的灵敏检测;对异丙醇的灵敏检测

20.1　简　　介

纳米级二氧化锡广泛用于监测工业区、企业、食品企业中的空气杂质,以及监测产品新鲜度等的敏感材料[1]。现场需要监控化学和食品企业工作区域的空气中的酒精浓度,以确定是否存在酒精中毒风险,或监控车辆驾驶员的酒精是否超标[2-4]。因此,许多研究关注了酒精蒸气对二氧化锡物理特性的影响以及研发酒精传感器的可能性[5-8,13]。测量外部气体变化传感的主要方法通常是敏感材料的电导率(电阻率)的变化[9]。通常,敏感元件与加热器一起工作,该热加热器为表面吸附提供温度。反应温度接近或超过 200 ℃的,用于控制气体的表面反应[7-8,10-11]。在 100 ℃~110 ℃ 的温度下运行的传感器被认为是低温传感器[6,12-13]。本章介绍了使用聚合物获得的纳米二氧化锡(SnO_2)薄膜在室温下接触醇类物质的电物理和动力学特性。

20.2　样本与研究方法

本章所研究的二氧化锡薄膜是通过溶胶-凝胶法制备,使用聚合物(聚醋酸乙烯酯)制备结构[14],并使用双(乙酰丙酮)-二氨藜芦啶(Ⅳ)作为前驱体[15-16]。原子力显微镜证实了存在纳米级结构。

乙醇和异丙醇(丙醇-2)用作测试目标物的醇类。由于在不加热的情况下能够简化敏感生产,以及节约了贵金属材料(铂,铱等),因此准备在室温下进行研究。

为了测量电学特性,为研究的 SnO_2 薄膜使用了铟触点,并在高真空下以两个平行条的形式热喷涂到薄膜的表面,电极间距离为 2 mm。SnO_2 纳米膜的物理电学特性的测量技术是标准的 I-V 方法,即记录气体的电学参数变化[17]。

灵敏度研究是将不同成分的气体(干燥空气、含乙醇的空气或含丙醇-2 蒸的空气)接触 SnO_2 薄膜产生的物理电学参数变化值进行比较。

20.3 结果与讨论

在测量薄膜的灵敏度之前,先在不同的气氛下研究其电流的性质。图 20.1 显示了在乙醇和异丙醇蒸气中测得的电流-电压特性。为了进行比较,此处还显示了在干燥空气中测得的 I-V 特性。

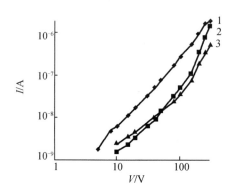

图 20.1 电流-电压 SnO$_2$ 的特性薄膜

(1—干燥空气气氛;2—乙醇蒸气;3—异丙醇蒸气(T = 290 K))

可以看出,所有电流-电压特性都是超线性的。但是,在乙醇和异丙醇蒸气(曲线 2 和曲线 3)的气氛中测得的特性的曲率大于在空气中(曲线 1)测得的 I-V 特性的曲率。这种现象是由于乙醇或异丙醇分子吸附在薄膜表面上导致晶间壁垒的增加。因此,电流流动机制在更大程度上成为势垒类型,以下研究内容将支持这一假设。

在乙醇或异丙醇蒸气的气氛中,SnO$_2$ 膜的电阻变得比空气气氛中的大。我们还注意到,与含丙醇 2 的气氛中的 I-V 特性相比,在乙醇气氛中的 I-V 特性具有稍微更大的超线性。研究了二氧化锡薄膜对酒精的灵敏检测的特异性,即当乙醇和干空气周期性地进入测量室时,薄膜的电导率的动力学变化。图 20.2 显示了在周期性地让乙醇和干燥的空气蒸气进入腔室时所研究的薄膜中电流的弛豫。图 20.2 显示,在腔室内存在乙醇蒸气的情况下,电流强度在 60 s 内下降了一个数量级,即 SnO$_2$ 薄膜具有高电阻性。乙醇蒸气进入后 1 min,通过氧化锡薄膜的电流达到最小值,即灵敏度达到最大值。使用干燥的空气吹扫腔室后,氧化锡薄膜的电导率恢复到原始值。在乙醇/干空气蒸汽循环中,乙醇蒸气存在时电导率的可逆变化是重复的。

我们研究了施加不同电压下乙醇或干燥空气周期性流入条件下氧化锡薄膜中的电流弛豫。用公式(20.1)计算了不同电压值下的灵敏度值。

$$S = \frac{I_1 - I_0}{I_0} \tag{20.1}$$

式中,I_1 是乙醇蒸气存在下的电流,I_0 是干燥空气中的电流。

对于每个电压,计算出 SnO$_2$ 膜的灵敏度值,如表 20.1 所示,为便于比较,见图 20.3。可以看出,在 200 V 的电压下,SnO$_2$ 膜达到了最大灵敏度。

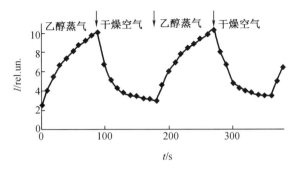

图 20.2 腔室定期注入乙醇蒸气或干燥空气时 SnO₂ 膜中的电流弛豫（V = 250 V）

表 20.1 SnO₂ 膜对乙醇蒸气的响应与所施加电压的关系

V/V	80	120	150	200	250	300	320
S/rel. un	0.51	0.54	0.56	0.61	0.68	0.73	0.75

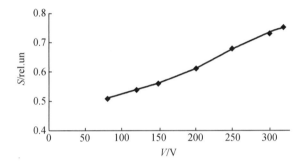

图 20.3 SnO₂ 膜对乙醇蒸气的响应与所施加的电压关系

电流强度(图20.2)与乙醇蒸气和干空气相互作用的动力学关系接近指数关系。即乙醇进样过程中电流随时间的下降规律为

$$I = I_0 e^{-\frac{t}{\tau_d}} \qquad (20.2)$$

干燥空气进样期间电流随时间的增加符合以下规律:

$$I = I_0 (1 - e^{-\frac{t}{\tau_a}}) \qquad (20.3)$$

在这里,τ_a 和 τ_d 是一些表征吸附速率(τ_a)和解吸速率(τ_d)过程的时间常数。在这种情况下,在坐标 $\ln[I_0/I] = f(t)$ 中重新排列,得到电流随时间的衰减情况,在坐标 $\ln[I_0/(I_0 - I)] = f(t)$ 中重新排列,得到电流随时间的增加情况,应该是直线。

以对数尺度重新排列的依赖关系如图20.4所示,并计算了吸附和解吸时间常数。在这种情况下,解吸常数小于吸附常数,这表明与吸附相比,乙醇分子从薄膜表面的解吸过程更快。这种吸附/解吸比对于在室温下使用二氧化锡层作为乙醇传感器是很有用的,因为它表明吸附中心可以在不额外加热的情况下从被吸附的分子中释放出来。

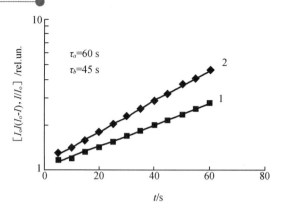

图 20.4 当将乙醇蒸气(1)和干燥空气(2)($V = 200$ V)引入腔室时,SnO_2 膜中的电流弛豫

当异丙醇蒸汽和干燥空气交替进入测量室时,氧化锡膜的灵敏度变化如图 20.5 所示。

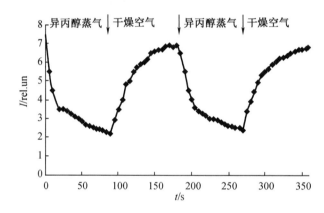

图 20.5 定期向室内注入异丙醇或干燥空气($V = 200$ V)的蒸气时 SnO_2 膜中的电流弛豫

像乙醇一样,异丙醇使 SnO_2 薄膜样品具有很高的电阻阻抗,并且在大约相同的时间达到了最高灵敏度。当引入干燥空气时,SnO_2 膜的电导率恢复到其初始值。

与乙醇一样,不同电压下施加于 SnO_2 薄膜样品进行了一系列的实验。对每个电压值,计算二氧化锡薄膜的灵敏度。结果如表 20.2 所示。

表 20.2 SnO_2 膜对异丙醇蒸气的敏感性与施加电压的关系

V/V	80	120	150	200	250	300	320
S/rel. un	0.47	0.59	0.71	0.8	0.79	0.7	0.6

可以看出(图 20.6),SnO_2 薄膜对异丙醇蒸气的敏感度与所加电压几乎呈线性关系,灵敏度在整个给定电压范围内增加,这与乙醇的结果相反。表 20.2 和表 20.3 的相互关系以对数标度绘制(图 20.7),计算出吸附和脱附的时间常数,得出 $\tau_a = 27$ s,$\tau_d = 20$ s。

将这些结果与表 20.2 和图 20.2 的结果进行比较,结果表明,在施加相同电压的 SnO_2 薄膜上,其对乙醇蒸气的敏感性高于对异丙醇的敏感性。此外,在乙醇蒸气中吸附和解吸的时间常数是在异丙醇蒸气中的两倍。显然是由于异丙醇的分子结构比乙醇的分子复杂（图20.8）。

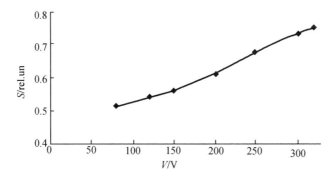

图20.6 SnO$_2$ 膜对异丙醇蒸气的敏感性与施加电压的关系

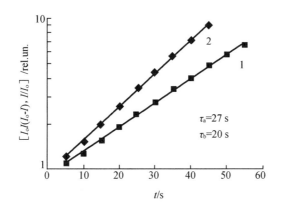

图20.7 异丙醇蒸气(1)和干燥的空气(2)进入腔室时 SnO$_2$ 薄膜中的电流弛豫($V=200$ V)

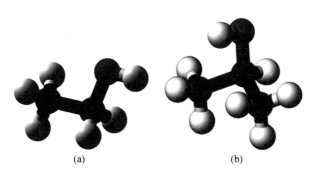

图20.8 异丙醇的分子结构比乙醇的分子结构复杂

((a)乙醇的分子结构;(b)异丙醇(丙醇-2)的分子)

与乙醇相比,由于增加了甲基自由基,异丙醇分子在氧化锡薄膜表面的吸附更加复杂。异丙醇分子的这种结构为吸附剂的表面提供了较低的结合能。其结果是异丙醇的吸附和解吸时间常数值比乙醇低。灵敏度和吸附/解吸常数值的差异提供了膜对不同醇的选择性。

20.4 结 论

因此,我们通过研究建立了室温下乙醇和异丙醇蒸汽气氛中 SnO_2 薄膜电导率的可逆变化。同时也建立了灵敏度和吸附/解吸常数的差异,从而保证了氧化锡薄膜对醇(乙醇和异丙醇)的选择性。研究工作说明制备 SnO_2 薄膜成为室温空气中检测乙醇和异丙醇的气体传感器中的敏感薄膜元件。

参 考 文 献

[1] Grinevych V, Smyntyna V, Filevska L (2018) Nanostructured SnO_2 as CBRN safety material. In: Bonca J, Kruchinin S (eds) Nanostructures materials for the detection of CBRN, NATO science for pease and security series A: chemistry and biology. Springer Science+Business Media, pp 107−127

[2] Fell JC, Compton C, Voas RB (2008) A note on the use of passive alcohol sensors during routine traffic stops. Traffic Inj Prev 9(6):534−538

[3] Ljungblad J, Hök B, Allalou A, Pettersson H (2017) Passive in-vehicle driver breath alcohol detection using advanced sensor signal acquisition and fusion. Traffic Inj Prev 18 (1):S31−S36

[4] Ozoemena KI, Musa S, Modise R, Ipadeola AK, Gaolatlhe L, Peteni S, Kabongo G (2018) Fuel cell-based breath-alcohol sensors: innovation-hungry old electrochemistry. Curr Opin Electrochem 10:82−87

[5] Tan W, Yu Q, Ruan X, Huang X (2015) Design of SnO_2-based highly sensitive ethanol gas sensor based on quasi molecular-cluster imprinting mechanism. Sens Actuators B Chem 212:47−54

[6] Zhang W, Yang B, Liu J, Chen X, Wang X, Yang C (2017) Highly sensitive and low operating temperature SnO_2 gas sensor doped by Cu and Zn two elements. Sens Actuators B Chem 243:982−989

[7] Guan Y, Wang D, Zhou X, Sun P, Wang H, Ma J, Lu G (2014) Hydrothermal preparation and gas sensing properties of Zn-doped SnO_2 hierarchical architectures. Sens Actuators B Chem 191:45−52

[8] Poloju M, Jayababu N, Manikandan E, Ramana Reddy MV (2017) Enhancement of the isopropanol gas sensing performance of SnO_2/ZnO core/shell nanocomposites. J Mater Chem C 5:2662−2668

[9] Teterycz H, Halek P, Wisniewski K, Halek G, Koźlecki T, Polowczyk I (2011) Oxidation of hydrocarbons on the surface of tin dioxide chemical sensors. Sensors (Basel) 11(4): 4425−4437

[10] Ermakov V, Kruchinin S, Fujiwara A (2008) Electronic nanosensors based on nanotransistor with bistability behaviour. In: Bonca J, Kruchinin S (eds) Proceedings NATO ARW "Electron transport in nanosystems". Springer, Dordrecht, pp 341-349

[11] Ermakov V, Kruchinin S, Hori H, Fujiwara A (2007) Phenomena in the resonant tunneling through degenarate energy state with electron correlation. Int J Mod Phys B 11: 827-835

[12] Ermakov V, Kruchinin S, Pruschke T, Freericks J (2015) Thermoelectricity in tunneling nanostructures. Phys Rev B 92:115531

[13] Jawaher KR, Indirajith R, Krishnan S, Robert R, Pasha SKK, Deshmukh K, Sastikumar D, Das SJ (2018) A high sensitivity isopropanol vapor sensor based on Cr_2O_3-SnO_2 heterojunction nanocomposites via chemical precipitation route. J Nanosci Nanotechnol 18(8):5454-5460

[14] Filevskaya LN, Smyntyna VA, Grinevich VS (2006) Morphology of nanostructured SnO^2 films prepared with polymers employment. Photoelectronics 15:11-14

[15] Ulug B, Türkdemir HM, Ulug A, Büyükgüngör O, Yücel MB, Smyntyna VA, Grinevich VS, Filevskaya LN (2010) Structure, spectroscopic and thermal characterization of bis (acetylacetonato)dichlorotin(Ⅳ) synthesized in aqueous solution. Ukr Chem J 76(7): 12-17

[16] Grinevych V, Smyntyna V, Filevska L, Savin S, Ulug B (2017) Thermogravimetric study of nano SnO_2 precursors. In: Fesenko O, Yatsenko L (eds) Nanophysics, nanomaterials, interface studies, and applications. Springer proceedings in physics, vol 195. Springer International Publishing AG, Springer, Cham, pp 53-61

[17] Chebanenko AP, Filevska LM, Grinevych VS, Simanovich NS, Smyntyna VA (2017) The humidity and structuring additives inflfluence on electrophysical characteristics of tin dioxide films. Photoelectronics 26:5-10

第 21 章　多孔硅玻璃作为形成硅纳米颗粒的模型介质的综述

摘要:本章主要介绍了多孔硅酸盐玻璃的类型、制备方法和结构性质,另外还简要介绍了利用玻璃作为基质来获得硅纳米颗粒、染料、CdS,AgBr 和 SnO_2 的方法。这项研究内容可作为纳米电子学和传感器领域的研究人员的参考材料。

关键词:多孔硅酸盐玻璃;纳米单质粒集合;模型介质

21.1　简　　介

量子约束效应会对半导体材料的光学性能产生显著的影响。这些效应的表现需要材料的粒径在纳米范围内。此外,如果它是放置在一定的模型介质中的一个大的纳米颗粒的正则系综,那么该系统的性质将是稳定的。一些研究人员使用聚合物[1-2]或明胶[1,3]作为这样的介质,由于其化学惰性,其结构能够保留在其中生长的必要物质的簇。但是,从我们的观点来看,最适合作为模型介质的材料是具有柱状结构的多孔硅酸盐玻璃,即一种含有具有纳米尺寸的通孔的介质。这种物质作为半导体团簇嵌入的基质的优点在于,与聚合物和明胶不同,它的特点是互穿孔的高度分散分布,其大小可以从几纳米到数百纳米不等。由于团簇不能超过其在孔内的尺寸,因此形成的半导体颗粒的尺寸在相同范围内。柱状结构可以影响孔的内表面,使玻璃饱和与合适物质的溶液。

21.2　各种类型多孔玻璃的制作

用于制备给定尺寸的半导体纳米团簇的模型介质必须满足以下要求:

(1)具有足够的刚性和机械强度,以形成粒子,使任意生长的粒子不能形成其框架;

(2)具有足够的化学惰性,不与工作物质反应;

(3)在该介质中形成粒子的物质的光谱区域不发光。

从许多研究工作可以得出结论,硅酸盐多孔玻璃可以满足这些要求[1,4-11]。

硅酸盐多孔玻璃生产技术的本质是如下[12]。

熔化硅酸钠两相玻璃的电荷,最初被带到混合熔点温度(约 750 ℃),被缓慢地绝热冷却。由于石英玻璃的熔化温度远高于硼酸钠,因此选择发生相分离的温度,硅酸盐相只是加热,而硼酸钠相熔化,形成硅酸盐框架的大气泡。在 650 ℃温度下,熔融体由于有粘度,被保持几百个小时,直到两相相互溶解,然后慢慢冷却到室温。所获得的两相玻璃是一个相当大的部分(高达数百纳米)的相互交织的硅酸盐和硼酸钠相。除了熔点的差异外,这些相在化学上也不稳定。使用一种特殊制备的基于氢氟酸、硝酸和冰酸的蚀刻剂,它设法完全蚀刻硼酸钠相,实际上不影响硅酸盐相。在这种情况下,一个具有通过空隙(或柱状结构)的硅酸盐框架仍然取代了蚀刻后的硼酸钠相。由于相互溶解,在硼酸钠相中也发现了非常小的沙型石英颗粒,经蚀刻后沉淀成形成的空隙(孔隙)。这些沉淀的砂质颗粒被称为残留的硅胶。残留的硅胶在化学性质上与硅酸盐框架相同,其区别仅在于细度。这样制备的多孔玻璃称为 C 型玻璃。

为了在基体中形成较小的孔隙,在冷却两相玻璃时,需要选择一个较低的温度,因为相分离温度略低于硼酸钠相的熔点,但却接近它(约 490 ℃)。由于在这个温度下保持数百小时,硼酸钠相形成了相当小的气泡。冷却到室温后,两相玻璃变得很小(相互交织的硅酸盐和硼酸钠相)。在蚀刻上述不稳定的硼酸钠相后,形成足够细孔的硅酸盐玻璃,其中还含有残留的硅胶。这样制备的多孔玻璃称为 A 型玻璃。

根据任务的性质,孔隙中残留的硅胶可能是既有用又有害的。孔隙中硅胶的存在降低了它们的有效尺寸,即使玻璃更细。同时,它减少了纳米颗粒形成的自由空间,提高了玻璃的吸附性能,但恶化了玻璃的力学性能。事实上,硅胶在潮湿的环境中膨胀,这导致了平板的机械变形[13-15]。然而,任何类型玻璃的机械性能都可以通过特殊加工来改善[16]。硅凝胶可以钝化形成的纳米颗粒的表面,从而阻碍聚集过程[1,17]。

在不需要使用硅胶的情况下,研究人员开发了一种浸出技术[18]。所制造的多孔玻璃在碱性氢氧化钾蚀刻剂中蚀刻。通过与二氧化硅表面的相互作用,这种蚀刻剂溶解残留的硅胶,实际上不影响多孔硅酸盐玻璃框架的壁。因此处理过的 A 型玻璃称为 B 型玻璃,C 型玻璃称为 D 型玻璃。

在致力于将多孔玻璃吸附性能应用于生物修复的研究中[19-20],发现 B 型和 D 型的浸出玻璃仍含有少量残留硅胶,称为二次硅胶。二次硅胶的形成机理可以从以下模型[12]中理解。硅酸盐基质的壁由于其化学成分与残留的硅胶没有区别,但它们的结构不同。碱性蚀刻剂不仅会溶解残留的二氧化硅,还会蚀刻基质本身的壁,形成新的次要二氧化硅。无论是在成分上还是在结构上都不能与残余("主要")区分开来。因此,术语"剩余"和"次要"在文献中通常是可以互换的。硅胶存在于 B 型或 D 型基质中,主要是"二级"型。由于这些形成的表面发展不同,残留硅胶的蚀刻和基质壁的蚀刻过程以不同的速率进行。在图 21.1中,曲线 1 描述了二氧化硅的蚀刻过程,曲线 2 描述了基体的蚀刻过程。

从图中可以看出,曲线 2 在短蚀刻时间区域更温和,因为由于基质壁的包装更紧凑,蚀刻过程比硅胶的溶解要慢得多。然而,它有可变的斜率。这是由于在表面蚀刻过程中,框架发展,其破坏速度增加。蚀刻时间越长,曲线 1 和曲线 2 的陡度越近。如果我们假设基质中二氧化硅的初始量对应于线 N1,则蚀刻时间为 t1(图 21.1)。但是,在这段时间内,由于基体的蚀刻,形成了新的二次二氧化硅的 N2,并且蚀刻将需要时间 t2,在此期间再次形成新的二氧化硅。因此,次生二氧化硅永远不能被完全蚀刻:它会一次又一次地形成,直到样品完全溶解。这种机制对 A 和 C 两种玻璃都有效。因此,当谈到 B 和 D 玻璃时,它不是把它们从二氧化硅中释放出来,而是用二氧化硅消耗它们。

去除硅胶的方法是所谓的碳处理的方法[21-22],该方法是基于多孔玻璃几乎是纯二氧化硅这一事实。由于碳是一种化学上比硅更活跃的元素,它可以在适当的温度条件下从氧化物中取代后者。为了进行碳处理,我们使用众所周知的方程,即将多孔玻璃浸渍在葡萄糖的水溶液。

$$C_6H_{12}O_6 - (t) \rightarrow 6C + 6H_2O \qquad (21.1)$$

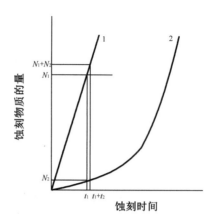

图 21.1 多孔玻璃浸出模型[30]

(1—残留物二氧化硅的蚀刻速率;2—硅酸盐框架蚀刻速率)

当加热到约 150 ℃时,它会在多孔内空间中产生高度分散的石墨形式的纯碳,并释放出水。反应的结束可以通过使样品变黑来目测观察到。

此外,所获得的体系在硅从氧化物中置换的状态下进行额外退火,而不同时发生孔隙坍塌(即为 300 ℃~400 ℃)。在这种情况下,化学惰性二氧化碳形成,它比空气重,因此会在孔中停留一段时间,阻止氧气流入孔中。纯硅原子被恢复,这被剥夺了氧化的机会,将结晶成纳米硅大小的晶体,并将以"露水"的形式定居在孔壁上。反应的结束可以再次通过样品的启蒙在视觉上被固定。很明显,所描述的过程越强烈,二氧化硅参与的粒子就越小。因此,建议将含有足够量残留硅胶的 A 型和 C 型玻璃碳化。在碳处理过程中,孔隙中的硅胶几乎完全转化为硅团簇,而孔隙壁仅部分失去氧,由此产生的簇落在形成的悬垂键上。

因此,碳化是从孔中除去二次硅胶的另一种浸出方法。A 型的碳处理玻璃称为 β 型玻璃,C 型玻璃称为 δ 型玻璃。这些类型的璃在主要参数上与 B 型和 D 型璃明显不同,表 21.1 对所描述的技术进行简要概述。

表 21.1 制作不同类型多孔玻璃的条件

	原有玻璃中相分离的低温-490 ℃	原玻璃相分离的高温-650 ℃
不稳定相蚀刻后的玻璃类型	A	C
浸出后的玻璃类型	B	D
碳处理后的玻璃类型	β	δ

21.3 多孔玻璃的孔隙率

孔隙率和相关参数是多孔玻璃的重要特性。孔隙率通常通过质量分析法,通过夹带质量来确定。在蚀刻不稳定的硼酸钠相之前(m_0)和之后(m_1)(也在 B 型和 D 型玻璃的浸出之后以及 β 型和 δ 型玻璃的碳处理之后),在精密扭力平衡上称重。然后,孔隙率 η 由式(21.2)确定[23,24]。

$$\eta = (1 - \frac{m_1}{m_0}) \times 100\% \tag{21.2}$$

由于硼酸钠($Na_2O \times B_2O_3$)和硅酸盐相(SiO_2)的分子量不同,因此确定的各种玻璃的孔隙率为 60%~80%[25]。通过烧蚀确定的孔隙率与玻璃中的空隙的总体积直接相关。

在某些情况下,建议以体积百分比来确定孔隙率,这与多孔玻璃的内表面(孔隙的比表面)直接相关。在这种情况下,这种差异不仅受分子质量影响,而且还受两相的密度影响。用这种方法确定的孔隙率值为 50~65 vol%。在这里,更大体积的硼酸钠相分子被更密度的硅酸钠相分子包围[24]。对于尺寸为 20×15×0.5 mm^3 的标准样品,可以为几十平方米[18]。

从表 21.2 中可以得出关于多孔硅酸盐玻璃的结构特征的一些结论。可以看出,浸出后得到的 B 型玻璃和 D 型玻璃有较大的空隙。这可以很容易地解释,因为在获得 A 型玻璃和 C 型玻璃中,残留的硅胶占据了一些位置,并在浸出后被释放。在总空隙率的容积方面,通过碳处理得到的 β 玻璃型和 δ 型玻璃位于初始玻璃和浸出玻璃之间的中间位置。这也是可以理解的,因为凝胶在浸出过程中被去除,在碳处理过程中,只是失去氧气,并以硅团簇的形式定居在孔壁上。后者比硅胶占据的空间更少。硅凝胶颗粒是砂质形成,有助于初始 A 型玻璃和 C 型玻璃的表面发展。因此,在浸出后,相应玻璃的内表面的展开量减小。对于 β 和 δ 玻璃,这一特性再次具有中间值,因为碳处理后出现在初始玻璃孔表面的硅簇对表面发育的贡献额外,但比砂硅胶小。此外,可以看到,大孔玻璃对应的空隙体积更大和孔的内表面欠发达。

表 21.2 与孔隙率相关的不同类型的多孔玻璃的参数

玻璃类型	总孔隙体积/($mm^3 \cdot g^{-1}$)	孔隙的比表面/($m^2 \cdot g^{-1}$)
A	292	54.7
B	395	38.6
β	340	44.0
C	389	34.3
D	478	29.8
δ	431	31.3

多孔玻璃的另一个重要特征是孔径分布。传统上,这种特性是通过穿透汞孔度法来确定的。它是对产品性能的工业质量控制的破坏性测试方法。该方法是基于在不同的压力

下,将汞注入样品的孔隙中,这与外孔径、形状和多孔结构的复杂性相关。由于渗透到样品中的汞不能完全从控制的样品中去除,它们必须在测量完成后处理,其余的汞必须证明与样品相同。昂贵、笨重和不安全的设备——孔隙率计已经被开发出来以实现特定的测试控制[21]。然而,该方法不适用于含有约 10 nm 或更少孔隙的多孔硅酸盐玻璃,因为它能保证膨胀的结果。事实上,与这种孔径对应的压力为 1 500~1 600 kg/cm²,超过了石英玻璃的断裂点(约 1 100 kg/cm²[1])。因此,单个孔隙之间的薄分区将会破裂,该方法将固定几个小孔隙,而不是几个小孔隙,这将严重扭曲孔径分布谱。

另一种没有这个缺点的方法是在参考文献[26]和参考文献[27]中开发的吸附-解吸方法。这种方法不需要使用腐蚀性或有毒的液体或气体,如苯、甲苯、汞等,尽管所有这些液体(汞除外)都可以作为工作物质使用。为了测量多孔玻璃中的孔径分布,可以选择普通水作为工作物质。由于其分子的有效尺寸较小(约 0.23 nm),因此可以获得孔隙非常小的玻璃的孔径分布谱。

该方法是基于多孔玻璃的介电常数与孔隙中夹杂物浓度的相关性[28]。所研究的基体是一个由硅酸盐多孔玻璃、空气和水组成的三成分体系。在这种情况下,多孔骨架对基质介电常数的贡献在测量过程中没有变化,空气和水贡献的相互比(在我们的例子中提到的内含物)取决于热力学条件。这些条件可以通过分子缩合来改变孔隙中水的浓度来改变。由于在孔隙中的水吸附-解吸过程中,样品容量随基体中空隙的分布会发生不同的变化,我们可以通过固定这些变化来估计孔隙的大小。

样品被放置在密闭的室内,湿度最高可达 100%,从而使水完全填充基质的孔。此外,通过对电容 C 进行连续非常精确的测量(高达 0.001 pF),可将腔室非常缓慢地干燥(48 h)至相对湿度为 5%~6%。在这种情况下,发生了吸收的水的解吸,从特定直径的孔中吸附物释放出来。这对应于样品容量/湿度依赖性的缓慢倾斜部分(图 21.2 显示了具有两个孔分数的模型介质的典型曲线)。给定直径的孔越多,浅段越长。平坦部分附近的曲线陡度使得可以估计该部分的孔隙散布[29-30]。

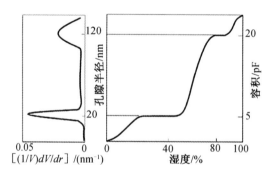

图 21.2　从具有两个孔隙率的模型多孔物质中解吸水分的等温线得出的孔隙大小分布的计算方案

因此,通过实验确定样品容量/环境湿度的依赖性,可以根据 Dolimor 和 Hill 方程[31]估计其孔隙的尺寸分布信息。测量过程应为等温的:在整个测量过程中,一个室内的温度偏差不应超过 0.2 ℃。

需要注意的是,对于真正的硅酸盐多孔玻璃,水解吸的等温线比图 21.2 所示的模型更为复杂,但计算的本质没有改变。和往常一样,在不同的玻璃组中,孔径分布可能略有不同。因此,在使用特定的玻璃作为模型介质之前,建议首先构建其中的孔径分布谱。所有考虑类型玻璃的孔径分布的主要参数见表21.3。

表 21.3　不同类型多孔玻璃孔径分布的主要参数

玻璃类型	平均孔径/nm	首选孔径/nm
A	30	20
B	40	30
β	34	25
C	80	120
D	120	130
δ	99	125

我们注意到,相对较小的孔、足够大的孔,以及所有类型的玻璃的特征。由表21.3可知,细孔玻璃 A、B、β 的主要孔径小于平均孔径,而大孔玻璃、C、D、δ 型玻璃的主要孔径则相反。这种规律性可以很容易地用所有类型的玻璃的结构特征来解释,这源于二氧化硅的结构特征。事实上,所有在浸出之前出现的有一些散点的孔隙被分成两个组分,最可能的尺寸约为 20 nm 和约为 120 nm[32]。在 A 型玻璃中,前者占优势,而后者虽然存在,但很少见。在 C 型玻璃中,一切都会发生但相反。这就解释了从表中可以明显看出的方差线差异。这种规律性在浸出后仍然存在,但硅胶中的孔隙被耗尽,由于硅胶的去除,它们被轻微蚀刻。在碳处理过程中,硅胶不被去除,而是转化为硅团簇定居在孔壁上,同时继续占据孔间空间的某些位置。因此,与 A 型和 C 型玻璃相比,β 型和 δ 型玻璃的孔也被刻蚀,但程度低于浸出过程。

同样值得注意的是,与浸出相比,碳处理会导致基体结构的变化。硅团簇出现在其孔壁上,其结构与激光烧蚀获得的多孔硅相似[33]。因此,β 型和 δ 型玻璃很少在纳米颗粒整体的发光研究中被用作基质,但是它们的吸收特性可用于许多应用问题,如眼科生物修复术[19-20]。

21.4　纳米颗粒集合体的形成

当在多孔玻璃基体中创建半导体团簇时,有必要区分该元素是否在基体的化学成分中。在第一种情况下,可以通过对矩阵本身的适当处理来创建集群。在第二种情况下,相应的物质应该从外部引入其中。如上所述,碳处理导致了孔隙内硅团簇的形成。事实上,基体中的孔隙表面被涂上了多孔硅。这一过程可以通过将 β 型或 δ 型玻璃进行反复碳化来控制。这种情况下的显著区别在于,在第一次碳化过程中,当重复的碳处理导致基质壁本身的硅还原时,残留的硅胶主要发生反应。其中,团簇由 7 或 8 个配位球组成[22]。这是由于一个少于 7 个球组成的团是不稳定的,因为它包含太多的悬空键,而超过 8 个配位球的团在反应过程中没有时间产生;这在能量上是不利的。

在参考文献[19]中,玻璃在多碳加工过程中的性能,高达14倍。在所有情况下,要么现有的硅团建立第8个配位球,要么新的硅团由7个配位球形成。这可能是唯一的情况下,通过简单的热化学处理,可以直接从基体中产生一个半导体纳米颗粒的集合。

然而,在许多应用问题中,有必要创建一个不是硅纳米颗粒的集合,而是其他一些物质的纳米颗粒的集合。在这种情况下,必要的物质可以从外部引入主题。最简单的方法是在基质中产生含有纳米的染料颗粒。这些是高分子物质,当在标准溶剂二甲基甲酰胺$(CH_3)_2NCO$中溶解时,完全浸渍基质,经过热处理后,均匀分布在孔隙中。在这种情况下,溶剂被去除,如果使用含有残留硅胶的玻璃作为基质,形成的颗粒几乎不会聚集[34]。

一些被用于形成纳米颗粒系综的物质,似乎不溶于溶剂,而不会破坏模型介质。然而,这些材料可以通过容易溶于水的物质的化学反应而合成。这尤其涉及像CdS这样一种广泛使用的半导体材料。CdS在多孔基体内形成团簇[4-5,7]。$Cd(NO_3)_2$溶解在去离子水中。将$(NaPO_3)_3$作为催化剂加入溶液中,用所得到的混合物浸渍基体。为了保证含镉分子在基质中的均匀分布,系统在室温下保持2 h。

为了去除多余的水分,将样品在150 ℃下干燥0.5 h。硫化是通过气态H_2S通过多孔系统2 h进行的。为了增加CdS团簇的浓度,该过程可以重复好几次。

当试图创建用于AgBr溴化银乳剂的纳米颗粒集合时,分子只覆盖多孔样品的表面,而不穿透孔隙。因此,有必要使用一种粘合剂来收集溴化银粒子。当多孔玻璃浸渍时,粘合剂与溴化银分子一起进入孔隙。此外,传统上用于光乳剂的明胶不适合作为粘合剂,因为它的分子太大,不会进入基质的孔隙[8]。因此,聚乙烯醇(Polinol)的分子能够穿透到最小的孔中,可以用来将AgBr分子运输到基质的孔中。通常,聚乙烯醇被用来将$AgNO_3$分子引入基质中。将获得的体系保持在约40 ℃下0.5 h后(以确保基体孔隙中夹杂物的均匀分布),在一天内被溴蒸气饱和,取代硝酸残基。

SnO_2纳米颗粒团簇的形成会带来另外的困难。一种几乎不溶的氧化物可以通过热合成从$SnCl_4$获得,$SnCl_4$完全溶于酒精[35]。然而,这种高浓度的溶液是一种有效的玻璃胶,因此能够在纳米颗粒形成之前破坏基质。如果溶液的浓度小于30%,则其这种性质就会丧失。我们的研究表明如果将玻璃浸入浓度为5%~7.5%的SnCl4醇溶液中,则可以获得最佳的发光响应[36]。最有效的热合成是在超过600 ℃的温度下进行的。但是,该温度与多孔玻璃熔体的温度相当[18],并且能够扭曲其结构。在较低温度下也可以进行热合成,但是 这个过程变得更长。然而,这可能是一个积极因素,因为低的合成温度促进了较小的SnO_2颗粒的形成[37]。

21.5 结 论

由于多孔硅酸盐玻璃的化学、机械、吸收和发光特性,可以被认为是创建纳米电子学中各种物质的纳米粒子集合的最合适的模型介质。创建这些系综的技术的有效性与几种结构不同的多孔玻璃的存在有关。考虑到这些物质的化学和结构特征,它们必须形成纳米颗粒的集合。采用合适类型的多孔玻璃作为特定的纳米管系统。所选的模型介质被相应物质的溶液饱和,并以适当的模式进行热处理,以确保在孔隙空间中进行必要的化学反应,所产生的纳米颗粒在基质中的均匀分布,以及所产生的系统的干燥。

参 考 文 献

[1] Meshkovsky IK (1998) The composite optical materials based on porous matrices. St.- Petersburg. In Russian

[2] Smyntyna VA, Skobeeva VM, Malushin NV (2011) The boundary influence on the optical and luminescent properties of the quantum dots of the CdS in a polymer. Fiz Khim Tverd Tela 12(2):355-358. In Ukrainian

[3] Smyntyna VA, Skobeeva VM, Malushin NV (2012) Influence of the surface on the spectrum of luminescence NC CdS in gelatine matrix. Photoelectronics 21:50-56

[4] Gevelyuk SA, Doycho IK, Mak VT, Zhukov SA (2007) Photoluminescence and structural properties of nano-size CdS inclusions in porous glasses. Photoelectronics 16:75-79

[5] Rysiakiewicz-Pasek E, Polańska J, Gevelyuk SA, Doycho IK, Mak VT, Zhukov SA (2008) The photoluminescent properties of CdS clusters of different sizes in porous glasses. Opt Appl XXVIII(1):93-100

[6] Rysiakiewicz-Pasek E, Zalewska M, Pola'nska J (2008) Optical properties of CdS-doped porous glasses. Opt Mater 30(5):777-779

[7] Doycho IK, Gevelyuk SA, Ptashchenko OO, Rysiakiewicz-Pasek E, Zhukov SO (2008) Luminescence kinetics peculiarities of porous glasses with CdS inclusions. Photoelectronics 17:43-47

[8] Doycho IK, Gevelyuk SA, Ptashchenko OO, Rysiakiewicz-Pasek E, Tolmachova TN, Tyurin OV, Zhukov SO (2010) Photoluminescence features of AgBr nanoparticles formed in porous glass matrices. Opt Appl 40(2):323-332

[9] Ermakov V, Kruchinin S, Fujiwara A (2008) Electronic nanosensors based on nanotransistor with bistability behaviour. In: Bonca J, Kruchinin S (eds) Proceedings NATO ARW "Electron transport in nanosystems". Springer, pp 341-349

[10] Rodionov VE, Shnidko IN, Zolotovsky A, Kruchinin SP (2013) Electroluminescence of Y2O3: Eu and Y_2O_3:Sm fifilms. Mater Sci 31:232-239

[11] Ermakov V, Kruchinin S, Hori H, Fujiwara A (2007) Phenomena in the resonant tunneling through degenarate energy state with electron correlation. Int J Mod Phys B 11: 827-835

[12] Doycho IK (2015) Study of the photoluminescent properties of nanoparticles ensembles of dyes. In: Smyntyna VA (ed) Non equilibrious processes in the sensor structures, Odessa Mechnikov National University, Odessa, pp 120-170

[13] Gevelyuk SA, Doycho IK, Rysiakiewicz-Pasek E, Marczuk K (2000) Relative changes

of porous glass dimensions in humid ambiance. J Porous Mater 7:465-467

[14] Gevelyuk SA, Doycho IK, Lishchuk DV, Prokopovich LP, Safronsky ED, Rysiakiewicz-Pasek E, Roizin YaO (2000) Linear extension of porous glasses with modifified internal surface in humid environment. Opt Appl 30(4):605-611

[15] Gevelyuk SA, Doycho IK, Prokopovich LP, Rysiakiewicz-Pasek E, Safronsky ED (2002) Humidity dependencies of porous sol-gel and silica glass linear sizes. Mater Sci 20(2):23-27

[16] Rysiakiewicz-Pasek E, Vorobyova VA, Gevelyuk SA, Doycho IK, Mak VT (2004) Effect of potassium nitrate treatment on the adsorption properties of silica porous glasses. J Non-Cryst Solids 345-346:260-264

[17] Tyurin OV, Bercov YM, Zhukov SO, Levitskaya TF, Gevelyuk SA, Doycho IK, Rysiakiewicz Pasek E (2010) Dye aggregation in porous glass. Opt Appl 40(2):311-321

[18] Mazurin OV, Roskova GP, Averianov VI, Antropova TV (1991) Biphasic glasses: structure, properties, applications. Nauka, Leningrad. In Russian

[19] Rysiakiewicz-Pasek E, Gevelyuk SA, Doycho IK, Prokopovich LP, Safronsky ED (2003) Antibiotic hentamicini sulphate effect on photoluminescent properties of the silicate porous glasses, which are suitable for ophthalmologic protesting. Opt Appl 33(1):33-39

[20] Rysiakiewicz-Pasek E, Gevelyuk SA, Doycho IK, Vorobjova VA (2004) Application of porous glasses in ophthalmic prostetic repair. J Porous Mater 11:21-29

[21] Gevelyuk SA, Doycho IK, Prokopovich LP, Rysiakiewicz-Pasek E, Marczuk K (1998) The influence of anneal of incorporated carbon on the photoluminescence properties of porous glass and porous silicon. In: Stoch L (ed) Polish ceramic bulletin 19, ceramics 57/porous and special glasses. Proceedings of the 4-th international seminar PGL'98. Polish Ceramic Society, Krakow, pp 59-64

[22] Gevelyuk SA, Doycho IK, Prokopovich LP, Rysiakiewicz-Pasek E, Safronsky ED (2003) Inflfluence of carbon multiple treatments on the photoelectrical properties of porous glasses. Radiat Eff Defect 158:427-432

[23] Alexeev-Popov AV, Roizin YO, Rysiakiewicz-Pasek E, Marczuk K (1993) Physical properties of organosilicate porous glasses. Mol Cryst Liquid Cryst 230:197-201

[24] Alexeev-Popov AV, Roizin YO, Rysiakiewicz-Pasek E, Marczuk K (1993) Porous glasses for optical application. Opt Mater 2:249-255

[25] Plachenov TG, Kolosentsev SD (1988) Porometry. Khimiya. In Russian

[26] Dubinin MM (1978) Capillary phenomena and the information about porous structure of adsorbers. Izvestiya AN SSSR, Ser Khim 1:101-125

[27] Roizin YO, Rysiakiewicz-Pasek E, Safronskiy ED (1995) Moisture sensitivity of the porous tin dioxide. Technol Constr Electr Devices 2:53-54

[28] Greg SJ, Sing KSW (1967) Absorption, surface area and porosity. Academic, London

[29] Rysiakiewicz-Pasek E, Safronsky ED (1995) Wplyw wody na wiasnosci elektryczne szkiei porowatych. In: IV sympozium Naukowo-Techniczne. Bialostok, pp 94−99

[30] Roizin YO, Gevelyuk SA, Prokopovich LP, Savin DP, Rysiakiewicz-Pasek E, Marczuk K (1997) Water absorption and mechanical properties of silica porous glasses. J Porous Mater 4(3):151−155

[31] Rusanov AI, Goodrich FCh (1980) The modern theory of capillarity. Khimiya, Leningrad

[32] Savin DP, Gevelyuk SA, Roizin YO, Mugenski E, Sokolska I (1998) Comparison of some properties of nanosized silicon clusters in porous glasses. Appl Phys Lett 72(23): 3005−3007

[33] Gevelyuk SA, Doycho IK, Prokopovich LP, Savin DP (1999) The structural and luminescent properties of the porous silicon, obtained by the laser ablation method. Photoelectronics 8:18−21

[34] Doycho IK, Gevelyuk SA, Rysiakiewicz-Pasek E (2015) Photoluminescence of tautomeric forms of nanoparticle ensembles of dyes based on the 4-valence stannum complexes in porous silica glass. Photoelectronics 24:30−37

[35] Uchiyama H, Shirai Y, Kozuka H (2011) Formation of spherical SnO_2 particles consisting of nanocrystals from aqueous solution of $SnCl_4$ containing citric acid via hydrothermal process. J Cryst Growth 319(1):70−78

[36] Gevelyuk SA, Grinevych VS, Doycho IK, Lepikh YaI, Filevska LM (2019) Photoluminescence of SnO_2 nanoparticle ensemble in porous glass with column structure. In: IEEE proceedings of 8-th internationalconference on advanced optoelectronics and lasers (CAOL−2019) 06−08 Sept 2019, Sozopol, sub. P101. to be published

[37] Ivanov VV, Sidorak IA, Shubin AA, Denisova LT (2010) SnO_2 powders production by means of decomposition of thermo not stable compounds. J Siberian Fed Univ Eng Technol 2(3):189−213

第22章　2018年修订的国际单位制及其对纳米技术的影响

摘要：修订后的国际单位制(SI)是一种单位标准，其取决于物理常数和量子效应。在物理常数的基础上重新定义SI系统是它的巨大优势。但是，修订版的国际标准化组织系统是由科学家和计量专家团体而不是广大用户理解的。这句评论特别涉及修订的SI中千克和开尔文的定义。关于新SI的批判性评论涉及复杂的定义，基本单位集和千克定义的高执行成本。这些定义仅重复物理常数的值。1 kg的新标准(功率平衡或XRCD方法)比"旧"标准(PtIr合金的人工制品)至少贵30~50倍。因此，世界上只有约10个国家的计量机构能够安装和运行新的千克标准。在采用修订后的SI单仿制之前和之后，有人提出了以下建议：用wol(或欧姆)代替安培(基本单位)，用焦耳代替开尔文，用新的物质单位质量代替摩尔单位(伦纳德的提案)。在本章中，提出了基于瓦特平衡的质量标准的实验设置。

关键词：国际单位制；基本单位；物理常数

22.1　简　介

修订后的SI(2018年的SI)是期待已久的单位制，其中依赖于材料性能的单元标准已被基于物理常数和量子效应[1]的标准所取代。重新定义SI的主要原因是要求重新定义千克。在2018年之前，千克是1960年SI的七个基本单位之间的唯一单位，该单位是用一种人工制品的标准——国际千克原型(IPK)来定义的。IPK保留在国际计量局(BIPM)中。它的正式副本分布在全球约40个实验室中。IPK一直是国际质量标准，直到2019年5月20日为止。基于物理常数的SI的重新定义是它的巨大优势。

22.2　修订后的国际单位制

SI的重新定义(图22.1)是对修订后的SI(2018年的SI)中的所有七个基本单位进行新定义的机会。2018年SI的基本单位是使用基本物理常数(c-光速，h-普朗克常数，e-基本电荷，k_B-玻尔兹曼常数，N_A-阿佛加得罗常数)和两个非基本常数(ν_{Cs}-^{133}Cs中的跃迁频率，K_{cd}-频率的单色辐射的发光效率)定义的。科技数据委员会(CODATA)为修订后的SI的定义准备了四个基本物理常数的调整(CODATA 2017调整)[2]。CODATA 2017中的h，e，k_B和N_A值反映了它们测量中的新结果。其常数值包含在2018年修订的SI的基本单位定义中。

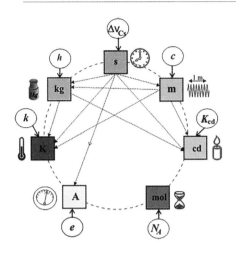

图22.1 新SI的基本单位及其相互关系

最后,修订后的SI于2018年11月获得批准,于2019年5月生效[1]。下面列出了修订后的SI中的单位定义。

(1)第二种定义是通过采用铯频率的固定数值 Δv_{Cs},铯133原子的无扰动基态超精细跃迁频率来确定的,v_{Cs} = 9 192 631 770 Hz。

(2)米的定义是取真空中光速的固定数值 c = 299 792 458 m/s。

(3)千克的定义是取普朗克常数 h 的固定数值为 6.626 070 15×10^{-34} kg m^2 s^{-1}。

(4)安培的定义为取基本电荷 e 的固定数值为 1.602 176 634×10^{-19} C。

(5)开尔文的定义为取玻尔兹曼常数 k 的固定数值为 1.380 649×10^{-23} J K^{-1}。

(6)摩尔是物质量的国际单位。1摩尔精确地包含 6.022 140 76×10^{23} 个基本实体。这个数字是阿佛伽德罗常数 N_A 的固定数值,如果用 mol^{-1} 表示,则称为阿佛伽德罗数。

(7)系统中物质的数量(符号 n)是对指定基本实体数量的度量。基本实体可以是原子、分子、离子、电子,任何其他粒子或指定的粒子组。

(8)坎德拉的定义是采用频率 540×10^{12} Hz,K_{cd} = 683 lm W^{-1} 的单色辐射的发光效率的固定值。

为了实施修订后的SI,对于五个新定义的基本测量单位,都必须找到它们的宏观标准和物理常数之间的联系。问题在于相关的物理常数已在较弱的物理效应中得到证明,但标准必须是宏观的。目前,这个问题已得到充分解决。

注意,普朗克常数以"kg m^{2}s^{-1}"为单位表示。因此,千克取决于 h,反之亦然。这种相互关系使得以 h 的函数来定义千克,并根据普朗克常量来发展千克的标准。

22.3 基于普朗克常数的质量标准

千克的新定义对于接受修订后的SI至关重要。在目前推荐的质量标准的发展方向中,根据对千克的重新定义,质量单位与电能的普朗克常数 h 有关。目前正在根据新定义制定三个标准解决方案。考虑的标准有以下内容。

（1）超导体的质量由线圈中流动的电流产生的磁场所悬浮。

（2）质量上的引力由静电板的静电力平衡。

（3）带有移动线圈的瓦特平衡测量在磁场中的电流作用在线圈上的力。磁通量施加在线圈上的所需机械力系数直接由测量线圈运动时产生的电压来决定，还需要测量线圈的速度。为此，使用了干涉仪和秒表。通过瓦特平衡标准实现质量单位是基于机械功率与电功率的虚拟比较。该标准有望实现质量单位的不确定性，数量级为 10^8。

图 22.2 显示了安装在英国国家物理实验室中的瓦特平衡的框图——质量单位的标准，具有机械和电能的平衡[3,4]。瓦特平衡也因其发明者的名字而被称为 Kible 平衡。在 NPL 系统中，一个非常大的永磁体会产生一个带有“水平”感应矢量 **B** 的磁场（图 22.3）。

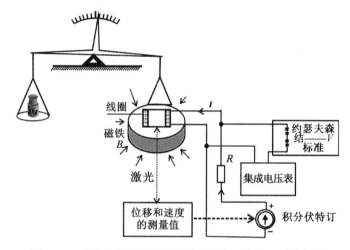

图 22.2 使用瓦特天平基于机械和电能平衡建立千克标准

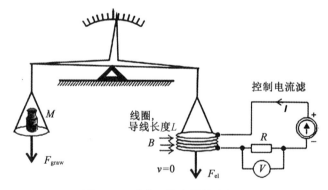

图 22.3 功率平衡中的静态相位

磁通量作用在悬于天平的单臂上的水平圆形线圈上（图 22.2）。导线长度为 L 的线圈中的电流 I 产生一个“垂直”力，该力由质量 M 上的重力 $F_{grav} = g \times M$ 平衡。称重实验结束后，通过旋转平衡臂，使线圈呈垂直运动（沿 z 轴），并以速度 V 通过初始位置，从而在线圈中产生电压 V（图 22.4）。由于电流 I 和磁通量 $\varPhi$ 之间相互作用的能量 E 为 $I\varPhi$，测量到的相互作用力的垂直分量以等式的形式给出[式（22.1）]。

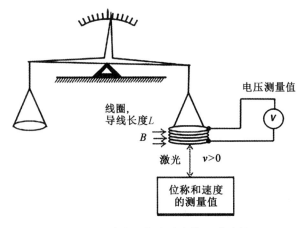

图 22.4 功率平衡实验中的运动阶段

$$F_{el} = F_{grav}$$

$$\frac{\partial E}{\partial z} = I\frac{\partial \Phi}{\partial z} = BIL = M \times g \qquad (22.1)$$

式中,g 是质量 M 所经历的重力加速度

电压 V 和磁通量 Φ 满足以下关系:

$$V = \frac{\partial \Phi}{\partial t} = \frac{\partial \Phi}{\partial z}\frac{\mathrm{d}z}{\mathrm{d}t} = \frac{\partial \Phi}{\partial z}v \qquad (22.2)$$

消除称重和移动实验之间磁通量的变化率 $\partial \Phi/\partial z$ 得出标准的基本公式:

$$M \times g \times v = I \times V \qquad (22.3)$$

磁通量梯度的变化和线性和角速度的分量必须考虑或减少线圈和其他设备的垂直轴,这样这些附加因素的影响可以忽略不计。在实践中,单个的角度偏差必须低于 10^{-4} 弧度。

线圈中的电流 I 由欧姆定律确定,$I = V/R$,基于约瑟夫森效应的量子标准测量电压,用量子霍尔效应的标准测量电阻。恒定电位差的 ΔV 可以测量,不确定度为 $1/10^9$。约瑟夫森标准实现的电压 V 是约瑟夫森结辐照频率 f、物理常数 e 和 h 的函数, 以及一个自然数 n_1 的函数:

$$V = n_1 f\left(\frac{h}{2e}\right) \qquad (22.4)$$

电阻也可以测量,其不确定度为 $1/10^9$ 作为量子霍尔电阻 R_H 的函数:

$$R_H = \frac{\left(\dfrac{h}{e^2}\right)}{n_2} \qquad (22.5)$$

表示量子霍尔效应样本特征中的平台数,整数 n_2 取值为 2~4。若 $n_2 = 2$,则 $R_H \approx 12\,906\ \Omega$;这个值可以按因子 k 计算,以便使用 Harvey 低温电流比较器测量 $1\ \Omega \sim 100\ k\Omega$ 的电阻。使用约瑟夫森效应标准和量子霍尔效应标准,电流 I 可以在几毫安到几安培的范围内确定,通过以下公式:

$$I = \frac{V}{R} = \frac{n_1 n_2 fe}{2k} \qquad (22.6)$$

质量单位标准的基本公式(22.3)可以转换为下面的式(22.7)、式(22.8)和式(22.9)：

$$Mgv = \frac{V}{R}V \tag{22.7}$$

$$Mgv = \left(\frac{n_1 h}{2e}f\right)^2 \frac{n_2 e^2}{h} \tag{22.8}$$

$$M = k_W \times h \tag{22.9}$$

式中，h 是普朗克常数，系数 k_W 包括 g、v 和 f，这些量由长度和时间的测量确定并由物理常数和整数 n_1 和 n_2 定义。

式(22.9)表明，在使用具有机械能和电能平衡的标准进行测量时，质量 M 的测量值主要由普朗克常数决定，在较小程度上由设备参数决定。

式(22.1)比较了虚拟电力和机械功率。没有实际的能量耗散，如由于平衡轴承中的摩擦或线圈的电加热而产生的能量耗散，使用这个公式。这为采用具有标准计量学要求的不确定性的式(22.1)提供了依据。

NPL中使用的测量技术与本节开篇介绍的一般概念略有不同[3]。平衡是有偏差，质量为500 g。线圈中的电流 I 产生一个力来平衡这个质量上的重力，$g\times500$ g。然后，将1个参考质量(例如，1 kg的质量)放置在与线圈相同的尺度上，因此线圈中的电流改变方向以保持平衡。瓦特平衡通过调整电流 I 保持平衡，其强度由计算机控制。因此，重力 $g\times M$ 对应于线圈中电流的总变化。这种替代方法消除了电、磁和机械起源的许多系统误差。在称重实验中，通过减少平衡指针的偏转，尽量减少平衡指针的滞后(由于其非弹性变形而产生)的影响。此外，在每次观察之前，平衡臂以衰减振幅振荡，以减少和随机化与摩擦相关的偏移。

在NPL中使用的质量样品是由镀金铜制成，以减少磁体分散磁通量的相互作用。样品储存在真空中，除了进出真空容器所需的短时间间隔。通过NPL的副本，将样品与千克的BIPM原型进行比较。

通过旋转摆轮的摆臂使线圈在垂直方向移动，从而在线圈中感应出电压 V。同时，这也会导致线圈轻微的水平移动，因此线圈的摆动会使线圈中产生微小的额外电压。由于可能造成测量误差，通过在轴上仔细对齐线圈，可以最大限度地减少这种额外的电压。水平摆动的影响是通过平均在一个振荡周期或更长时间内由于该运动产生的电压而较小的。基板振动带来了另一个问题——使线圈的运动不稳定(引起速度噪声)并产生约0.2%的电压。这些影响通过平均线圈的速度和它产生的电压，也能被降低到较小的水平。

来自永磁体的磁通密度随温度变化，系数为 $400/10^6$ K^{-1}，并随环境磁场变化。即使环境参数为了减少磁通密度的波动而稳定下来，但在称重和移动实验中，磁通仍然会略有变化。假设磁通量的变化是连续且缓慢的，则可以考虑磁通量变化的影响。称重和移动实验的结果用于确定恒定参考质量，这是实验的最终结果。在NPL使用的系统中，整夜的测试，可实现质量单位的预期不确定性低于 $1/10^8$。预计在NIST和METAS(瑞士联邦计量局)也会有类似的结果。了解本质量单位标准中B类不确定度的来源及其影响的校正是需要一些时间的。

22.4　关于修订后的 SI 的评论

标准措施是为人民而设立的,首先是为群众所用。单位制应该以普通人理解的方式来定义。然而,修订后的 SI 只被科学家和计量专家群体所理解,而不是被广大群众所理解。特别涉及 SI 中千克和开尔文的定义。

BIPM 在其网站上告知"推荐的实用计量单位系统是国际单位制,缩写为 SI"。但是,修订后的 SI 很难称得上是实用的单位制。

任何单位制都应该包括其组件之间的相互关系,否则处理的是一组组件,而不是系统。修订后的 SI 的定义看起来像一组物理常数,其中组件之间的相互关系是隐藏的。

修订后的 SI 中单位的定义并不明确。其中五个包括"它是通过取特定物理常数的固定数值来定义的"而不是一个单位的实际定义。例如,"旧的'SI'中,米的定义是光在 1/299 792.458 s 的时间间隔中传播的路径的长度"比修订后的 SI 的定义更好理解。

直观上可以理解的是,基本单位比衍生品更重要。它是使用基本单位来定义衍生单位。但是,在新的 SI 中,安培、开尔文和坎德拉的标准是使用衍生单位实现的。SI 的基本单位安培仅使用两个衍生单位(伏特和欧姆)和欧姆定律(推荐的实现)来实现。遗憾的是在新 SI 的基本单位组中,安培没有被伏特或欧姆取代。这两个推导单元中的每一个都可以比安培至少更精确地实现 100 倍。

Kilinin 和 Kononogov[5]认为使用玻尔兹曼常数的开尔文的新定义"鉴于现今确定玻尔兹曼常数值的准确性和可靠性的水平,是不可取的"。

伦纳德发表了一些关于上述定义的批评性评论[6]。他介绍了他的评论:假设物质的总量为 $n(S)$,相应的实体数量为 $N(S)$。物质的具体数量为 $n(S)/N(S)$。他提议"使用名称实体和符号,并正式将其作为原子尺度单位使用……"。

实施新千克标准的这两种方法(瓦特平衡和 XRCD)的成本非常高。瓦特平衡的设置包括通过约瑟夫森结测量电压,使用量子霍尔效应测量电阻、激光和低温装置(液体 He)。所有这些组件都很昂贵。需要有高素质的工作人员来操作瓦特平衡器。在 X 射线晶体密度技术(XRCD)的情况下,使用了一个 ^{28}SI 的球体。用于第一次 XRCD 实验和球体尺寸测量的单晶硅球耗资超过 200 万欧元。结果,世界上只有大约 10 个国家计量机构能够安装和运行新的千克标准。相比之下,900 g 铂和 100 g 铱,用于千克的计量,总共花费约 30 000 美元。

22.5　修改修订后的 SI 的提议

SI 有七个基本单位(m、kg、s、A、K、cd 和 mol)并不是唯一可能的体系。以下是一个假设的单位系统,其中五个基本测量单位可以由基本物理常数(c、e 和 h)和频率 ν 定义,另外两个(坎德拉和摩尔)使用已经定义的其他单位基本单元定义(图 22.5)。

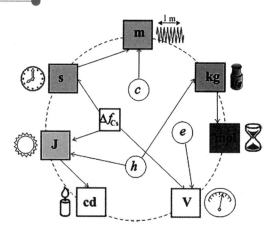

图 22.5　假设单位系统的基本单位(用焦耳代替开尔文,用伏特代替安培)及其相互关系

在这个系统中,温度单位开尔文被能量单位焦耳代替[7-8],安培被伏特代替。人们提出了许多支持这种改变的论点。基本单位集应包括对人类生活和活动最重要的物理量的测量单位,如应用于贸易。因此,在基本单位中,有长度(m)、质量(kg)和时间(s)的单位。由于能源也是大规模贸易的主体,能源的单位(J)及其标准化的准确性对贸易和商业活动有很大影响。能量也许是自然界中最普遍的物理量。第一热力学原理的公式之一是:"宇宙中的能量总是恒定的"。不同形式的能量:机械能或功、热能、电能和核能,可以用机械量标准、热力标准、电量标准和质量标准能够相互比较,并与能量单位的标准进行比较[8-10]。

$$E = h \times f$$
$$E = m \times c^2$$
$$E = V \times I \times t$$
$$E = F \times l$$
$$E = m \times v^2 / 2$$
$$E = k_B \times T$$
$$Q = c_h m \times \Delta T$$

其中:E—能量,Q—热量,c—真空中的光速,c_h—比热,h—普朗克常数,k_B—玻尔兹曼常数,f—频率,F—力,I—电流, l—长度,m—质量,t—时间,T—温度,V—电压,v—线速度。

就测量的极限分辨率而言,我们通常必须考虑测量传感器能量变化的影响。根据海森堡测不准原理,能量是描述测量分辨率量子极限的不等式中出现的四个物理量之一。其他三个量是:时间、长度(对于位置)和动量:

$$\Delta x \times \Delta p \geqslant \frac{\hbar}{2}$$

$$\Delta E \cdot \Delta t \geqslant \frac{\hbar}{2} \tag{22.10}$$

到目前为止,用焦耳代替开尔文的想法还没有得到其他科学家的支持。

22.6 结 论

2018 年采用修订后的 SI 是计量发展的良好一步。在考虑了一些评论并实施之后,这个单位制未来可能会更好。

参 考 文 献

[1] 9th edition of the SI Brochure (2019) https://www.bipm.org/en/measurement-units/rev-si

[2] Newell DB et al. (2018) The CODATA 2017 values of h, e, k, and NA for the revision of the SI. Metrologia 55:L13−L16

[3] Kibble BP, Robinson IA (2003) Replacing the kilogram. Meas Sci Technol 14:1243−1248.

[4] Stock M (2011) The watt balance: determination of the Planck constant and redefinition of the kilogram. Philos Trans R Soc A 369:3936−3953

[5] Kalinin MI, Kononogov SA (2010) Redefinition of the unit of thermodynamic temperature in the international system of units. High Temp 48:23−28

[6] Leonard BP (2007) The atomic-scale unit, entity: key to a direct and easily understood definition of the SI base unit for amount of substance. Metrologia 44:402−406

[7] Nawrocki W (2019) Introduction to quantum metrolog. The revised SI system and quantum standards, 2nd edn. Springer, Heidelberg

[8] Nawrocki W (2006) Revising the SI: the joule to replace the Kelvin as a base unit. Metrol Meas Syst 13:171−181

[9] Kruchinin S, Nagao H, Aono S (2010) Modern aspect of superconductivity: theory of superconductivity. World Scientific, p 232. ISBN−9814261602

[10] Kruchinin S, Pruschke T (2014) Thermopower for a molecule with vibrational degrees of freedom. Phys Lett A 378:157−161

第 23 章　CBRNe 作为安全和安保的全灾害应变的概念框架：建立国家和国际层面的军事、民用、学术/研究和私人实体为降低风险而制定的解决方案的有机网络——来自欧洲和意大利的视角

摘要：世界已经改变。与能源化石资源减少的全球危机，饮用水资源减少和控制能源之战是可能导致 CBRNe（化学性、生物性、放射性、核爆炸物）事件的原因之一。事件以及可能被滥用的 CBRNe 物质（曾经被视为仅与军方有关），现在也需要在公共领域中加以考虑。此类事件也可能是由于无意释放的物质（例如，装有有毒工业化学物质的卡车事故）或海啸或地震等自然事件发生的结果。因此，与它们发生有关的高风险百分比是显而易见的。本章的目的是分析 CBRNe 风险情况，并提出标准化的 CBRNe 联合方法，以建立由来自欧洲各地的集群实体组成的"CBRNe 技术表"，以管理技术生产、研究、教育和培训活动，以便做到：（1）建立和维护能力和设施名册；（2）组织共享专业知识；（3）计划集中资源。著者在"意大利案例研究"中显示结果作为一个潜在的试点项目，分析其优缺点以提出改进它的新思路。

关键词：CBRN；所有危害方法；教育；培训；共享资源

23.1　简　　介

化学战剂、大流行和流行性生物疾病，以及放射与核物质的意外或故意释放对健康、环境和经济构成威胁。

尽管切尔诺贝利事故和福岛事故被认为是"黑天鹅"事件，但巨大的事件也引起了人们的关注，这是由于全球冲突期间使用了非常规武器，如在伊拉克和叙利亚使用沙林毒气和氯气以及在 2017 年 2 月在吉隆坡机场使用的神经毒剂 VX。

除此之外，生物威胁还由诸如 2014—2016 年以及最近于 2019 年在西非爆发的埃博拉病毒等新出现和再出现的疾病，以及不确定的科学知识使用与实验室设备的可用性，而这些设备已在最知名的电子商务平台上出售[1]。

这些担忧和威胁加在一起，代表了化学、生物、放射性和核（CBRN）的全球风险场景，需要学术界、从业者、政策制定者和行业大力合作加以解决。

由于自然、偶然或故意事件导致 CBRN 物质扩散事件被认为是存在风险的情况，如今已成为安全和保障方面最关键的问题之一[2]。

无法预测潜在的 CBRN 物质威胁的全部范围，因为它们可能是以非线性方式演变的，

并可能受到多种外部因素的影响，包括经济、货物和人员流动、气象条件等[3]。

与 CBRN 物质使用相关的威胁随着政治环境的变化和技术的发展而迅速发展。在武装冲突中继续使用化学武器表明了现有军备控制制度的脆弱性。此外，最近在亚洲和欧洲发生的几起使用有毒化学物质和放射性物质的袭击都表明，现在必须将新的担忧——国家赞助的暗杀或未遂暗杀纳入国家安全政策。在这种情况下，国家和非国家行为者对 CBRN 物质的这种确认使用突出了世界面临的重大挑战[4]。

23.2　欧洲联盟的 CBRN

欧洲联盟（简称欧盟）和欧洲–大西洋共同体目前总体上正面临与恐怖主义有关的两个重要的安全威胁：以在叙利亚训练有素并能够执行复杂袭击（也称为"海归问题"）战斗人员为代表的外国恐怖主义分子，以及由伊斯兰国和其他萨拉菲组织的影响和圣战能力所代表的风险，这可能会导致整个欧洲的攻击升级[3]。

根据《欧洲联盟恐怖主义状况和趋势报告》的报告，CBRN 物质仍然对恐怖分子极具吸引力，2015 年发生的几起事件涉及实际或企图恶意使用 CBRN 物质并带有犯罪或未知目的。摩尔多瓦发生了涉及有组织犯罪集团企图出售放射性物质的事件[5]。

显而易见，运输与恐怖主义之间有明确的联系。不论是 在 2016 年恐怖分子对双子塔和五角大楼的"9·11"事件的袭击中，或是在 2016 年布鲁塞尔机场爆炸案中，运输（第一种情况下为飞机，第二种情况下为卡车）都是恐怖分子实现目标的手段。然而，由于运输是使全球供应链运行的机制，为了世界经济运转和发展，因此通过变化的威胁级别建立和维持连续的吞吐量和安全性也是至关重要的[6]。

为了给"常规的" CBRN 恐怖主义的活动场景增加更多的复杂性，我们还可以考虑更广泛的 CBRN 潜在情况，如粮食安全。在富裕国家里，尤其是在中西部地区，食物和水的获取渠道有限，食物链可以被认为是 CBRN 攻击的目标，或者是因 CBRN 事件的后果而受到危害的关键基础设施，也可能是 CBRN 事件的结果或产生的原因[7]。

在发生索尔兹伯里神经毒剂袭击之后，欧洲理事会于 2018 年 3 月表示：欧洲联盟必须增强对化学、生物、放射和核相关风险（"CBRN 风险"）的抵御力[8]，此外，还有迹象表明，全球网络犯罪业务的规模现在已超过毒品贩运的规模。人们对恐怖组织的危险物质的兴趣持续增长，这些物质具有制造化学武器的能力。Molenbeek（IS）网络显示出对获取核物质的兴趣。恐怖组织对 CBRN 物质的能力不断增强，这构成了日益严重的威胁[9]。

作为会员国的联盟，欧盟认识到迫切需要为 CBRN 确定一种更加统一的方法，并认识到有必要集中和共享资源以增加对 CBRN 事件的预防、准备和响应。欧盟的总体做法既涉及外部政策，也涉及国内政策。

23.2.1　CBRN 欧盟外部政策

发起了欧盟化学、生物、辐射和核风险减缓中心倡议（或欧盟 CBRN CoE）[10]，以响应加强欧盟以外国家减轻 CBRN 风险的机构能力的需要。欧盟 CBRN CoE 倡议是由欧洲委员会领导、资助和实施的。CoE 项目的资金来自欧洲对外行动服务局(EEAS)密切协调的欧盟对安全与和平做出贡献的文书(IcSP)[11-12]，并得到联合国(UNICRI)和其他国际组织及当地专家的支持。

根据这项文书[13]资助的几个项目(到今天为止有8个)是根据以下报告的方法构建：

(1)根据欧盟 CBRN CoE 规定的方法，CBRN CoE 国家联络点及其 CBRN 国家小组负责评估各自的国家需求。

(2)评估后，国家工作队制定了自己的国家行动计划，其最终目标是制定符合国际商定标准的综合有效的 CBRN 政策。

(3)在发现差距的地方，欧洲委员会旨在与各国合作，通过量身定制的区域项目来解决任何可能的缺点。

23.2.2　CBRN 欧盟国内政策

欧盟 CBRN 行动计划的结论指出："鉴于不断变化的威胁，欧洲需要集中资源和专业知识来开发创新，可持续和有效的解决方案。整个欧盟按照本'行动计划'中的规定进行合作，可以带来巨大的安全收益，并带来切实的成果[13]。"在此程度上，在过去的二十年中已经资助了几个与 CBRN 相关的项目(108 在 CORDIS 门户上具有搜索标准 CBRN，仅提及框架计划下的项目)。不同项目的主题涵盖从 CBRN 传感器到 CBRN 标准操作程序，跨境合作、培训和教育。

在所有这些项目中，值得一提的是 eNOTICE(欧洲 CBRN 培训中心网络)项目[14]，因为该项目旨在建立 CBRN 培训中心的可持续网络[15]，它将起到严格合作的催化剂的作用。在实践者、技术提供者和其他相关的 CBRN 利益相关者之间使用"联合活动"(JA)。JA 被定义为 CBRN 培训中心组织的活动，除定期参加之外，其他参与者也可以使用。遵循 eNOTICE 方法，这不仅意味着要集中资源以进行更好的投资并避免重复劳动，而且联合测试、培训、演示和验证对于采用自下而上的方法来增强欧盟成员国之间的准备和响应能力至关重要。

23.3　意大利案例研究：学术界作为 CBRN 合作的枢纽

JA 是从"现场"经验开始建立平滑而有效的 CBRN 响应能力的良好工具，但另外一种环境被证明对促进 CBRN 教育、专业知识的交流和开始新的合作具有巨大的价值，例如，负责将 Sogin SpA(一家负责意大利核电厂退役和放射性废物管理的意大利国有公司)与罗马 Tor Vergata 大学共同组织的 CBRNe 硕士课程汇集在一起，他们共同致力于'SOS'研究项目—警报解决方案—跨境合作项目，旨在加强在斯洛伐克-乌克兰边界上的非法 CBRN 物质的检测和拦截"[16-17]。

自 2009 年以来，随着"CBRN 事件保护"的第一门研究生课程的启动，意大利学术机构开始接受 CBRN 作为一门学科的想法。该课程教材的第一版以本国语言出版，收集了对从业人员(军人、急救人员、执法机构……)进行高级 CBRN 学术教育的需求，并为研究人员、行业和应届毕业生提供了开设这门课程的机会。从那时起，罗马的 Tor Vergata 大学承担起了所有这些不同参与者之间的交流促进者和合作的角色。十年之内，该课程不仅成为国际性课程，还正式用英语授课(自 2014 年起)，而且有必要将原始课程分为第一级，为第一响应者和第一响应者培训师开设一级课程，以及为决策者顾问开设的第二级课程来说，要满足这两个不同目标受众的期望和培训需求。

自从开设第一门课程以来的十年，有关新合作、活动和课程出勤的趋势越来越积极，自 2009 年至 2019 年，有 186 名二级硕士课程的学生，而从 2013 年至 2019 年有 43 名一级硕士课程的学生，来自欧洲、亚洲以及非洲和美洲。

在同一个学术环境中同时存在多种专业知识，不仅使学生能够获得 CBRN 的教育和培训，而且最重要的是，他们可以创建自己的网络，共享知识并从不同的角度看待事物。这提高了他们与计划、预防、准备和响应 CBRN 事件的不同参与者进行沟通和联系的能力。

如此多产的环境促使许多学生精心撰写了新颖的论文，这些论文变成了：

(1)科学出版物(超过 180[18])；

(2)专利；

(3)研究项目和公共或私人实体之间新的合作的基础。

在来自世界各地的 250 多位讲师的教学委员会的支持下[19]，2016 年，硕士课程为推出首个 CBRN 图书系列提供了沃土[20]，该系列图书也得到了意大利教育、大学和研究部的正式认可。此外，自 2009 年以来，与公共和私人实体合作，在硕士课程的保护下组织了以下科学活动：

(1)7 个国际讲习班[21]；

(2)召开了一次有关 CBRN 的科学国际会议(SICC 2017)[22]，由施普林格[23]编辑了对等审查程序。

同时，学术界对 CBRN 教育和培训的兴趣与日俱增，促使意大利本地的、国外的和国际的公共实体与硕士课程签署合作协议。在许多情况下，这使硕士生可以使用工作和培训设施，如由 Sogin SpA 管理的设施，并且拥有"现场"经验，包括学习如何操作 CBRN 检测设备的可能性。以了解如何使用个人和集体防护设备[24]。

23.4 结　　论

在谈到 CBRN 时，"污染"一词通常具有负面含义。但是，在对致力于 CBRN 准备、培训和教育的国家和国际倡议的简短回顾中，提高预防和有效应对这些事件的能力的一个共同因素似乎是专家、从业者、技术提供商、学术界和决策者。因此，寻求能够促进所有这些行为者之间交流专业技能、知识和最佳做法的每一项倡议和机会是至关重要的。

参 考 文 献

［1］ Zilinskas RA, Mauger R（2015）Biotechnology E-commerce：a disruptive challenge to biological arms control. CNS occasional paper No. 21 middlebury institute of international studies. Available at：https：//www. nonproliferation. org/wp-content/uploads/2015/05/biotech_ecommerce. pdf

［2］ Bruno F et al（2017）CBRN risk scenarios. In：Proceedings of the NATO advanced research workshop on nanostructured materials for the detection of CBRN Kiev, Ukraine 14-17 Aug. https：//doi. org/10. 1007/978-94-024-1304-5_23

［3］ Final Report Chemical, Biological, Radiological, and Nuclear Threats（2017）Atlantic Treaty Association

［4］ Reassessing CBRN Threats in a Changing Global Environment（2019）Su F, Anthony I（eds）SIPRI

［5］ Ukraine, Turkey, and Poland（2016）Europol, "European Union Terrorism Situation and Trend Report 2016". European Police Office

［6］ CBRN Risks in Maritime and Land Containers Transport Collected Essays（2017）Cartocci V, Gerlini M, Giovanetti A（eds）ENEA National Agency for new technologies, energy and sustainable economic development. ISBN：978-88-8286-347-0

［7］ Moramarco S（2018）Food security and proper nutrition：a public health and humanitarian priority in pre-and post-cbrn events. Def S&T Tech Bull 11（2）：299-309

［8］ Fifteenth Progress Report towards an effective and genuine Security Union Brussels, 13. 6. 2018 COM（2018）, p 470

［9］ van der Meer A, Aspidi A（2017）Security, development, and governance CBRN and cyber in Africa. In：Martellini M, Malizia A（eds）Cyber and chemical, biological, radiological, nuclear, explosives challenges. Terrorism, security, and computation. Springer：Dordrecht, The Netherlands

［10］ EU CBRN CoE. More information available at：https：//ec. europa. eu/jrc/en/research-topic/chemical-biological-radiological-and-nuclear-hazards/cbrn-risk-mitigation-centres-of-excellence/countries

［11］ Regulation（EU）2017/2306 of the European parliament and of the council of 12 December 2017 amending regulation（EU）No. 230/2014 establishing an instrument contributing to sta bility and peace. Available online at：https：//eur-lex. europa. eu/legal-content/EN/TXT/PDF/? uri=CELEX：32017R2306&from=EN

［12］ More information on the EU CBRN CoE financed projects are available at：https：//ec. europa. eu/jrc/en/research-topic/chemical-biological-radiological-and-nuclear-hazards/cbrn-risk mitigation-centres-of-excellence/projects

［13］ Communication from the commission to the European parliament, the council, the

European economic and social committee and the committee of the regions action plan to enhance preparedness against chemical, biological, radiological and nuclear security risks. Brussels, 18. 10. 2017 COM (2017)

[14] Enotice-European Network of CBRN training centres. More information available at: https://www. h2020-enotice. eu/

[15] D2. 5 framework and sustainability plan forthe European CBRN Training Centresnet work (2019). Available at: https://cloud. h2020-enotice. eu/index. php/s/jRrkPSTCkWXnF7P #pdfviewer

[16] SOS-Alert Solution-Cross-border cooperation project for enhanced detection and interception of illicit CBRN materials on the Slovakian-Ukrainian border. More information available at: https://eeagrants. org/archive/2009-2014/projects/SK08-0001

[17] Bruno F et al. (2017) CBRN risk scenarios. In: Proceedings of the NATO advanced research workshop on nanostructured materials for the detection of CBRN Kiev, Ukraine 14-17 Aug 2017. https://doi. org/10. 1007/978-94-024-1304-5_23

[18] List of publications. Available at: http://www. mastercbrn. com/page/326/cbrne-scientifific papers/23 CBRNe as Conceptual Frame of an All Hazards Approach of Safety and Security 315

[19] List of lecturers. Available at: http://www. mastercbrn. com/page/41/didactic-board/

[20] List of CBRN book series. Available at: http://www. aracneeditrice. it/aracneweb/index. php/collana. html? col=CBRNe

[21] More information. Available at: http://www. mastercbrn. com/page/1340/international-and national-workshops-in-cbrne/

[22] More information about SICC 2017. Available at: https://www. sicc-series. com/old conference-sicc2017/

[23] Enhancing CBRNE safety & security: proceedings of the SICC 2017 conference. Available at: https://www. springer. com/gp/book/9783319917900

[24] Palombi L et al. (2014) Building a chemical, biological, radiological, nuclear, explosive events tech advisor and first responders to support top decision makers during emergencies. In: Speciale: ENEA technologies for security 1, 138. https://doi. org/10. 12910/EAI2014-101

第 24 章　降低来自热机燃烧室废气中有害物质的浓度

摘要: 在本章中我们提出了一种在碳氢燃料中应用的电物理方法,目的是通过影响热机燃烧室的工作过程来降低废气中有害成分的浓度。

关键词: 环境指标;燃烧室工作过程;热机;碳氢燃料;活化能;磁场;磁矩;核自旋;共振频率;核极化

24.1　简　介

目前,由汽车运输的放出的有害物质造成的空气污染是环境问题之一。首要的问题是寻找替代的燃料,以降低汽车运输排出的废气的毒性从而改善环境状况。

环境空气是人类、动物和植物世界的生命以及土壤肥力的决定性因素。有害物质的排放对温室效应和气候变化会有影响显著,进而影响所有生物和有机体的健康状况。发动机的废气约有 280 种不同的成分。其中大多数因其化学性质而有毒性,对人体健康产生影响。

降低发动机废气毒性的发展方向是:进一步改进发动机结构;使用替代类型的燃料;设计发动机废气中有毒成分含量低的发动机组。

大多数卡车、工业重型设备和农业机械都配备了柴油发动机。因此,有必要改善它们的环保性、经济性和效率参数。

科学研究分析表明,废气中有害物质的含量取决于供油设备的调节、发动机的类型、技术状态、工作模式以及操作因素。这些因素,都应在选择燃料时加以考虑。

近几十年来,与环境污染做斗争的问题引起了越来越多的关注。提高控制发动机废气中有害成分含量的标准和规范,目前主要有两方面无法解决问题:降低有毒成分的排放水平和提高燃料的经济效率。文献分析表明,许多科学研究工作都关注了降低发动机废气毒性和提高发动机效率的问题[1-3]。

24.2　未解决问题的分析

形成有害物质的来源之一是燃料的燃烧过程。以获取机械能为目的实现燃烧过程的单元称为热机或发动机。在这种情况下,它们分为两类:外部供热(燃烧产物和工作介质分离)和内部燃烧(燃烧产物是工作介质)。例如,前者包括蒸汽锅炉、斯特林发动机,后者由燃气轮机、活塞发动机和转子活塞发动机。本节主要考虑发动机形成危险物质的问题,关注内燃机(ICE)形成有害物质的问题。类似发动机的主要区别在于用于燃烧的燃料-空气混合物的类型,其是预先制备的或在工作过程中产生的。混合物的点燃可以有多种方式:通过火花或表面加热以及由于压缩引起的自燃。点火特性起次要作用,但它也显著影响燃烧过程。上述内燃机的不同之处在于燃烧室的设计(非分离、半分离和分离的)、所用燃料的状态(液体或类似气体)、燃料-空气混合物的成分(氧化剂-燃料比)、供应空气的温度和压力等。这些因素分别影响燃烧过程和有害物质形成。

热机的燃烧室的燃烧过程与液态碳氢燃料在流动空气的湍流有关。如果将燃料和氧化剂从不同侧引入反应区,则燃烧持续时间由混合时间和扩散程度决定。燃烧的扩散机制是液态燃料的液滴特征,如蜡烛或煤油灯的燃烧作用。

另一个典型情况是燃料和氧化剂的均质(混合)混合物的动力燃烧。在这种情况下,制备好的混合物进入反应区,燃烧持续时间主要取决于化学反应进行所需的时间。这个过程称为动力学,燃烧持续时间由化学反应的机理和速率决定。

燃烧室是热机最重要的部分。它必须确保向工作介质提供热量,燃烧过程由其自身支持。此外,涡轮机输入处燃烧产物的温度场应尽可能均匀,平均温度低于火焰核心的最高温度。

在传统的燃烧室中,燃烧过程在主级和次级区域进行。在主级区域,形成燃料-空气混合物,并且几乎所有量的燃料都被燃烧。在次级区域,残余燃料燃烧殆尽,燃烧产物在涡轮机的输入处被冷却到所需的温度。燃烧室的生态性能取决于主级和次级区域燃烧过程的结构。

生态特性通过有害气体(炭黑除外)的排放指标进行评价。该指数是以克为单位的物质质量与1千克消耗燃料的比率。分别使用指数 EICO、EICnHm、EINOx 来表达。

值得注意的是,对热力发动机的需求不断增长,如提高燃料燃烧的完整性,减少有害物质排放,使用替代燃料(重馏分、合成气、氢气)并在燃烧室内供应水或水蒸气。因此,燃料的制备和供应问题日益受到关注。

复杂的燃烧过程给燃烧室的设计带来了难题,而燃烧室应满足各种矛盾的需求。燃料燃烧完全性($\eta c \geqslant 0.99$);过量空气系数(从 $\alpha_{min}=1.0 \sim 1.5$ 到 $\alpha_{max}=20 \sim 40$)、压力和速度在宽区间内的燃烧稳定性;总压力损失低($\sigma_{cp}=0.97 \sim 0.99$);以及涡轮输入处气体温度在周向和径向的均匀程度。另一方面,必须确保:有害物质(CO、C_nH_m、NO_x、烟雾)的排出量低;成本低;操作维护简单;高可靠性和寿命;保质期内确保燃烧室不进行维修;据有小质量和尺寸。

为了满足如此严格的要求,我们需要深入了解燃烧室中物理化学过程。与发动机的其他单元相比,主要是缺乏永久可靠的设计方法和经验方法。

旨在提高燃烧室效率的现代方法中,我们区分了电磁影响碳氢燃料的方法,电磁影响是在燃料准备阶段实现的。

24.3 问题陈述

通过电物理方法改善燃料的物理化学和操作特性,降低热机燃烧室废气中有害成分的浓度。

24.4 基 础 部 分

电力工程、工业和运输的蓬勃发展不可避免地导致碳氢化合物燃料的消耗量增长,这反过来又增加了其燃烧产物排放到大气中的量。根据多年监测数据,排放到大气中的燃料燃烧产物中对环境有害的化合物、物质的数量每12~14年增加一倍。因此,燃料燃烧产物对大气的污染问题被称为当代全球问题之一。排放到空气环境中的废气的毒性主要取决于可燃碳氢燃料的质量、等级和类型,燃烧过程的条件,燃烧装置的技术状态。例如,使用低等级燃料虽然能减少购买燃料的支出,但是排放到大气中的对环境有害的污染物的数量也增加了。形成对环境有害的大气污染物(如碳氢化合物燃料的燃烧产物)的机制涉及物理化学、动力学、热力学、热交换和其他过程的机制,非常复杂。

形成有害气体的机理由多方面因素驱动,影响了污染物的成分和含量。这些因素包括燃料的排放、结构和化学成分;燃料可燃成分的成分和含量;燃料的分散质量;燃料质量的物理化学指标;混合质量、燃料和空气的比例;温度及其在燃烧体积上分布的不均匀程度;燃烧体积和燃烧室(炉)的体积约在同一尺度。

为了减少排放的废气对空气环境的有害影响,研究者开发并使用了以下措施[4]:在烟囱和排放管上安装过滤器和催化剂;产生低水平氮氧化物(NO_x)的燃烧器;燃料的两级燃烧;含烟(废气)气体的再循环;将水或水蒸气引入燃烧区;在燃料或燃烧区中引入添加物;净化废气的化学方法。然而,即使采取了上述使用的措施,却并不能消除污染物的产生。

减少燃烧室的气体和热污染的有希望的方向之一,是通过对碳氢化合物燃料的电物理方法(EPI)消除危险污染物出现。EPI基于分子液体系统与外部磁场和电磁场的相互作用。众所周知,具有磁矩的原子粒子如果落入磁场中,就会在磁场中定向并获得塞曼附加能量[5-19],即

$$E = -\mu_n H_0 \tag{24.1}$$

在一般情况下,核极化是微不足道的。但是,随着外部磁场强度的增加,指向磁场的自旋和沿磁场定向的自旋的能量差也会增加,这导致极化的增加。在物质的主体中,存在沿外场定向的总磁矩核 M(磁化):

$$M = \frac{\mu_n^2 H_0 n_0}{kT} \tag{24.2}$$

由于超精细相互作用,磁场强度的急剧下降导致质子的额外能量,被氢和位于附近并具有非零电子自旋的元素原子吸收。这些原子可以属于顺磁氧、自由基等。换言之,顺磁中心与化合物相互作用。磁场强度变化时氢原子核极化的增加不可避免地会由于超精细的相互作用而导致分子中电子壳层的破坏,这反过来导致感应电流影响流体的物理性质。

为了提高磁性影响液体系统的效率、稳定性和普适性,我们提出了基于流体质子系统共振吸收能量的电物理方法。该方法包括非均匀恒定磁场和共振高频电磁场同时对流体的影响。在这种情况下,振荡频率与给定磁场中原子核进动的频率一致,我们可以观察到发电机在该频率下能量的选择性吸收

$$\omega = \gamma H_0 \tag{24.3}$$

式中,γ 是原子核的旋磁比。

交变电磁场 H_1 引起自旋系统的扰动 ,由哈密顿量描述

$$\mathcal{H}'(t) = \mathcal{H} \cos \omega t = q_n \beta (J_x H_{1x} + J_y H_{1y} + J_z H_{1z}) \cos \omega t \tag{24.4}$$

电磁场的影响导致能级之间"从上到下"的强烈跃迁,反之亦然,从而违反了玻尔兹曼分布。在这种情况下,场的电磁能量被流体的质子系统部分吸收,测量吸收信号,介质的能量增加。被自旋吸收的交变电磁场的功率 P 为

$$P = \hbar \omega W_h = \hbar \omega n_0 \frac{W}{1 + 2WT_1} \tag{24.5}$$

因此,振荡回路的电磁能被流体的质子系统共振吸收,以及随后与流体的分子系统的能量交换,会导致燃料的物理和物理化学参数发生变化(图 24.1)。最后,电物理影响会导致化学反应的速率常数 K_f 发生变化,根据阿伦尼斯定律,活化能 Ea 的变化

$$K_f = k_0 \sqrt{T} e^{\frac{-E_a}{RT}} \tag{24.6}$$

式中,k_0是物质摩尔质量和反应分子大小的系数,$e^{\frac{-Ea}{RT}}$是阿伦尼乌斯指数函数。这反过来又会影响燃烧的速度和完整性。基于所提出的方法,我们设计并生产了一个用于对燃料进行电物理影响的单元[14]。它可以减少排放到大气中的燃烧产物中对环境有害的化合物的种类和数量(图 24.2)。

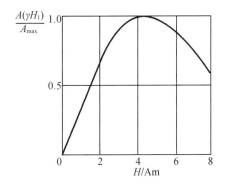

图 24.1 吸收信号幅度对交变电磁场的依赖性

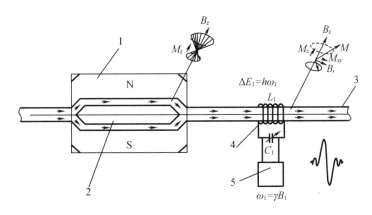

图 24.2 碳氢燃料电物理影响装置示意图

由泵驱动运动的流体进入放置的偏振器的腔室(2)在磁场强度不均匀的恒定磁体(1)的磁极之间,并在那里停留一段时间 $t>3T_1$。流体从偏振器沿着具有小横截面的管道(3)进入振荡电路的线圈 (4) 高频发生器(5)。该线圈位于恒定磁体(1)的不均匀磁场中。因此,流体经历两个场的作用:磁体(1)的非均匀恒定磁场 H_0 和线圈(4)的交变磁场 H_1。

因此,发生了电物理影响,在该电物理影响下,发电机(5)的振荡电路的交变电磁场的能量被化合物(即烃类流体)的氢原子核吸收。

极化磁体(1)确保了从流体中中流出的原子核的磁化强度的最高值,并在线圈(4)的区域中产生不均匀的磁场,在那里实现了流体的质子在电物理影响下对能量的共振吸收。柴油质量的基本指标是与空气接触时的点火倾向。燃料的燃烧性是通过十六烷值来评估的。它的值反过来决定了燃料点火延迟的持续时间 τ_i。

实际测试表明[15]在对柴油燃料进行电物理影响后,十六烷值增加了 2.5~3.5 个单位。这证明了碳氢燃料的可燃性增加,即由 Semenov 公式确定的点火延迟时间 τ_i 减少

$$\tau_i = \frac{\text{const}}{A_m} P^{-v} e^{\frac{E_a}{RT}} \tag{24.7}$$

式中,A_m 是取决于反应混合物的组成的因素;v 是分支反应的总顺序;P 是气缸中的空气压力;E_a 是活化能;T 是反应混合物的温度。十六烷值的变化仅代表点火总延迟时间的一个组成部分,即 τ_{chem},而在同一发动机上的试验中 τ_{phys} 实际上保持不变。燃料在液滴状态下的停留时间低至几分之 1 秒,而过氧化物和其他容易燃烧产物的形成的氧化速率是显著的,取决于活化能 E_a。燃料在给定时刻燃烧的化学反应速率与同一时刻反应物质浓度的乘积成正比:

$$W_f = \frac{dC_f}{d\tau} = k_f C_f^{v_f} C_k^{v_k} \tag{24.8}$$

式中, k_f 是反应速率常数;C_f 和 C^k 分别是燃料和氧气的浓度;ν_f 和 ν_k 分别是燃料和氧气的反应级数;τ 是时间。阿伦尼乌斯定律给出了化学反应速率常数的公式

$$K_f = k_0 \sqrt{T} e^{\frac{-E_a}{RT}} \tag{24.9}$$

式中,k_0 是取决于物质摩尔质量和反应分子大小的系数。因此,由于对燃料分子和氧之间相互作用的能量的电物理影响,活化能 E_a 降低,而燃料的燃烧速率 W_f 增加。由于 τ_i 的减少,第一阶段的持续时间减少。因此,在这段时间内,进入发动机气缸的燃料量减少。这导致第二阶段(快速燃烧)的开始从上死点位置(发动机活塞和连杆共线的位置)向左移动。在点火延迟 τ_i 期间,燃料量的减少可以使混合物稳定点火,这将导致柴油发动机工作过程的刚度和效率达到最佳指标。

燃烧主相中氧化反应速率 W_f 的增加,可以提高效率并有利于增加燃烧完全性。初始阶段燃料燃烧过程的改进,会导致废气温度降低、碳氧化物浓度降低 0.64%~0.7%,碳氢化合物的浓度降低 25%~35%,氮氧化物浓度降低 12 %~16%。

24.5　结　　论

在电物理影响之后,碳氢化合物燃料的较高氧化速率的效应降低了燃烧温度,从而减少了 CO、C_nH_m 和 NO_x 的排放。由于气缸中气体的比热容增加和氧气总浓度降低,燃烧温度降低。基于此效应,可以通过提高发动机的功率效率来大幅降低向大气中排放有害物质。

参 考 文 献

[1] Blümich B (2000) NMR imaging of materials. Oxford University Press, Oxford

[2] Internal-Combustion Engines (2007). In: Lukanin VN, Shatrov MG (eds) 3 Pts. Pt. 1. Theory of working processes. Vysshaya Shkola, Moscow. In Russian

[3] Dorfman YaG (2010) Magnetic properties and structure of substances. URSS, Moscow. In Russian

[4] Erokhov VI (2013) Toxicity of modern automobiles. Methods and means to decrease the hazardous ejections into the atmosphere. Forum, Moscow. In Russian

[5] Kaganov MI, Tsukernik VM (2016) Nature of magnetism. URSS, Moscow. In Russian

[6] Kruchinin S, Nagao H, Aono S (2010) Modern aspect of superconductivity: theory of superconductivity. World Scientific, Singapore, p 232

[7] Kruchinin S, Dzezherya Yu, Annett J (2006) Imteractions of nanoscale ferromagnetic granules in a London superconductors. Supercond Sci Technol 19:381–384

[8] Dzhezherya Yu, Novak IYu, Kruchinin S (2010) Orientational phase transitions of lattice of magnetic dots embedded in a London type superconductors. Supercond Sci Technol 23: 1050111–105015326 V. Morozov and I. Morozova

[9] Kruchinin S, Nagao H (2012) Nanoscale superconductivity. Int J Mod Phys B 26: 1230013

[10] Kruchinin S (2016) Energy spectrum and wave function of electron in hybrid superconducting nanowires. Int J Mod Phys B 30(13):1042008

[11] Ermakov V, Kruchinin S, Pruschke T, Freericks J (2015) Thermoelectricity in tunneling nanostructures. Phys Rev B 92:115531

[12] Kruchinin S, Pruschke T (2014) Thermopower for a molecule with vibrational degrees of freedom. Phys Lett A 378:157–161

[13] Kulchitskii AR (2004) Toxicity of automobile and tractor engines. Akadem. Proekt, Moscow. In Russian

[14] Morozova IV, Morozov VI (2010) Method and a unit for an increase in the economic and ecological indicators of the operation of an internal-combustion engine. Avtoshl Ukr 13: 58–60

[15] Morozova IV, Morozov VI, Tereshchenko YuM (2016) Improvement of the operational indicators of heat engines with the help of the electrophysical influence on a fuel. Naukoem Tekhnol 1(29):102-106

[16] Sergeev NA, Ryabushkin DS (2013) Foundations of the quantum theory of niclear magnetic resonance. Logos, Moscow. In Russian

[17] Baumgarten C (2006) Mixture formation in internal combustion engines. Springer, Berlin

[18] Garg R, Agarwal AK (2013) Fuel energizer: the magnetizer (a concept of liquid engineering). Int J Innov Res Dev 2(4):389-403

[19] R. Kunz, Chemist. Magnetic treatment of fuel. http://www.probonoscience.org/pennysolutions/recipes/automobile/buyer_beware/magnetic_fuel_treatment.html

第25章 机器训练系统中用于有效决策的视觉分析

摘要:本章基于对模型构建技术的描述,提出了基于视觉分析的形式化和心理模型的方法。该方法是本章给出了一个信息技术的例子,它可以通过形式化的空间转换得到一个基于心理模型的形式模型。模型开发是通过循环改进基本模型或从另一个运行时转换模型来开发的,还介绍了模型构建和改造的工具的实例。

关键词:视觉分析;分类;心理模型;形式模型;可视化;决策

25.1 简 介

机器学习的发展方向之一是利用人类的分析能力来建立模型。这一领域包括技术、方法和信息技术的发展,在这些技术、方法和技术中,还可以有效地利用人类的智力能力。据此,形成了具有互动性的机器学习工作流程。随着人机交互软件系统的形成,视觉分析这样的方向正在积极发展。机器学习被用于搜索数据相似性的元素,并通过相似性的积分符号来识别数据分组。可以识别数据组,以便系统化总结新数据是否属于一个或另一个组。这些方法适用于图像、文本、特征表、未分组的各种数据。这个领域的前景是:为了开发互补性和整体性的系统,以有效地利用机器和人的能力,以达到机器学习的预期结果。

25.2 人类在视觉分析过程中的作用

机器和人的互动是非常重要的,有时甚至是至关重要的。交互涉及某些信息的交换,而这些信息应该具有理解性。也就是说,信息必须被转换和呈现,以便信息的接收者和使用者能够理解和解释它。获取信息的目的可能是消费者的最终目的。这种用途的例子是各种类型的表格、图形、图表。人类可以最充分、最全面地使用这些信息的视觉表达方式。因此,各种可视化的信息对人来说是很重要的。通常情况下,图形是机器为人类准备的最终产品。对于机器来说,人类以数字的形式呈现信息,形成数据集。然而,为机器提供数据的人类希望以易于使用的形式获得数据的结果。根据计算结果,一个人可以改变算法上的动作,为机器提供反馈,从而提高机器工作的结果。因此,人类就需要参与到计算的过程中。人是计算过程中涉及的循环部分。这种人机互动的发展方向被称为“人在环路”[1-2]。根据基于交互式视觉界面的分析推理[3],形成了视觉分析的方向。视觉分析可以帮助加深知识、理解、评估和决策。视觉可以缩短人类理解数据和信息的路径。视觉表达的数据转换可以提高信息的沟通性。洞察力的过程可以表达为一个“感觉形成回路”[4](图25.1)。

根据视觉分析领域的定义的知识包括数据研究、关系和相关性[2],视觉分析专注于人类的领域,即人类洞察力的过程。

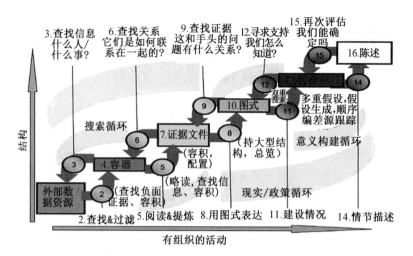

图 25.1　用于智能分析的感知回路 P. Pirolli 等人[4]

25.3　界面交互过程的有效性

改进视觉分析的过程可以缩短洞察力的路径。在这个方向上,机器和人之间的互动过程正在被改善。界面交互是视觉分析的主要部分,因为它是唯一的连接环节。这个环节在人和机器之间的信息传递中起着关键作用。一个重要的问题是交互的质量。由于交互是以过程为导向的,所以很难评估知识的扩展程度,同时也很难评估互动的质量。在一般情况下,定性的交互应该会减少循环交互的数量,如"感觉生成循环"的数量。如果一个人使用大量的交互循环来获得他所需要的理解,说明在一个循环中传输的信息量很小。因此有必要改善视觉表达形式,以增加信息量的传输。人类使用视觉分析是为了特定的目的。可视化应用程序不应该包含许多如图表等可视化元素,因为在这种情况下,系统虽然传输大量的信息,而人却并未接收到大量信息。此外并不是所有传输的信息都符合视觉应用的目的,虽然传输了大量的信息,然而,信息内容却不足。这可以通过交互循环的数量来说明。由于使用可视化的目的的信息内容不足,因此质量可能也不够充分。人机交互过程的发展是可视化分析的知识生成模型[5]。更详细地考虑了在机器端和人类端发生的过程。图 25.2 中提出了过程分离的交互方案,重点得到一个特定的结果,即知识。

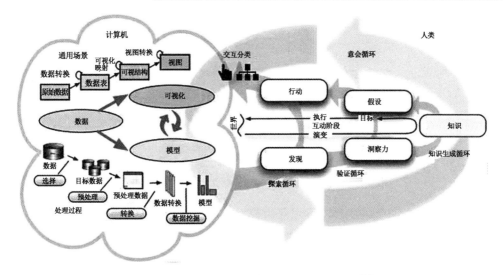

图 25.2 人机交互知识生成过程(Sacha et al.) [5]

这个过程也是以人为本,使用视觉化的效果。人类所获得的知识是使用视觉分析的结果,它比起专注于洞察力的过程更容易形式化。

有效的可视化是以最简单的形式表达尽可能多的信息。这方面非常重要,因为它可以扩使不同类型的分析人员扩展使用视觉分析。因此,使用视觉分析的趋势表明,人类越来越多地参与提取数据知识和开发可视化分析工作流程中来。

25.4 模型是使用视觉分析的最终产品

像前文使用的方法一样,视觉分析是为最终用户——人类所使用的。然而,应该注意的是,机器也可能是视觉分析产品的最终消费者。在这种情况下,人类作为系统集成的一个必要的部分,使用最终产品。如交互式机器学习等领域[6-10]允许你使用人类的智力能力。机器生产最终产品的同时,将人纳入改进结果的循环过程中。视觉分析,或者说人类的智力能力,被用来建立机器学习的最终产品,参考文献[11]中提出的机器学习 VIS4ML。

机器学习使用如 SVM、神经网络、随机森林等方法形成模型。这些模型完全由机器创建,他们的工作结果是由人类使用质量指标和可视化进程进行评估。所开发的模型以及输入数据在迭代过程的基础上进行了细化和改进。现在有必要改进和实现必要的结果。因此,人类做出了有价值的贡献,帮助机器实现开发目标,即模型构建。该模型是由参考文献[12]定义,是形式化的,并由机器所使用。因此,我们得到了使用人类智力的优势和好处。作为可视化分析方向的一部分,人类越来越多地融入机器建立模型的过程中。因此,有必要开发机器和人的互动的分析系统。到目前为止,可视化对人类来说是最有信息量的。

在论文中[14]提出了视觉分析的图形表示法,通过视觉表示、研究和处理数据,从数据中提取知识(图 25.3),这些方法被参考文献[5]和参考文献[12]使用。数据转换是视觉分析的一个重要步骤。数据转换应根据研究的目的提供信息的视觉代表性。

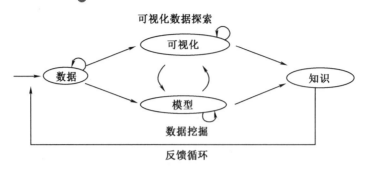

图 25.3 视觉分析活动[14]

引导机器与人交互的工作过程以获得模型,作为一种决策机制时,有必要确定该产品的用户。我们将模型定义作为一个信息处理器,将输入数据转换为所需的结果。使用可视化分析的最有希望的目标不是为了获得一个具体的解决方案,而是建立一个获得解决方案的机制。这是机器学习的目标,即构建和训练一个模型,该模型随后在框架内提供必要的解决方案。该模型有两种形式——机器使用的形式模型和人类使用的心理模型[12-13]。形式模型定义为以机器形式提出的计算模型,这种形式的模型被用于机器学习。人类使用的心理模型被人类用来做出决策,该模型是在视觉分析过程中训练一个人的结果,在一般情况下,结果与机器学习的正式模型没有区别。该机器帮助人类通过认知活动和固定知识形成一个心理模型。心理模型完全包含在人类的心理中,并且只被人类使用。我们的目标是建立一个心理模型,作为人类对数据之间的逻辑关系的理解,它们的属性以特征、模式、组件等形式形成[14-15]。根据目标的参数和使用的结果,形式化模型与心理模型的不同之处仅在于最终用户,而用户要么是机器,要么是人。

应该指出的是,在交互式机器学习中,人类被用来改进最终产品——一个正式的模型。人类并不直接参与构建一个正式的模型,该模型完全由机器建立。人类可以评估所建模型的结果,改变或改进所使用的算法,改变参数。采用方法形成初始模型[11],由人类通过视觉分析反复改进,这样就得到一个正式的模型。让我们把的可视化分析的通用视图转化为函数表示[16],以模型的形式确定最终结果,如图 25.4 所示。

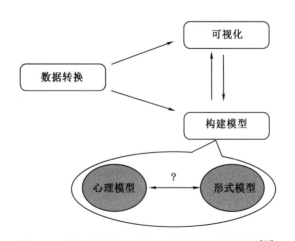

图 25.4 视觉分析的功能适应性表达、获得模型[16]

功能表示允许确定使用视觉分析法来获得最终结果-模型。在一般情况下,这是一个单一的模型。但根据最终用户的情况,它有两种表现形式:形式表达或心理表达。这些表达形式是根本不同的,因为它有一个不同的使用环境。

25.5 使用模型的概括方法

考虑到视觉分析的使用,最方便的方法不是关注人机交互的过程和该过程的有效性,而是关注获得最终产品,即模型。模型是否达到使用视觉交互的目的,同时界面交互的有效性可以缩短得到最终结果的路径。

由此产生的产品是以模型的形式呈现,以最终用户为中心。用户是机器或人类。对最终用户的定位是由于完全不同的使用模型的环境决定。机器使用了形式化的模型,一个例子是机器学习中的训练模型。心理模型是由人类使用的,包含在人类的头脑中,产生的心理模型可以在人类中传播和使用。应该注意的是,一个良好的心理模型可以被人类使用,而不论资质如何。这就是视觉分析法的主要优势,用户的资格必须在建立模型阶段设定。资质是用户建立是建立模型的一个重要参数,以保证模型的质量和效率。使用阶段的心理模型由正式执行的指令来描述,这需要一个适当的执行环境。心理模型的执行环境是人类的心理。机器不能使用心理模型,它必须使用形式模型。一般来说,形式模型和心理模型之间的差异包括执行环境和模型使用之间的差别。这种差异很大,以至于有必要使用一个面向执行环境的工作流程(人类或机器),以获得一个合适的模型。

考虑允许使用另一个模型的优势来构建模型的方法,并在它们之间形成信息性的关系。

25.5.1 第一种方法是同步模型

模型的执行机制可能不同,但也有相似的结果。在这种情况下,这些模型也很相似且可替换。因此,替换模型执行环境,人类和机器都相同。

该模型在构建阶段也使用了这种方法。基于可视化的信息,人形成了关于结果的概念,于是就形成了一个心理模型。此外,根据性能指标,将迭代形式模型与心理模型同步。同时,反馈也能改善心理模型。一个例子是 VIS4ML[5],也是交互式机器学习[6]。

形成模型的过程可以通过以下两种方式进行。

(1)利用必要的参数形成基本模型。所开发的模型与基本模型的工作结果同步。使用这种形式,主要的目标是使模型结果具有最大相似性。

(2)基本模型经过初始化。用另一个模型,对基础模型进行迭代改进。使用这种方法,心理模型在认知过程中进行调整,使用形式模型的结果作为改进工具。这种教育形式的基本模型是超前发展的,另一种模式则是被"拉"到基本模型的结果中。在复杂的任务中,这种形式最常被使用,需要一个高素质的用户。

25.5.2 第二种方法是使用相反的(与关于环境的)模型

可以用第一种方法中描述的方式形成一个模型。一个不同的环境可以进一步使用该模型。这种方法需要使所构建的模型适应于不同的环境。这种方法是最有吸引力的,因为它可以扩展模型的使用范围。因此,有必要开发将模型投影到另一个运行时环境中的方法。

考虑一个形成心理模型的例子,形式模型在一个公共空间中被形式化。共同空间是通用模型的形式空间。这个表示形式的空间允许创建与运行时环境中的相关的通用模型。如果心理模型具有投射到通用形式空间的特性,则可以在不同的运行环境中实现。可以不是完全投射模型,而是投射其关键部分,即为决策而形成的那部分。

25.6   模型在形式化空间的转换

如果人类成为分析系统的组成部分,就有必要提供从人类到系统的有效反馈。由于心理模型是在人类的头脑中建立的,因此通过形式化的表征空间,将心理模型投射到分析系统中是可能的。在分析系统内部,应该有一个心理模型的表达。人类需要提供一个有效的工具来与分析系统进行交互。下面是一个数据分类的例子。数据被分成了两类,对人类在视觉上来说,数据是排列的。这个在其脑海中形成的概念,就是一个心理模型。在分析系统中,必须确保将心理模型映射为形式的表达。人类应该能够识别分类的边界。分类的边界应该指系统的内部模型将数据划分为分类的规则。在对新对象进行分类时,系统会确定该对象在分类的边界的位置,并指示该对象属于哪个分类。这个例子是一个以人类为中心的分析分类系统的实现。

在参考文献[17]和参考文献[18]中提出了一种形成心理模型的方法,并进一步被机器用作在不同的运行环境,并提出了一种机器投射心理模型的方法和工具。该方法通过基于聚类的数据分类来实现。分组后的数据,使用减少一组特征的维度的方法,转化为视觉上可访问的集。创建了一个心理模型,它被人类用来形成超卷和类边界。属于某些分类的数据形成了一个决策树。基于分类的心理模型得到的分类边界和决策树代表了普遍形式的心理模型。这些表述参数能很好地形式化,这是形式模型的基础。因此,形式化模型的训练是以心理为基础进行的。

25.7   人类在视觉分析中的使用

视觉分析允许在一个系统中结合使用机器和人的能力,同时有效地利用这种联系的优势。这种联系不仅可以使用人类的智力,而且还对人类有用。

(1)人类的智力能力是一种重要的资源,必须整合到模型构建系统中。开发一个有效的交互界面是人类生产性整合的重要环节。一个人不仅是一个用户,还是一个重要的结构元素。如果没有人类,系统就没有生产力。这样的系统基于人类和机器之间的分布式功能的异质性,被称为混合系统。系统所提出的任务并不在于将人类深度融入互动过程中,而在于有效利用人类的智力特征,最大限度地减少对界面交互的定量估计。这可以提高互动的信量和优化互动的方向。

(2)在大多数情况下,与人类互动的过程有认知的方面。这在形成模型的过程中是最明显的,尤其是心理模型,建立心理模型的过程是对人类的认知,是人类获得关于学科领域的新知识并自我学习。

（3）视觉分析法的使用以获得模型的最终产品为导向，并不排除使用过程部分。产品导向可以简化为可视化分析的有效性的形式化。建立模型的形式是一个过程，其显示了视觉分析相对于人类的所有优势。它可以像获得新的知识，使用经验，深刻的洞察力，拓宽自己的视野，等等。

（4）视觉分析允许人类使用研究方法并"理解"数据。一个人可以理解数据的各个方面，如符号的特征、内部关系、结构、概括性等，还可以进行必要的数据转换和寻找隐藏的特性。数据隐藏特征和关系的识别会对模型的构建进行调整，以提高其质量。

（5）人类的高级培训不可避免地伴随着视觉分析的过程。这是由于研究组成部分，引出了人类的自我发展。视觉分析的分析工作提高了人类在数据分析领域的能力，包括数据挖掘方面的资格能力。人类的技能在视觉数据分析中得到提高，这方面在建立模型时最为有效。建立模型很大程度上是具有创造性的，人类可以展示他的创造能力。人类的自我表达和评价工作成果的能力是一个重要的方面。

（6）视觉分析在实际应用中是一个动态改进的环境。人类的智力发展伴随着使用视觉分析的过程。希望获得新知识的用户看到了改进的视觉分析工具的方法，这是通过视觉分析来改进人机交互的一个进化方面的进展。

25.8　结　　论

在本章中，我们讨论了使用可视化分析的领域。重点是形式化使用视觉分析来确定最终产品的方式。因此需要考虑分析过程的各个方面。

（1）视觉分析过程的重点必须是以形式模型或心理模型的方式获得最终产品。

（2）模型的获得是人机在有效利用交互双方优势的结果。

（3）分析的有效性是通过最小化界面交互和根据其使用目的增加视觉表示的内容。

（4）视觉分析工作流程由构建模型的最终使用环境决定，重点关注人类或机器。

（5）工作模型的构建取决优先开发的基础模型，或使用执行环境相同的其他模型。

（6）模型执行环境的变化是由模型投射到形式化的通用形式空间改变的。

（7）利用人类的智力分析能力，将人类深度整合到模型构建系统中，形成完整的组成部分——高级培训、获取新知识、研究和智力发展。

本章讨论了一个基于通用形式空间的机器环境中使用心理模型的实例。

开发能在其他运行环境中使用的模型技术和开发构建通用模型的方法是最具吸引力和前景的。

参 考 文 献

［1］ Endert A, Hossain MS, Ramakrishnan N, North C, Fiaux P, Andrews C（2014）The human is the loop：new directions for visual analytics. J Intell Inf Syst 43（3）：411-435

［2］ Endert A, Ribarsky W, Turkay C, Wong BLW, Nabney I, Díaz Blanco I, Rossi F

(2017) The state of the art in integrating machine learning into visual analytics. Comput Graph Forum 36(8):458−486

[3] Thomas J, Cook K (eds) (2005) Illuminating the path: research and development agenda for visual analytics. IEEE-Press, New Jersey, p 455

[4] Pirolli P, Card S (2005) The sensemaking process and leverage points for analyst technology as identified through cognitive task analysis. In: Proceedings of international conference on intelligence analysis, McLean, vol 6, pp 1−6

[5] Sacha D, Stoffel A, Stoffel F, Kwon Bum Chul K, Ellis G, Keim DA (2014) Knowledge generation model for visual analytics. IEEE Trans Visual Comput Graph 20(12):1604−1613

[6] Lee T, Johnson J, Cheng S (2016) An interactive machine learning framework. Arxiv: abs/1610.05463

[7] Holzinger A, Plass M, Kickmeier-Rust M, Holzinger K, Crisan GC, Pintea CM, Palade V (2019) Interactive machine learning: experimental evidence for the human in the algorithmic loop. Appl Intell 49(7):2401−2414

[8] Kruchinin S, Nagao H, Aono S (2010) Modern aspect of superconductivity: theory of superconductivity. World Scientific, Singapore, p 232

[9] Sugahara M, Kruchinin SP (2001) Controlled not gate based on a two-layer system of the fractional quantum Hall effect. Mod Phys Lett B 15:473−477338 Iu. Krak et al.

[10] Kruchinin S, Klepikov V, Novikov VE, Kruchinin D (2005) Nonlinear current oscillations in a fractal Josephson junction. Mater Sci 23(4):1009−1013

[11] Sacha D, Kraus M, Keim DA, Chen M (2019) Vis4ml: an ontology for visual analytics assisted machine learning. IEEE Trans Visual Comput Graph 25(1):385−395

[12] Andrienko N, Lammarsch T, Andrienko G, Fuchs G, Keim D, Miksch S, Rind A (2018) Viewing visual analytics as model building. Comput Graph Forum 37(6):275−299

[13] Liu Z, Staskoj T (2010) Mental models, visual reasoning and interaction in information visualization: a top-down perspective. IEEE Trans Visual Comput Graph 16(6):999−1008

[14] Kryvonos IG, Krak IV (2011) Modeling human hand movements, facial expressions, and articulation to synthesize and visualize gesture information. Cybern Syst Anal 47(4):501−505

[15] Kryvonos IG, Krak IV, Barmak OV, Kulias AI (2017) Methods to create systems for the analysis and synthesis of communicative information. Cybern Syst Anal 53(6):847−856

[16] Keim D, Andrienko G, Fekete J-D, Görg C, Kohlhammer J, Melançon G (2008) Visual analytics: definition, process, and challenges. In: Kerren A, Stasko JT, Fekete J-D, North C (eds) Information visualization: human-centered issues and perspectives. Springer, Berlin, pp 154−175

[17] Manziuk EA, Barmak AV, Krak YV, Kasianiuk VS (2018) Definition of information core for documents classification. J Autom Inf Sci 50(4):25−34

[18] Barmak A, Krak Y, Manziuk E, Kasianiuk V (2019) Information technology of separating hyperplanes synthesis for linear classifiers. J Autom Inf Sci 51(5):54−64

第 26 章　动脉粥样硬化中的细胞凋亡及其消退方式

摘要：细胞凋亡在动脉粥样硬化的发病机理中起重要作用。通过几项研究表明，内皮细胞凋亡与急性冠状动脉综合征有关，因为凋亡的内皮细胞具有促凝作用[1]和促炎活性。动脉粥样硬化斑块破裂会引起心肌梗死。斑块破裂的发生与纤维帽巨噬细胞增多，纤维帽血管平滑肌细胞(VSMC)减少以及 VSMC 凋亡增加有关。由于 VSMC 是斑块破裂中唯一能够合成结构上重要的胶原同工型的细胞，因此 VSMC 凋亡可能会促进斑块破裂病症发生[2]。

关键词：细胞凋亡；动脉粥样硬化；一氧化氮(NO)

26.1　简　介

一氧化氮(NO)的产生或活性受损会导致血管收缩，血小板凝集，SMC 增殖和迁移，白细胞黏附和氧化应激[3]。NO 替代疗法可缓解与内皮功能异常有关的一氧化氮缺乏症状[4]。NO 供体可以充当抗细胞凋亡的调节剂，通过对 caspase-3 的 Cys-163 残基进行 S-亚硝化来调节胱天蛋白酶活性[5]。高密度脂蛋白(HDL)具有抗动脉粥样硬化作用，因为它们在反向胆固醇转运(RCT)途径中作为过量细胞胆固醇的载体能发挥关键作用[6-10]。

除了从周围组织中排出胆固醇外，HDL 还提供了抗炎、抗氧化、抗凝集、抗凝血和纤溶活性，这些活性与 HDL 的不同成分有关，即载脂蛋白、酶，甚至特定的磷脂。这种复杂性进一步强调了 HDL 功能的变化，而不是血浆中 HDL-胆固醇含量水平的变化，HDL 代谢的改变对于抗动脉粥样硬化症状的治疗具有重要作用[11]。

血浆脂蛋白(LP)的富集与阴离子磷脂磷脂酰肌醇(PI)可共同增加包括 HDL 在内的所有 LP 的负表面电位[12]。

HDL 的 PI 富集可能通过溶血磷脂受体 S1P3/EDG3(鞘氨醇-1 磷酸亚型 3/内皮分化基因 3)增强了 HDL 对 PI3K/Akt 途径的激活效应。这种 HDL/受体相互作用导致 Akt 磷酸化，抑制 caspase-3/7 的活性并保护内皮细胞免于凋亡[13]。

26.2　研究目的

我们的研究目的是确定包裹在磷脂磷脂酰肌醇纳米胶囊(Alpha X1)中的 NO 供体对动脉粥样硬化病变中细胞凋亡过程的影响。

26.3　材料与方法

26.3.1　动物与研究设计

将 35 只 6 个月大的雄性龙猫兔子(平均初始体重为 3 500 g)分别饲养在温度和湿度受控的房间的不锈钢笼中,每天有 12 h 的光照和 12 h 的黑暗。每天对兔子进行观察,并每月称重一次。5 只定期饮食的兔子[喂食 Purina 兔粮(美国 Dytes 股份有限公司)]被用作对照组(第 1 组)。

30 只兔子接受了 2% 的高胆固醇饮食(美国 Dytes 股份有限公司)喂养 6 个月,以进行实验性高脂血症和动脉粥样硬化病变的发展。喂养 6 个月后,动物平均体重为 5 000 g。将这 30 只兔子随机分为 3 组,继续饲喂富含胆固醇的食物。

第 2 组由 10 只动物组成,不经治疗继续进行实验。

第 3 组由 10 只动物组成,用 Alpha X1 处理 10 天,

第 4 组用 Alpha X1 治疗 20 天。

用电动剃须刀小心地将第 3 组和第 4 组的每只兔子的背部区域的毛发除去(直径 1.5 cm)。第 3 组,在 10 天之内每天两次在动物体的剃毛区域进行经皮擦拭 Alpha X1;第 4 组,在天 20 内每天两次,经皮擦拭 Alpha X1。药物剂量根据物种间的剂量系数进行计算。哈萨克斯坦俄罗斯医科大学动物实验伦理审查委员会批准了该实验方案。

26.3.2　处死动物

在戊巴比妥钠(40 mg/kg)麻醉下通过颈脱位法处死动物。用 Alpha X1 处理 10 天后,首先处死第 2 组和第 3 组的 10 只动物(总共 20 只动物)。第 4 组继续治疗 10 天,治疗 20 天后,处死第二批来自第 4 组的 10 只动物。在整个实验结束时处死对照动物。

26.3.3　尸检程序

每次处死动物后,迅速打开胸腔和腹腔,小心地将腹主动脉从周围组织中分离出来,在蒸馏水中冲洗血液,纵向切割,并在每次预先安排的研究中取下每个有动脉粥样硬化损伤的主动脉的小块。

26.3.4　组织处理

将切除的主动脉片的一部分在 10% 福尔马林缓冲液中浸泡 48 h。然后,用蒸馏水冲洗主动脉片,并在浓度不断增加的浓度为(70%-80%-90%-96%-96%-96%-100%-100%)的一系列酒精溶液中浸泡 1 h。脱水的组织在二甲苯中脱脂,并在 Leica TP 1020 设备(德国)中嵌入石蜡中。将上述组织的石蜡包埋切片切成 4 μm 的切片(德国 Leica SM 2000R 微型切片机)。

26.3.5　细胞凋亡的原位检测

使用 ApopTag 过氧化物酶原位寡核苷酸连接（ISOL）技术（Chemicon International, Inc）对主动脉石蜡中凋亡的细胞进行测定。在与数码相机（Leica DFC 320 Leica Microsystems Ltd.）连接的光学显微镜（LEICA DM 4000B, Leica Microsys CMS GmbH, 德国）下以放大倍数 ×200 进行检查。

26.3.6　免疫组织化学

主动脉石蜡包埋切片中 P53 和 BAX 的表达，通过 P53（FL-393）: sc-6243（Santa Cruz Biotechnology, Inc.）和 BAX（P-19）: sc-526（Santa Cruz Biotechnology, Inc.）进行。切片用苏木精复染，并在光学显微镜（LEICA DM 4000B, LEICA Microsystems CMS GmbH, 德国）和数码相机（LEICA DFC 320 LEICA Microsystems 有限公司）连接下放大 ×200 进行检查。P53 和 bax 的细胞质染色被认为是阳性结果。

26.3.7　形态分析

1. ISOL 正核的计数

对每只兔子的所有标本（平均 1~3 片组织）进行分析，每只得到 20~30 个切片。当细胞核显示出 ISOL 阳性时，细胞被认为是凋亡的颜色和凋亡形态。在 ×200 倍放大率下检查每个切片的 4 个视场。凋亡指数使用公式计算：100×（每视场 ISOL+细胞核数/每视场细胞核总数）[14]。

2. p53 和 BAX 表达的计数

使用光学显微镜观察，p53 和 bax 蛋白的免疫组织化学染色（细胞质染色），这些彩色图像在计算机上被数字化，用于定量分析显示阳性的细胞的百分比。每次测量之前的图像、对比度、亮度进行了校准，并用专用的载玻片对测量系统进行了校准。截面的边缘不用计算，为了定量显示免疫染色强度，使用基于 RGB 颜色参数的反向平均密度。Image Pro Plus 程序（Media Cybernetics）的圆形轮廓工具分别用于细胞质 p53 和 bax 免疫染色的测量。根据之前的报道，在每种情况下，随机选择了 20 个彩色视频图像。这代表了在每次活检中分析的每种蛋白质的 6 800 个测量值。每组测量，根据免疫染色强度绘制曲线。单位的范围从 0（无强度）到 230（最高强度）不等。ISOL（+）细胞的百分比表明每种情况的凋亡小体指数（ABI）。

26.3.8　统计分析

结果报告为平均值±标准差、中间值和范围。关于胸腺病理学和 MG 分期与染色结果的相关性，使用单因素方差分析（ANOVA）进行组间比较。当等方差检验或正态性检验失败时，应用 Kruskall-Wallis 非参数检验。为了解决多重比较的问题，在这些测试（ANOVA, Kruskall-Wallis）之后进行了后期 Bonferroni 测试。斯皮尔曼的等级相关系数被用来检验

bcl-2 和 bax 的免疫组织化学或原位杂交结果,Ki67 的免疫组织化学结果和 TUNEL 染色的结果,以及胸腺的重量和大小。斯皮尔曼的等级相关系数也用于检测 bcl-2、bax、Ki67 和 ABI 之间的关系。使用 SigmaStat(Jandel Scientific,USA)对数据进行分析。显著性定义为 $P<0.05$(图 26.1 和图 26.2)。

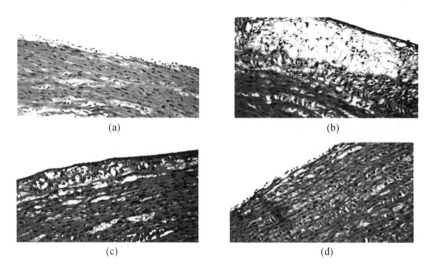

图 26.1 显示主动脉的 H&E 染色(原始放大倍数×200)

((a)第 1 组为对照组,无动脉粥样硬化病变迹象。主动脉壁形态正常;(b)第 2 组为胆固醇喂养兔,大量内皮下透明液泡,泡沫细胞带椭圆形液泡,部分泡沫细胞穿透主动脉内侧层起始区,平滑肌细胞(SMC)增殖,一些 SMC 含有小液泡;(c)第 3 组为用 Alpha X1 治疗 10 天后的胆固醇喂养的兔子,孤立的内皮下液泡和泡沫细胞;(d)第 4 组为用 Alpha X1 治疗 20 天后的胆固醇喂养的兔子,扁平的内皮细胞,具有均匀的粉红色细胞质和孤立的细胞质液泡,透明基膜)

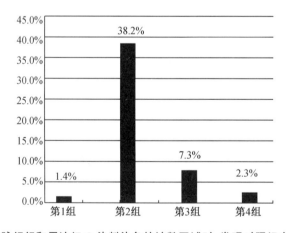

图 26.2 当分析主动脉组织和用油红 O 染料染色的计数区域时,发现对照组中 1.4±0.2%的主动脉组织染色,而在第 2 组中,在动脉粥样硬化动物的组织中,主动脉组织的染色百分比为 38.2±3.6%。在用 Alpha X1 治疗 10 天后(第 3 组),主动脉组织的脂质染色为 7.3±0.8%,治疗 20天后(第 4 组),该指标为 2.3±0.6%

26.4 结 论

在分析主动脉组织并计数沾有油红色 O 染料的区域时，结果显示对照组中有 1.4±0.2% 的主动脉组织被染色，第 2 组在动脉粥样硬化动物组织中染色的百分比主动脉组织为 38.2±3.6%。用 Alpha X1 治疗 10 天后（第 3 组），染色的百分比主动脉组织为 7.3±0.8%，治疗 20 天后（第 4 组），指标为 2.3±0.6%。原位检测凋亡细胞。对第 1 组、第 2 组、第 3 组和第 4 组兔主动脉组织中细胞凋亡的原位测定显示，与第 1 组相比，第 2 组存在大量凋亡过程。与第 2 组相比，第 3 组和第 4 组主动脉组织中凋亡小体的数量显著减少。在第 4 组兔的主动脉组织中应用 Alpha X1 20 天后，凋亡过程不如第 3 组明显。用于测定主动脉组织中凋亡小体的原位数据如图 26.3 和图 26.4 所示。

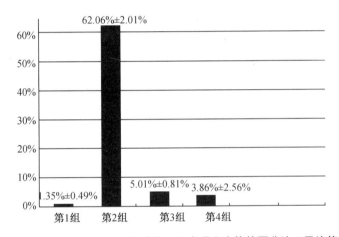

图 26.3 该图显示了所有家兔组中主动脉组织中凋亡小体的百分比（平均值±标准偏差）

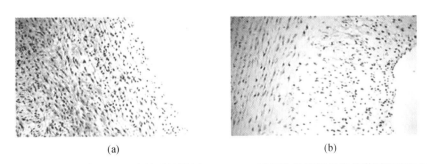

图 26.4 主动脉组织中凋亡细胞的原位检测（ApopTag 过氧化物酶原位寡核苷酸（ISOL）技术，4 μm 厚，原始放大倍数×200）

（（a）第 1 组为对照兔主动脉，没有发现细胞凋亡的数据；（b）第 2 组为胆固醇喂养兔主动脉，在内皮和内皮下间隙中确定了多个棕色的小物体；（c）第 3 组为治疗 10 天后胆固醇喂养兔的主动脉，存在单个棕色染色的芯；（d）第 4 组为胆固醇喂养兔治疗 20 天后的主动脉一簇棕色染色的芯）

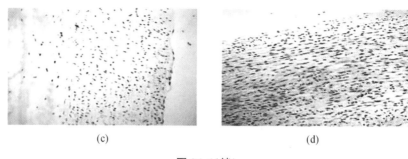

(c)　　　　　　　　　　　　　　(d)

图 26.4(续)

26.5　p53 表达的检测

　　第 1 组、第 2 组、第 3 组和第 4 组家兔主动脉组织中 p53 表达的测定显示,与第 1 组相比,第 2 组(p)存在大量免疫组织化学反应。与第 2 组相比,第 3 组和第 4 组主动脉组织中 p53 的表达显著降低。在第 4 组兔的主动脉组织中,在应用 Alpha X1 20 天后,p53 的表达不如第 3 组应用 10 天后明显。测定主动脉组织中 p53 表达的数据如图 26.5 所示。

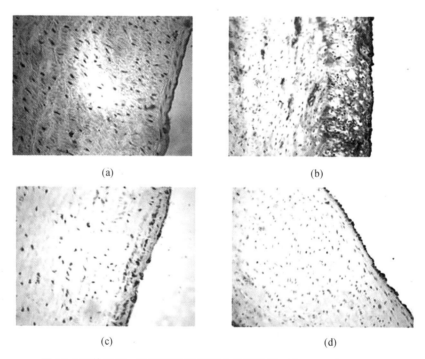

(a)　　　　　　　　　　　　　　(b)

(c)　　　　　　　　　　　　　　(d)

图 26.5 图片显示 p53 在主动脉组织中的表达[P53(FL-393) :sc-6243
(Santa Cruz Biotechnology, Inc.) ,4 μm 厚,原始放大倍数×200]

((a)—第 1 组为对照兔主动脉,当免疫组织化学研究 p53 的表达数据未找到凋亡细胞;(b)—第 2 组为胆固醇喂养兔主动脉,注意到在内皮、基底膜和主动脉中膜部分存在染色为强烈棕色的颗粒,染色强度向外膜方向降低;(c)—第 3 组为用 Alpha X1 治疗 10 天后胆固醇喂养的兔子的主动脉,免疫组织化学反应 P53 显示主动脉内皮和内皮下间隙存在棕色颗粒;(d)—第 4 组为胆固醇喂养兔治疗 20 天后的主动脉,确定了褐色染色的芯、内皮细胞和皮下空间的单个小病灶的少量积聚)

26.6 BAX 表达的检测

确定第 1、2、3、4 组兔的主动脉组织中 BAX 表达的情况表明,与第 1 组相比,第 2 组中存在大量的免疫组织化学反应。与第 2 组相比,第 3 组和第 4 组的动脉瘤明显减少。在第 4 组兔的主动脉组织中,在应用 Alpha X1 20 天后,与在第 3 组中应用此组合 10 天后相比,BAX 表达不那么明显。用于确定 BAX 在主动脉组织中表达的数据如图 26.6 所示。

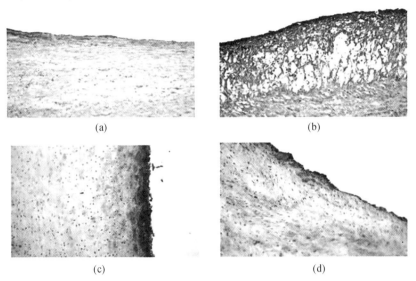

图 26.6 图片显示了 BAX 在主动脉组织[P-19]:sc-526

(Santa Cruz Biotechnology,Inc. ,厚 4 μm,原始放大倍数×200)中的表达

((a)第 **1** 组-对照兔的主动脉。在 BAX 表达的免疫组织化学研究中,未发现凋亡数据;(b)—第 2 组为由胆固醇喂养的家兔的主动脉,注意到存在位于内皮、基底膜和中主动脉膜部分中的深褐色染色颗粒,染色强度朝着外膜降低;(c)—第 3 组为用 Alpha X1 治疗 10 天后喂兔子的胆固醇主动脉,BAX 免疫组织化学反应显示在主动脉的内皮和内皮下空间中存在棕色颗粒;(d)—第 4 组为治疗 20 天后以胆固醇喂养的家兔的主动脉确定了褐色染色的细胞核,内皮细胞和内膜下间隙的单个小灶的微薄堆积)

26.7 讨 论

26.7.1 结果讨论

在分析结果时发现,与对照组相比,第 2 组在实验诱导动脉粥样硬化后,主动脉壁厚度增加了 12%。此外,用 Alpha X1 治疗 10 天后,肌肉最佳增稠度下降了 7.3%,治疗 20 天后下降了 31%。所获得的数据表明,在动脉粥样硬化中,细胞和非细胞元素(如单核细胞、中性粒细胞和低密度脂蛋白)浸润血管壁的过程会发生,这会导致肌肉最佳区增厚,并形成动脉粥样硬化斑块。

在动脉粥样硬化的血管病变中有大量的内皮下脂质浸润。第 2 组的组织染色百分率是对照组的 27 倍。

但是,与第 2 组相比,在用 Alpha X1 治疗 10 天期间,血管壁的脂质浸润减少了 5.2 倍,而在治疗 20 天中减少了 16.6 倍,这表明该预治疗具有显著的抗动脉粥样硬化作用。

同时用 Alpha X1 治疗,减少肌内膜主动脉壁浸润的积极作用是基于磷脂酰肌醇对胆固醇反向转运的影响。结合到脂蛋白中的磷脂酰肌醇可以刺激并增强胆固醇从周围组织的逆向转运,这是由于肌内膜主动脉壁浸润明显减少所致。

26.7.2 结果讨论:主动脉壁细胞凋亡死亡的定量分析

获得的进入凋亡阶段的细胞的定量分析数据表明,在动脉粥样硬化过的发展过程中,发生大量的凋亡过程,这导致病变中病理过程加重,动脉粥样硬化过程的扩散。第 2 组细胞凋亡阳性细胞核数是对照组的 45.9 倍。在实验治疗过程中获得的数据表明,Alpha X1 具有积极的抗凋亡作用,表现为动脉粥样硬化病变病灶中血管壁细胞凋亡的显著减少。第 3 组(治疗 10 天)的血管壁凋亡细胞核数是对照组的 12.3 倍,第 4 组(治疗 20 天)的凋亡细胞核数比对照组少 16 倍。所获得的数据表明,Alpha X1 具有足够显著的细胞保护抗凋亡作用,这可能是其不仅作为具有主要血管舒张作用的药物使用的基础,还由于两种成分的双重凋亡抑制作用,凋亡细胞显著减少。所获得的数据表明 Alpha X1 的主要治疗效果。

参 考 文 献

[1] Nofer J-R, Levkau B, Wolinska I, Junker R, Fobker M, von Eckardstein A, Seedorf U, Assmann G (2001) Suppression of endothelial cell apoptosis by high density lipoproteins (HDL) and HDL-associated lysosphingolipids. J Biolog Chem 276(37):34480–34485

[2] Boyle JJ, Weissberg PL, Bennett MR (2003) Tumor necrosis factor-promotes macrophage induced vascular smooth muscle cell apoptosis by direct and autocrine mechanisms. Arte rioscler Thromb Vasc Biol 23:1553–1558

[3] Herman AG, Moncada S (2005) Therapeutic potential of nitric oxide donors in the prevention and treatment of atherosclerosis. Eur Heart J 26:1945–1955

[4] Russo G, Leopold JA, Loscalzo J (2002) Vasoactive substances: nitric oxide and endothelial dysfunction in atherosclerosis. Vascul Pharmacol 38(5):259–269

[5] Rössig L, Fichtlscherer B, Breitschopf K, Haendeler J, Zeiher AM, Mülsch A, Dimmeler S (1999) Nitric oxide inhibits caspase-3 by S-nitrosation in vivo. J Biol Chem 274:6823–6

[6] Brewer HB (2004) Increasing HDL cholesterol levels. N Engl J Med 350(15):1491–1494

[7] Repetsky P, Vyshyvana IG, Nakazawa Y, Kruchinin SP, Bellucci S (2019) Electron transport in carbon nanotubes with adsorbed chromium impurities. Materials 12:524

[8] Ermakov V, Kruchinin S, Pruschke T, Freericks J (2015) Thermoelectricity in tunneling nanostructures. Phys Rev B 92:115531

[9] Kruchinin S, Pruschke T (2014) Thermopower for a molecule with vibrational degrees of

freedom. Phys Lett A 378:157-161

[10] Filikhin I, Peterson TH, Vlahovic B, Kruchinin SP, Kuzmichev YuB, Mitic V (2019) Electron transfer from the barrier in InAs/GaAs quantum dot-well structure. Phys E Low-dimensional Syst Nanostruct 114:113629

[11] Nofer JR, Kehrel B, Fobker M, Levkau B, Assmann G, von Eckardstein A (2002) HDL and arteriosclerosis: beyond reverse cholesterol transport. Atherosclerosis 161(1):1-16

[12] Stamler CJ, Breznan D, Neville TAM, Viau FJ, Camlioglu E, Sparks DL (2000) Phosphatidyli nositol promotes cholesterol transport in vivo. J Lipid Res 41(8):1214-1221

[13] DeKroon R, Robinette JB, Hjelmeland AB, Wiggins E, Blackwell M, Mihovilovic M, Fujii M, York J, Hart J, Kontos C, Rich J, Strittmatter WJ (2006) APOE4-VLDL inhibits the HDL-activated phosphatidylinositol 3-kinase/akt pathway via the phosphoinositol phosphatase SHIP2. Circ Res 99(8):829-836

[14] Hassan AHM, Lang IM, Ignatescu M, Ullrich R, Bonderman D, Wexberg P, Weidinger F, Glogar HD (2001) Increased intimal apoptosis in coronary atherosclerotic vessel segments lacking compensatory enlargement. J Am Coll Cardiol 38:1333-1339